高等学校计算机基础教育规划教材

大学信息技术

张武 刘连忠 主编

丁春荣 商伶俐 副主编

金秀 张筱丹 朱明清 吴云志 章爱军 参编

U0310275

清华大学出版社

北京

内 容 简 介

本书是作者根据多年的信息技术教学实践及信息技术最新发展成果编写而成的,书中系统介绍了信息技术的基本概念、原理和技术。全书共 7 章。第 1 章概要介绍信息技术的发展及应用领域,第 2 章介绍二进制及其转换、计算机体系结构及硬件系统组成,第 3 章介绍字符、文字、声音、图像、视频等媒体信息的编码,第 4 章介绍操作系统的功能和作用、计算机资源的管理方式和策略,第 5 章介绍计算机求解问题的过程、数据结构、算法及其基本设计方法、常见的查找算法和计算机程序知识,第 6 章介绍数据库、数据模型、数据检索方法及数据分析,第 7 章介绍网络基础知识、常用网络软硬件、网络体系结构、Internet 基础、信息安全相关知识。

本书既可以作为高等院校本科各专业的信息技术教材或教学参考书,也适合从事信息技术相关工作的科技人员参考使用。

图书在版编目(CIP)数据

大学信息技术/张武,刘连忠主编 . —北京:清华大学出版社,2018
(高等学校计算机基础教育规划教材)
ISBN 978-7-302-51117-5

Ⅰ. ①大… Ⅱ. ①张… ②刘… Ⅲ. ①电子计算机-高等学校-教材 Ⅳ. ①TP3

中国版本图书馆 CIP 数据核字(2018)第 201350 号

责任编辑:袁勤勇　战晓雷
封面设计:常雪影
责任校对:焦丽丽
责任印制:杨　艳

出版发行:清华大学出版社
　　　网　　　址:http://www.tup.com.cn,http://www.wqbook.com
　　　地　　　址:北京清华大学学研大厦 A 座　　　　邮　　编:100084
　　　社　总　机:010-62770175　　　　　　　　　　邮　购:010-62786544
　　　投稿与读者服务:010-62776969,c-service@tup.tsinghua.edu.cn
　　　质　量　反　馈:010-62772015,zhiliang@tup.tsinghua.edu.cn
　　　课　件　下　载:http://www.tup.com.cn,010-62795954
印　刷　者:北京富博印刷有限公司
装　订　者:北京市密云县京文制本装订厂
经　　　销:全国新华书店
开　　　本:185mm×260mm　　　印　　张:14.25　　　字　　数:330 千字
版　　　次:2018 年 10 月第 1 版　　　　　　　印　　次:2018 年 10 月第 1 次印刷
定　　　价:39.00 元

产品编号:080188-01

前言

随着信息技术的飞速发展,计算机在经济与社会发展中的地位日益重要。为了适应21世纪经济建设对人才知识结构、计算机文化素养与应用技能的要求,以及高等学校学生知识结构的变化,我们总结了多年来的教学经验,组织编写了本书。本书既考虑到计算机基础教育的基础性、广泛性,又兼顾一定的专业理论性。在内容安排上,加强了计算机组成原理、信息编码、操作系统、数据库技术以及网络技术等基础概念、原理和方法的介绍,帮助学生熟悉计算机的结构和原理,掌握利用计算机处理信息、解决问题、管理数据的方法,以使学生能够更好地理解和运用信息技术相关工具。

全书共7章,主要内容如下:

第1章为概述,介绍信息技术的发展及应用领域。

第2章为计算机组成原理,从计算机数制、体系结构及硬件系统等方面对计算机组成原理进行详细介绍,从而使读者从整体上了解计算机的基本功能和基本工作原理。

第3章为信息编码,介绍字符、声音、图像、视频等各种信息的编码过程。

第4章为计算机操作系统,介绍操作系统的功能、地位和作用,操作系统对各类资源的管理方式和策略以及典型的操作系统。

第5章为用计算机解决问题,介绍计算机求解问题的过程、数据结构、算法及其基本设计方法、常见的查找算法和计算机程序的相关知识。

第6章为数据管理,介绍数据库、数据模型、数据检索方法及数据分析等数据管理的相关知识。

第7章为网络技术,介绍网络的定义、功能、发展、网络软硬件、体系结构、Internet 基础知识和网络信息安全。

本书紧密结合信息技术课程的基本教学要求,兼顾信息技术的最新发展,结构严谨,层次分明,叙述准确,适合大学本科学生使用。

本书由张武提出总体框架和具体创作思路。金秀、章爱军编写了第1章;朱明清编写了第2章;刘连忠编写了第3章;吴云志编写了第4章;丁春荣编写了第5章;张筱丹编写了第6章;商伶俐编写了第7章。刘连忠负责编写的组织协调和统稿。

由于作者水平有限,书中不足和疏漏之处在所难免,敬请读者批评指正。

作　者
2018 年 5 月

目录

第1章

概　　述

　　信息与计算机的发展十分迅速,不仅改变了人们的社会、生活和学习习惯,而且帮助人类进入了一个全新的信息化时代,其中人工智能技术最引人注目。因此,掌握和使用信息技术是未来人才必须具备的技能之一。本章通过概述信息技术的知识,从计算机于信息技术的起源开始,向读者介绍信息技术发展的过程,从而使读者了解现代化的农业、工业以及其他行业对信息技术能力的要求。

　　本章介绍信息的定义、特征和信息化的概念,从信息应用中最基础的计算机开始介绍软硬件和现在主流的人工智能知识;随后简要介绍计算机和人工智能的发展历程;最后通过对现在的主流应用领域和发展方向的介绍,向读者展示了信息技术对于生活、工作和未来产生的影响和趋势。

1.1　信息与计算机的概念

1.1.1　信息

1. 信息的定义

　　信息的传递与交流是人类生存和发展的基本需求。人类很早就体会到信息的重要性,早在原始社会人们就学会运用结绳、契刻、结珠、编贝、垒石、篝火、烽烟等原始的实物进行信息存储和信息传递。

　　人们在日常生活中往往把信息当作消息的同义词使用。在英语中,"信息"(information)和"消息"(message)经常通用。如今人类社会已经迈入信息爆炸的时代,信息已经成为当今社会最重要的主题词之一。

　　信息作为科学术语最早出现在1928年哈特莱撰写的《信息传输》一文中。20世纪40年代后期,随着信息论与控制论的产生和传播,信息作为一个科学的概念被哲学、数学、系统论、控制论、经济学、管理学等众多学科所接受和广泛使用。最早给信息以明确定义的是信息科学的奠基人香农,他认为"信息是用来消除随机不确定性的东西……是关于环境事实的可以通信的知识,是人们对外界事物的某种了解和知识",这一定义被看作关于信息的经典表述并被广泛引用。我国国家标准 GB/T 4894—1985《情报与文献工作词汇基本术语》中关于信息的解释是"物质存在的一种方式、形态或运动状态，也是事物的一种普遍属性，一般指数据、消息中所包含的意义，可以使消息中所描述事件的不定性减少"。

学者往往结合自己的研究领域给信息下定义。例如，电子学家、计算机科学家将信息定义为电子线路中传输的信号；物理学家用信息熵的概念来描述系统与环境之间信息交流的程度；经济学家和管理学家则把信息定义为"提供决策的有效数据"。可见，迄今为止，人们对信息的定义仍是见仁见智。对于什么是信息，现在确实难以下一个权威的取得共识的定义。

2. 信息的特征

一般而言，信息具有以下几方面的特征：

(1) 可识别性。信息既可以由人们通过感观识别，也可以由人们通过各种工具间接识别。

(2) 可存储性。信息是可以存储的，以便人们进一步使用。例如原始社会人们的结绳记事便是利用了信息的可存储性。在当今社会，人们存储信息的方式多种多样，文件、图案、报表、录音、录像等都是用于存储信息的方式。

(3) 可加工性。人们可以根据自己的需要对大量的信息通过识别、分析、选择、综合、概括等方式进行加工处理。

(4) 可转换性。信息的形式可以进行多种转换。例如语言形式的信息可以转换成图表、图像等形式的信息形式，电磁波形式的信息经过转换装置可以变成声音形式的信息，等等。

(5) 可传递性。信息可以通过语言表达、印刷出版、电话、广播、电视、网络技术等渠道进行传递。

(6) 可共享性。信息区别于物质、能量的是它在传递和使用过程中并不是"此消彼长"，同一信息可以在同一时间被多个主体共有，而且还能够无限地复制、传递。

(7) 效用性。信息具有一定使用价值，能满足人们的相应需求。

(8) 稀缺性。在市场经济条件下，尤其是在知识经济时代，信息的稀缺性表现得越来越明显。

3. 信息化的概念

"信息化"一词最早起源于日本。经过几十年的发展，"信息化"这个概念已经在世界范围内得到了广泛的认同和使用。日本学者伊藤阳一认为，信息化就是信息资源知识的空前普遍和高效率的开发、加工、传播和利用，人类的体力劳动和智力劳动获得空前的解放。我国学者钟义信将信息化定义为"全面地发展和应用现代信息技术，以创造智能工具，改造、更新和装备国民经济的各个部门和社会活动的各个领域，包括家庭，从而大大提高人们的工作效率、学习效率和创新能力，使社会的物质文明和精神文明空前高涨的过程"。联合国教科文组织对信息化的定义是："信息化既是一个技术的进程，又是一个社会的进程。它要求在产品或服务的生产过程中实现管理流程、组织机构、生产技能以及生产工具的变革。"

在当今信息技术无孔不入的时代,每个人都受到信息化的影响,每个人都会从自身工作或生活的角度去理解信息化,因而人们对信息化的认识也千差万别,各不相同。例如有人说信息化就是网络化,就是计算机使用的普及;有人说信息化是信息技术在各行各业的广泛使用;有人说信息化就是信息产业的发展壮大;有人说信息化就是电子商务、电子政务、电子社区;有人笼统地说信息化就是将现代社会推进到信息社会的过程;甚至有人对"信息化"的提法的准确性和科学性提出质疑。

总而言之,信息化具有两方面的含义:一方面,信息化是现代信息技术在人们生产和生活中的扩散应用,以促进生产高效化、生活便利化和高质量化;另一方面,信息化是推动社会变革的过程,推动国家或地区进而整个人类社会从工业社会向信息社会转型升级的过程。

信息化不仅是一个简单的信息技术应用的问题,更重要的是它体现了社会的发展和演变。信息化并不是社会发展的目的,而是社会发展的一个过程,这个过程可能比较漫长,甚至可能长达百年之久。现代社会经济不断发展的动力之一就是信息化,其核心是现代信息技术的不断创新升级,新的技术形态和方式不断出现,新的信息技术向生产和生活扩散,与之融合,带动社会向前发展。信息能力是以计算机为主的、以智能化工具为代表的新生产力。

1.1.2　计算机

计算机(computer)俗称电脑,是一种用于高速计算的电子设备,可以进行数值计算,也可以进行逻辑计算,还具有存储功能。

计算机是能够按照程序运行,自动、高速地处理海量数据的现代化智能电子设备。计算机由硬件系统和软件系组成,没有安装任何软件的计算机称为裸机。

现代计算机体系结构的提出者为约翰·冯·诺依曼(John von Neumann,1903—1957)。冯·诺依曼原籍匈牙利,是20世纪最重要的数学家之一,是现代计算机、博弈论、核武器和生化武器等领域的科学全才之一,被后人称为"计算机之父"和"博弈论之父"。

计算机是20世纪最先进的科学技术发明之一,对人类的生产活动和社会活动产生了极其重要的影响,并以强大的生命力飞速发展。计算机的应用在中国越来越广泛和深入,中国计算机用户的数量不断攀升,应用水平不断提高,特别是互联网、通信、多媒体等领域的应用取得了不错的成绩。2017年12月,我国网民规模达7.72亿,手机网民规模达7.53亿。我国网站总数为533万个,".cn"下的网站总数为315万个。2017年,我国在线政务服务用户规模达4.85亿,占总体网民的62.9%,通过支付宝或微信城市服务平台获得政务服务的使用率为44.0%。我国政务服务线上化速度明显加快,网民线上办事使用率显著提升。大数据、人工智能技术与政务服务不断融合,服务不断走向智能化、精准化和科学化。微信城市服务、政务微信公众号、政务微博及政务头条号等政务新媒体及服务平台不断上线并扩展服务范围,涵盖交通违章处理、气象、社会保障、生活缴费等在内的多个生活服务项目,并向县级下延。

1. 计算机软件

计算机软件(software)是一系列按照特定顺序组织的计算机数据和指令的集合。一般来讲,软件被划分为系统软件、应用软件和介于这两者之间的中间件。软件不仅包括可以在计算机(这里的计算机是指广义的计算机)上运行的程序,与这些程序相关的文档一般也被认为是软件的一部分。

1)系统软件

系统软件是指控制和协调计算机及外部设备,支持应用软件开发和运行的系统,是无须用户干预的各种程序的集合,其主要功能是调度、监控和维护计算机系统,管理计算机系统中各种独立的硬件,使得它们可以协调工作。系统软件使得计算机使用者和其他软件能够将计算机当作一个整体,而不需要顾及底层每个硬件是如何工作的。常用的系统软件有微软公司的 Windows 和苹果公司的 iOS。

2)应用软件

应用软件是与系统软件相对而言的,可以使用各种程序设计语言进行应用软件设计,应用软件是为了利用计算机解决某类问题而设计的。最常用的办公应用软件为微软公司的 Office 系列与金山公司的 WPS 系列。

3)中间件

中间件是一种独立的系统软件或服务程序,分布式应用软件借助中间软件在不同的平台之间共享资源。中间件位于客户/服务器的操作系统之上,管理计算机资源和网络通信。通过中间件,应用程序可以工作于多种平台或操作系统环境。

2. 计算机硬件

计算机硬件(hardware)是计算机系统中由电子、机械和光电元件等组成的各种物理装置的总称。简言之,计算机硬件的功能是输入并存储程序和数据,以及执行程序,把数据加工成可以利用的形式,并以用户要求的方式进行数据的输出。

从外观上来看,计算机由主机和外部设备组成。主机主要包括 CPU、内存、主板、硬盘驱动器、光盘驱动器、各种扩展卡、连接线、电源等,外部设备包括显示器、鼠标、键盘等。

1)中央处理器

中央处理器(Central Processing Unit,CPU)是一个超大规模的集成电路,是一台计算机的运算核心(core)和控制单元(control unit)。它的功能主要是解释计算机指令以及处理计算机软件中的数据。

中央处理器主要包括算术逻辑运算单元(Arithmetic Logic Unit,ALU,简称运算器)和高速缓冲存储器(cache)以及实现它们之间的数据(Data)、控制及状态传输的总线(bus)。中央处理器与内部存储器(memory)和输入输出(I/O)设备合称为电子计算机三大核心部件。

2)图形处理器

图形处理器(Graphics Processing Unit,GPU),又称显示核心、视觉处理器、显示芯片,是一种专门在个人计算机、工作站、游戏机和一些移动设备(如平板电脑、智能手机等)

上进行图像运算工作的微处理器。

　　CPU 与 GPU 都是为了完成计算任务而设计的,两者的区别在于片内的缓存体系和算术逻辑运算单元的结构差异:CPU 虽然有多核,但总数不超过两位数,每个核都有足够大的缓存和足够多的算术逻辑运算单元,并有很多加速分支判断甚至更复杂的逻辑判断的辅助硬件;GPU 的核数远超 CPU,被称为众核(NVIDIA Fermi 有 512 个核)。每个核拥有的缓存较小,算术逻辑运算单元也少而简单(GPU 初始时在浮点计算上一直弱于CPU)。CPU 擅长处理具有复杂计算步骤和复杂数据依赖的计算任务,如分布式计算、数据压缩、人工智能、物理模拟等。在 2003—2004 年,图形学之外的领域专家开始注意到GPU 与众不同的计算能力,尝试把 GPU 用于通用计算,即 GPGPU(General Purpose GPU,通用图形处理器)。之后 NVIDIA 公司发布了 CUDA,AMD 和 Apple 等公司也发布了 OpenGL,GPU 开始在通用计算领域得到广泛应用,包括数值分析、海量数据处理(排序、MapReduce 等)、金融分析等。

1.1.3　人工智能

　　人工智能(Artificial Intelligence,AI)是研究、开发用于模拟、延伸和扩展人的智能的理论、方法、技术及应用系统的一门新的技术科学,是指由人工制造的系统所表现出来的智能。人工智能目前在计算机领域得到了迅速发展。并在机器人、经济政治决策、控制系统、仿真系统中得到应用。人工智能是计算机科学的一个分支,它试图了解智能的实质,并制造能以和人类智能相似的方式做出反应的新型智能机器,该领域的研究包括机器人、语言识别、图像识别、自然语言处理和专家系统等。

　　人工智能从诞生以来,理论和技术日益成熟,应用领域也不断扩大,可以设想,未来人工智能带来的科技产品将会是人类智慧的"容器"。人工智能可以对人的意识和思维过程进行模拟。人工智能不是人的智能,但能像人那样思考、也可能超过人的智能。

　　人工智能是涵盖范围广泛的科学,它由不同的领域组成,如机器学习、计算机视觉等,总的来说,人工智能研究的一个主要目标是使机器能够胜任一些通常需要人类智能才能完成的复杂工作。但不同的时代、不同的人对这种"复杂工作"的理解是不同的。

　　目前在人工智能芯片市场上,NVIDIA 公司占据了领先地位。NVIDIA 公司开发了CUDA 技术,解放了 GPU 的计算能力,使 NVIDIA 公司在人工智能领域走在了前面。有报告显示,世界上目前约有 3000 多家 AI 初创公司,大部分都采用了 NVIDIA 提供的硬件平台。

　　目前除了 NVIDIA 的芯片以外,还有谷歌公司的 TPU(Tensor Processing Unit,张量处理器)。据谷歌工程师 Norm Jouppi 介绍,TPU 是一款为机器学习而定制的芯片,经过了专门深度机器学习方面的训练,它有更高效能(每瓦计算能力)。TPU 相对于现在的处理器有 7 年的领先优势,宽容度更高,每秒在芯片中可以挤出更多的操作时间,使用更复杂和强大的机器学习模型并将之更快地部署,用户也会更快地获得更智能的结果。谷歌公司专门为人工智能研发的 TPU 被认为将对 GPU 构成威胁。不过谷歌公司表示,其研发的 TPU 不会直接与英特尔或 NVIDIA 竞争。在 AlphaGo 与人类顶级围棋手的系列赛中，TPU 能让 AlphaGo"思考"得更快，"想"到更多棋招，更好地预判局势。

人工智能的技术应用主要是在以下几个方面：自然语言处理（包括语音和语义识别、自动翻译）、计算机视觉（图像识别）、知识表示、自动推理（包括规划和决策）、机器学习和机器人学。人工智能按照技术类别可以分成感知输入和学习与训练两种技术。计算机通过语音识别、图像识别、读取知识库、人机交互、物理传感等方式获得音视频的感知输入，然后从大数据中进行学习，得到一个有决策和创造能力的大脑。

1.2　计算机和人工智能发展简史

1.2.1　计算机发展简史

世界上第一台数字电子计算机于 1946 年 2 月诞生在美国宾夕法尼亚大学，名为 ENIAC(Electronic Numerical Integrator And Calculator)，是由美国物理学家莫克利 (John Mauchly)教授和他的学生埃克特(Presper Eckert)为计算弹道和射击特性表而研制的。ENIAC 的诞生开创了数字电子计算机时代，在人类文明史上具有划时代的意义。1955 年 10 月 2 日，ENIAC 宣告"退役"后，被陈列在华盛顿的一家博物馆里。

从第一代开始，计算机发展到今天，经历了 4 个以硬件为代表的典型时期。

（1）采用电子管的第一代计算机（1946—1959 年）。其内部元件使用的是电子管，主要用于科学研究和工程计算。

（2）采用晶体管的第二代计算机（1960—1964 年）。其内部元件使用的是晶体管，晶体管比电子管小得多，处理更迅速、更可靠。第二代计算机主要用于商业、大学教学和政府机关。

（3）采用集成电路的第三代计算机（1965—1970 年）。其内部元件使用的是集成电路。集成电路(integrated circuit)是做在晶片上的一个完整的电子电路，晶片比手指甲还小，却包含了几千个晶体管元件。第三代计算机的特点是体积更小，价格更低，可靠性更高，计算速度更快。第三代计算机的代表是 IBM 公司耗资 50 亿美元开发的 IBM360 系列。

（4）采用超大规模集成电路的第四代计算机（1971 年至今）。其使用的元件依然是集成电路，不过，这种集成电路已经大大改善，它包含几十万到上百万个晶体管，称为大规模集成电路和超大规模集成电路。1975 年，美国 IBM 公司推出了个人计算机——IBM PC(Personal Computer)，从此，人们对计算机不再陌生，计算机开始深入到人类生活的各个方面。

20 世纪 80 年代，发达国家开始研制第五代计算机，研制的目标是能够打破以往计算机固有的体系结构，使计算机能够具有像人一样的思维、推理能力，向智能化发展，实现计算机运行接近人的思考方式的目标。

与国外一样，中国第四代计算机的研制也是从微机开始的。与此同时，1980 年前后，中国高性能计算机也开始飞速发展。中国微机的雏形是 1983 年 12 月电子部六所开发成功的微型计算机——长城 100(DJS-0520 微机),该机具备了个人计算机的主要使用特征。1985 年,中国成功研制出第一台具有字符发生器汉字显示能力、具备完整中文信息处理功能的国产微机——长城 0520CH,标志着中国微机产业进入飞速发展的时期。随着国产联想品牌的逐渐打响,以销售联想汉卡为主的计算所公司也因此改名为联想集团。在长城、联想的带动下,国内涌现出一大批计算机制造企业,如四通、方正、同创、实达等,成为带动中国计算机业发展的龙头。第四代计算机从适用于个人的微型机到大型科学计算的高性能计算机都有了巨大的发展,给社会带来了巨大的经济效益和社会效益。它不仅广泛应用于军事国防、金融、政府、通信等领域,并且在商业、科技、生产等各种大中小型企业得到了推广。另外,国产服务器经过 20 余年的发展,如今已经成为中国计算机产业的重要力量,以曙光、浪潮为代表的服务器产品被广泛地应用在科研、教育、政府、石化、电信、军队、保险、交通、出版、银行等行业。

1.2.2　人工智能发展历史

"人工智能"的概念在 20 世纪 50 年代就已被提出,随后,很多研究学者对此项技术进行了大范围研究。但是,此项技术涉及较多学科领域,由于其他技术的发展跟不上时代发展步伐,并且多数解法的推理能力具有一定限制,导致人工智能在发展早期就陷入低谷。

此后 60 年间,人工智能经历了两次浪潮和寒冬。

自达特茅斯会议之后,出现了许多伟大的发明和雏形。其中有一项叫作"贝尔曼公式",即增强学习的雏形,AlphaGo 算法的核心就是增强学习;而当时出现的另一项成果——感知器则是深度学习的雏形。然而到 1974 年,人工智能的第一次寒冬到来了。之前的增强学习、感知器等成果都只能完成非常简单的任务,面对数学模型和以指数增长的计算复杂程度,有非常大的局限,使人工智能研究遭遇了瓶颈,原本提供资助的机构也停止拨款。

进入 20 世纪 80 年代,卡内基·梅隆大学为 DEC 公司开发了"专家系统",该系统是一个人工智能程序,每年为 DEC 公司节约 400 万美元的费用。这一时期很多国家开始投入巨资开发第五代计算机,随着 Hopfield 网络(一种神经网络,能够用全新的方式学习和处理信息)和反向传播法(神经网络训练方法)的出现,这些成果使得人工智能再次迎来繁荣。1987—1993 年,苹果、IBM 等公司开始推广第一代 PC,计算机开始走入家庭,其价格远远低于专家系统所使用的 Symbolics 和 Lisp 等计算机。当时,相比于 PC,专家系统被认为陈旧过时且非常难以维护,于是,政府在专家系统方面投入的经费开始紧缩,人工智能的寒冬又一次来临。

如何在有限的资源条件下做有用的事情,这是人工智能一直面临的挑战。一个现实的途径就是像人类造飞机一样,从生物界获得启发后,以工程化方法对功能进行简化,部署简单的数学模型,开发强大的飞机引擎。现代人工智能的曙光出现在这个阶段,诞生了新的数学工具、新的理论和摩尔定律。人工智能也在重新确定自己的方向,其中一个选择就是成为实用性、功能性的人工智能科学,这是人工智能发展的新途径。随着人工智能任务的明确和简化，人工智能也走向新的繁荣。

1.3　计算机的应用领域

计算机为什么能够进入人们的生活呢？它又进入了生活的哪些方面呢？可以说计算机给人们带来了便利。纵观现代社会，计算机所起的作用实在是太大了，在某些方面连人类都望尘莫及。计算机正用它那扎实肯干、永不疲倦的作风向人类展示着它的实力和魅力。如今，在各行各业都能找到计算机的身影。计算机的作用已由最初的军事领域逐渐扩展到经济、文化、科技等各个领域。今天的计算机似乎已经无所不知、无所不晓、无所不能了。可以毫不夸张地说，人类社会之所以会以前所未有的速度高速发展并取得了巨大的成就，与计算机的作用是分不开的。

1.3.1　计算机在军事领域的应用

计算机技术来源于军事，反过来又服务于军事。1946—1958 年的第一代电子管计算机便应用于国防军事。当时主要用于与国防科研有关的计算和导弹、原子弹的研究。与此同时，在军事上的应用也使得计算机技术得到不断发展。特别是在第二次世界大战爆发前后，军事科学技术对高速计算工具的需要尤为迫切。在此期间，德国、美国、英国都在进行计算机的开拓工作，几乎同时开始了机电式计算机和电子计算机的研究，使得计算机技术取得了突破。时至今日，计算机的应用已扩展到军事领域的各个方面和各种活动中。无论是军队管理、部队训练还是武器制导、指挥、控制、情报与通信，无论是前线还是后方，都离不开计算机。

众所周知，在现代化战争当中，谁掌握了高新技术，谁就掌握了战争的主动权。以计算机技术为基础的信息化战争已经成为各国关注的焦点和必争的高地。信息化战争简称信息战。简单地说，它是敌我双方在信息领域中争夺信息控制权的战争。其作战对象主要不是人，而是对方的各种信息系统以及与之有关的各项设施；其任务是获取、管理、使用和控制各种信息，同时防止对方获取和有效地使用各种信息。无论是在信息获取、信息传递、信息处理和利用这 3 个基本环节，还是在侦察/反侦察、干扰/反干扰、破坏/反破坏、摧毁/反摧毁、控制/反控制 5 种基本手段当中，计算机技术都发挥了不可替代的作用。

总的来说，计算机的军事用途主要有 5 个方面：

（1）科学计算。例如，通过在计算机上进行计算，可掌握核武器试验时核反应的变化规律，可计算弹道导弹的运动轨迹。

（2）信息处理。在平时的国防科研、高技术武器生产、部队的日常管理和教育训练中，都要使用计算机处理大量信息。

（3）自动控制。也称为实时控制或过程控制，是指计算机对连续运作过程的控制，主要体现在制导武器的自动控制、飞机和舰艇的自动驾驶以及军工部门的生产自动化管理上。

（4）开发智能武器。将具有人的部分思维能力的智能计算机装入武器系统后，就可生产出智能武器。智能武器比精确制导武器更先进，能有"意识"地寻找、辨别和打击要摧毁的目标。

（5）后勤自动化管理。在现代条件下，后勤保障任务空前繁重，后勤部门必须具有及时采集、处理大量信息和进行快速决策的能力。这就要求积极采用和不断改进由电子计算机和现代通信手段组成的自动化管理系统，实现后勤管理自动化。

经典的军事运用实例有云计算的军事运用（图 1-1）、军事信息战（如计算机病毒武器）、计算机对抗、可穿戴设备（图 1-2）以及"兵棋系统"等。

图 1-1　云计算的军事运用

图 1-2　军用可穿戴设备

1.3.2　计算机在工业、农业和商业上的应用

在飞速发展的社会中，经济建设是整个社会的发展中心。当然，工业、农业、商业是经济发展的三驾马车。以计算机控制的机械人取代了人工从事的危险工作，以全自动生产线取代单调重复的工作，计算机辅助设计（CAD）、计算机辅助制造（CAM）及自动化的生产能力都可降低生产成本，对现有的生产状况有重大突破；还有机械工程师在计算机上绘制产品设计图，在屏幕上进行 3D 仿真演示；另外机械组装、金属焊接、汽车喷漆、拆除爆炸物及不明化学药品的侦测等工作，都可用计算机控制的机械手臂（图 1-3）来完成。这不仅降低了危险，还保证了工作与实验的质量。在农业上，以计算机为主导的现代农业技术正在蓬勃发展，运用各种高科技产品（如无人机撒农药，图 1-4）等能够提高农作物的产量，有利于将我国发展成为商品农业的大国。在商业上，以企业为例，销售、财务、会计、文书、人事、工资等信息管理运用办公自动化信息系统，能协助企业快速地达成工作目标，再配合企业的内部网络，将各个部门资源共享，掌握正确的信息，可以达到大幅度降低成本、提高效率的目的。还可以通过网络技术进行视频会议，这大大降低了出差的成本，节省了宝贵的时间，提高了工作效率。

图 1-3　计算机控制的机械手臂

图 1-4　无人机撒农药

1.3.3　计算机在家庭中的应用

　　计算机在人们的日常家庭生活中也发挥着不可替代的作用。随着个人计算机的普及,通过计算机可以听音乐,能够随时陶醉在音乐之中;可以看电影,把电影院搬到了自己家中;可以看新闻,买卖股票,看一些自己关心的东西;如此种种,无不给人们的生活带来了便利。还有刚刚起步的电子商务以及时下比较流行的网上购物(图 1-5),宣告足不出户的购物时代已经到来。现在的日常生活中,电话卡、公交卡、金融卡、收款机、取款机、自动售货机(图 1-6)、电子信箱等等,这些都毫无疑问与计算机有紧密联系。

图 1-5　网上购物

图 1-6　自动售货机

1.3.4　计算机在教育中的应用

　　计算机网络提供了一种全新的教育手段,使真正意义上的没有围墙的学校成为现实。当然,有围墙的学校并没有因此而消亡,传统的学校集体教育的形式仍然是必需的,而且是无可替代的。借助计算机的多媒体教学必然会对传统的学校课堂教学和传统的教育观念产生强有力的影响,这种影响已经产生,而且将不断扩大和增强。

　　计算机网络在教育领域有很多应用:

　　(1)丰富的网络资源,为教师备课提供了更多、更充分的资料和强有力的保障。在备课过程中加入"上网搜索资料"内容成为了教师备课的一个必要环节,离开了这个环节,教师的备课将是不充分的,因为学生借助网络预习和学习将越来越普遍。

（2）计算机网络对教师的课堂即时教学活动产生很大的影响。课堂上,实时利用网上资源辅助教学已经越来越普遍。这种对网上资源的即时利用使课堂教学真正活起来,教学对话将不再局限于师生之间,教学内容更加丰富,更具可选择性。如果利用得当,这种教学形式更容易激发学生的学习兴趣而使其效率更高。

（3）计算机网络对教学反馈、教学内容、课堂教学用时、教学用语都将产生大的影响。计算机网络为教学信息反馈增加了一个全新的通道,增加了师生个别对话的机会;上网备课、预习以及课堂教学中即时上网,都会丰富教学内容;传统的课堂教学时间将会减少,而学生网上学习时间将会增加;网络世界比现实世界更需要世界通用语,对网络资源的利用将使教学用语突破母语的局限。

1.3.5　计算机在医学上的应用

计算机的发展与人们的健康也是息息相关的。计算机技术广泛应用于医学领域,主要表现在两大方面,一个是医院信息系统,另一个是就诊体系。医院信息系统（Hospital Information System,HIS）是与医院各类信息交换有关的各过程的总和。国外 HIS 已开始从已建立在大型机的集中式系统向分布式系统过渡;从书写病案向计算机化病案发展;从医院局域网逐步向医院以外的广域网方向发展。我国在该领域的应用也开展了十多年,正朝着网络化、多层次管理发展。在医院信息标准化、规范化、计算机病案、电子数据交换、广域医疗信息网络、远程医疗服务等方面都取得了突破性进展。

在医院里,预约挂号（图 1-7）,病历记录、开处方、药物管理以及患者状况的跟踪分析等都可利用计算机做迅速而精确的处理,并建立完整的患者数据库系统。可以通过计算机的分析进行医学研究;可以利用计算机协助进行手术、治疗及检查,例如计算机断层扫描、影像超声波（图 1-8）等。还可利用计算机远程治疗为偏远地区提供医疗技术支持和咨询。

图 1-7　预约挂号

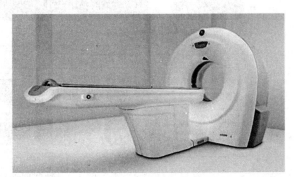

图 1-8　影像超声波

1.4　信息技术的最新进展

1.4.1　物联网

物联网是新的一代信息技术的代表,也是信息化时代的重要发展阶段。物联网英文名称是 Internet of Things(IoT)。顾名思义,物联网就是物物相连的互联网。这有两层意思:其一,物联网的核心和基础仍然是互联网,是在互联网基础上的延伸和扩展的网络;其二,其用户端延伸和扩展到了任何物品与物品之间,进行信息交换和通信,也就是物物相通。

物联网用了智能感知、识别技术与普适性计算技术,广泛应用于网络的融合中,也因此被称为继计算机、互联网之后世界信息产业发展的第三次浪潮。物联网是互联网的应用拓展,与其说物联网是网络,不如说物联网是业务和应用。因此,应用创新是物联网发展的核心,以用户体验为核心的创新 2.0 是物联网发展的灵魂。

目前,物联网架构通常分为感知层、网络层和应用层 3 个层次,也有四层架构、五层架构和七层架构的分法,通常使用的三层架构进行说明,如图 1-9 所示。

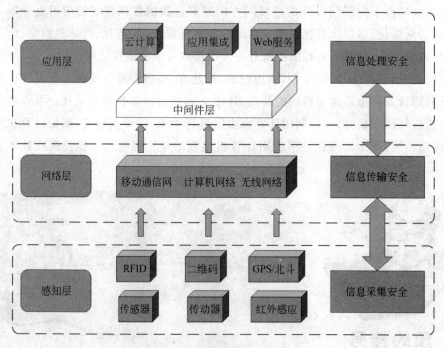

图 1-9　物联网架构图

1. 感知层

感知层是物联网的皮肤和五官,用于识别物体、感知物体、采集信息、自动控制。例如装在空调上的温度传感器感知到室内温度高于30℃,就会自动打开空调进行制冷。这个层面涉及各种识别技术、信息采集技术、控制技术,而且这些技术是交叉使用的。有些感知是单一的,有些感知则是综合的,例如机器人就整合了各种感知系统。这一层最常见的就是各种传感器,用于替代或者延展人类的感官完成对物理世界的感知,也包括企业信息化过程中用到的 RFID 以及二维码。

2. 网络层

网络层主要实现信息的传递、路由(决定信息传递的途径)和控制(控制信息如何传递),分为两大部分,一部分是物联网的通信技术;另一部分是物联网的通信协议。通信技术负责把物与物从物理上链接起来,可以进行通信;通信协议则负责建立通信的规则和统一格式。通信技术从介质上分为有线网络、无线网络,根据通信距离则分为超短距离、近距离、中长距离、超远距离。有些通信技术已经在互联网中使用,有些则是物联网的新创技术。

3. 应用层

应用层是在各种物联网通信协议的支持下,对物联网形成的数据在宏观层面进行分析,并反馈到感知层执行特定控制功能,包括控制物与物之间的协同、物与环境的自适应、人与物的协作。应用层可分为两大部分。一部分是通用的物联网平台,建立在云平台之上,可以是 IaaS/PasS/SaaS 的一种或者多种混合。目前已经有不少企业推出了物联网平台,如树根互联、百度云天工、腾讯物联智能硬件开放平台、阿里 Link 物联网平台、SAPLeonardo、亚马逊 AWS、微软 Azure、Google CloudIOT Core。另一部分是在通用的物联网平台上再开发具体应用,这些应用类似于手机 App,主要用于具体控制这些物如何收集信息。

1.4.2 量子计算

量子计算是量子力学与计算机科学结合的产物。根据摩尔定律,芯片上集成的晶体管数目随时间呈指数增长。当计算机的存储单元达到原子尺度时,显著的量子效应将会严重影响其性能,传统计算机发展将遇到根本性的困难。计算机科学的进一步发展须借助于新的原理和方法,量子计算为解决这一问题提供了一个可能途径。传统的通用计算机的理论模型是通用图灵机,而通用的量子计算机的理论模型是用量子力学规律重新诠释的通用图灵机。从可计算问题来看,量子计算机也只能解决传统计算机所能解决的问题,但是从计算的效率来看,由于量子力学叠加性的存在,目前某些量子算法在处理问题时的速度要快于传统的通用计算机。

量子计算机有以下优点:

(1) 量子计算机的计算能力比传统计算机强。

(2) 量子计算机的速度快。

(3) 量子计算机节能。

目前量子计算机还处于概念阶段,但来自世界各地的计算机科学研究人员正在对这个研究课题展开研究,人们预计在 50 年内超级强大的量子计算机将会被研发出来。在量子计算机系统的构建上,创建量子门所利用的粒子主要有以下几种:囚禁的离子、原子、光粒子,作为量子位的超导电路(IBM 公司使用的技术)。利用囚禁的离子构建的量子计算机目前主要通过激光光束来创建量子门。这种方法在创建小型的量子计算机(只有几个量子位)上是可行的。然而要构建真正意义上的量子计算机,仅仅只有几个量子位是远远不够的。

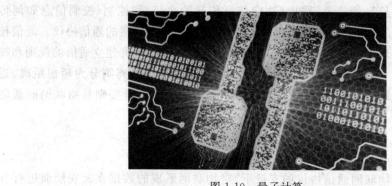

图 1-10 量子计算

1.4.3 5G

第五代移动通信标准也称第五代移动通信技术,简称 5G。5G 网络的理论下行速度为 10Gb/s(相当于下载速度 1.25GB/s)。诺基亚与加拿大运营商 Bell Canada 合作,首次完成了 5G 网络技术的测试。测试中使用了 73GHz 频谱,数据传输速率为加拿大现有 4G 网络的 6 倍。由于物联网的快速发展,对网络速度提出了更高的要求,这成为推动 5G 网络发展的重要因素,各国均在大力推进 5G 网络,以迎接下一波科技浪潮。

本 章 小 结

本章重点介绍了信息与计算机的基本概念、发展历程、应用领域及未来的技术。对于现代人才,信息技术能力是非常重要的。在现代化的农业、工业和其他领域中,信息技术将成为其进一步发展的动力。了解并熟练掌握信息技术是现代化人才必须具备的能力。本章作为信息技术的总体介绍,希望可以为读者后面的进一步学习奠定基础。

第 2 章

计算机组成原理

世界上第一台电子计算机 ENIAC 于 1946 年 2 月在美国宾夕法尼亚大学诞生,距今已有 70 多年历史。计算机在运算速度、性能及开发应用等方面不断发展,成本不断降低,取得了令人瞩目的成就。未来的计算机将向着巨型化、微型化、网络化、智能化等方向发展。

本章讲授计算机数据处理、体系结构、硬件系统等方面的内容,包括计算机内数据存储和处理的方式,计算机硬件系统组成和工作原理,计算机系统各个外部设备的功能和使用方法,旨在让读者对计算机系统的组成原理有深入的了解。

2.1　二进制与计算机

人类将文字、图表、视频、音频等各种文件、记录输入到计算机中,这些信息作为计算机保存和处理的对象,经过数字化编码,实现传输、存储和处理。由于技术原因,所有这些数据都表示成二进制数据。那么,什么是二进制呢?

2.1.1　数制

数制又称记数制,是指用一组固定的基本数码符号和一套统一的规则表示数值的方法。日常生活中最常用的数制是十进制,其特点是逢十进一。此外,还有六十进制,如 60s 为 1min,60min 为 1h;十二进制,如 12 个月为一年、12 个为一打等。在计算机内部一律采用二进制,人们在编程中经常使用十进制,有时为了方便还采用八进制和十六进制。

在数制的表示中,有 3 个概念:基数、数码、位权。

- 基数:一个数值所使用数码的个数。
- 数码:一个数制中表示基本数值的可用的不同数字符号。
- 位权:一个数值中某一位上的 1 所表示的十进制数值的大小。

下面以二进制、八进制、十进制和十六进制为例对以上概念进行类比说明。

- 二进制,顾名思义,其特点是"逢二进一,借一当二",基数为 2,有 2 个数码,分别为 0,1。

- 八进制,其特点是"逢八进一,借一当八",基数为 8,有 8 个数码,分别为 0,1,2,…,7。
- 十进制,其特点是"逢十进一,借一当十",基数为 10,有 10 个数码,分别为 0,1,2,…,9。
- 十六进制,其特点是"逢十六进一,借一当十六",基数为 16,有 16 个数码,分别为 0,1,2,…,9,A,B,…,F(即 10~15 分别用 A~F 这 6 个字母来表示)。

常用的十进制、二进制、八进制、十六进制数值的对照关系如表 2-1 所示。

表 2-1　常用的十进制、二进制、八进制、十六进制数值的对照关系

十进制	二进制	八进制	十六进制
0	00000000	0	0
1	00000001	1	1
2	00000010	2	2
3	00000011	3	3
4	00000100	4	4
5	00000101	5	5
6	00000110	6	6
7	00000111	7	7
8	00001000	10	8
9	00001001	11	9
10	00001010	12	A
11	00001011	13	B
12	00001100	14	C
13	00001101	15	D
14	00001110	16	E
15	00001111	17	F
16	00010000	20	10
⋮	⋮	⋮	⋮
249	11111001	371	F9
250	11111010	372	FA
251	11111011	373	FB
252	11111100	374	FC
253	11111101	375	FD
254	11111110	376	FE
255	11111111	377	FF

为了区别各种数制,一般将 R 进制数 M 记作 $(M)_R$。例如,十进制数用 $(\cdots)_{10}$ 表示,

二进制数用(···)₂表示；或者在数的后面加一个表示该进制的大写字母，B 表示二进制数，Q 表示八进制数，D(可省略)表示十进制数，H 表示十六进制数。例如$(1101001)_2$、$(3122)_8$、$(1980)_{10}$、$(17BA)_{16}$ 或 1101001B、3122Q、1980D、17BAH，分别表示二进制数 1101001、八进制数 3122、十进制数 1980、十六进制数 17BA。

根据表 2-1，可以进行以下数制转换

$$255_{10} = (11111111)_2$$
$$= 1 \times 2^7 + 1 \times 2^6 + 1 \times 2^5 + 1 \times 2^4 + 1 \times 2^3 + 1 \times 2^2 + 1 \times 2^1 + 1 \times 2^0$$
$$= (377)_8 = 3 \times 8^2 + 7 \times 8^1 + 7 \times 8^0$$
$$= (FF)_{16} = 15 \times 16^1 + 15 \times 16^0$$

总结起来，对于 R 进制数$(D_{N-1}D_{N-2}\cdots D_1 D_0)_R$，基数等于 R，数码为 0 至 $R-1$ 的所有自然数，位权从左向右分别为 R^{N-1}，R^{N-2}，$\cdots$，R^1，R^0，数制可用下面的求和式来计算：

$$(D_{N-1}D_{N-2}\cdots D_1 D_0)_R = \sum_{i=0}^{N-1} D_i R^i = D_{N-1}R^{N-1} + D_{N-2}R^{N-2} + \cdots + D_1 R^1 + D_0 R^0$$

其中，i 表示位数，D_{N-1}，D_{N-2}，$\cdots$，D_1，D_0 分别代表各位的数码。

如果一个数在 N 位整数之后还有 M 位小数，则在小数点之后各位的位权依次是 R^{-1}，R^{-2}，$\cdots$，$R^{-(M-1)}$，R^{-M}。

下面将谈谈计算机采用二进制编码的原因、各种数制之间如何转换以及二进制在物理上是如何实现的，本节最后还将介绍新型计算机的种类。

2.1.2　计算机为什么使用二进制

二进制并不符合人们的日常使用习惯，但是计算机内部却采用二进制表示数据，其主要原因有以下 4 点：

(1) 技术容易实现。由于电子器件大多具有两种稳定状态：晶体管的导通和截止、电压的高和低、磁性的有和无等，这两种状态正好用二进制的 1 和 0 来表示，二进制在物理上容易实现，可靠性高。若采用十进制，则要求电子器件具备 10 种状态，不仅非常复杂，而且不稳定。

(2) 运行可靠。状态和规则越少，运行时出错的概率就越小，用两个状态代表两个数据，数字传输和处理方便、简单，不容易出错，因而能提高运行的可靠性。

(3) 运算简单。一种数制的运算复杂性取决于运算规则的数量。可以证明，对基数为 R 的数制，其算术运算的求和规则与求积规则各有 $R(R+1)/2$ 种。因此采用十进制时，其求和规则与求积规则各有 $10 \times 11/2 = 55$ 种；而二进制的求和规则与求积规则仅各有 $2 \times 3/2 = 3$ 种(即 $0+0=0$，$0+1=1$，$1+1=10$ 和 $0 \times 0=0$，$0 \times 1=0$，$1 \times 1=1$)，运算电路可以大大简化。

(4) 逻辑性强。二进制只有两个数码，正好代表逻辑代数中的真与假，而计算机工作原理是建立在逻辑运算基础上的，逻辑代数是逻辑运算的理论依据，用二进制计算具有很强的逻辑性。

2.1.3　数制转换

把一种进制的数转换为另一种进制的数,其实质是进行基数的转换。基数转换依据的原则是:两个有理数相等,则其整数部分与小数部分分别相等。因此在转换时,其整数部分与小数部分应分别进行转换,将转换后的结果合并,整数部分与小数部分之间用小数点隔开,就得到相应的转换结果。

1. 十进制数转换为二进制数

对十进制整数和小数部分分别进行转换,转换结束后,将整数转换结果写在左边,小数转换结果写在右边,中间加上小数点。

1) 十进制整数转换成二进制整数

把一个十进制整数转换为二进制整数的方法是"除 2 取余法"。其转换规则是:将该十进制数除以 2,得到一个商和余数 K_0,再将商除以 2,又得到一个新商和余数 K_1,如此反复,直到商是 0 时为止,得到余数 K_{n-1},然后将所得到的各位余数以最后得到余数为最高位、最初得到的余数为最低位的顺序排列,即 $K_{n-1}K_{n-2}\cdots K_1K_0$,这就是该十进制数对应的二进制数。

例:将 $(234)_{10}$ 转换成二进制数。转换过程如下。

```
2 | 234    ……    余 0  (K₀)      低
2 | 117    ……    余 1  (K₁)      ↑
2 |  58    ……    余 0  (K₂)      |
2 |  29    ……    余 1  (K₃)      |
2 |  14    ……    余 0  (K₄)      |
2 |   7    ……    余 1  (K₅)      |
2 |   3    ……    余 1  (K₆)      |
2 |   1    ……    余 1  (K₇)      高
        0
```

结果是 $(234)_{10}=(11101010)_2$。

掌握了十进制整数转换成二进制整数的方法以后,那么,十进制整数转换成八进制整数或者十六进制整数就很容易了。十进制整数转换成八进制整数的方法是"除 8 取余法",十进制整数转换成十六进制整数的方法是"除 16 取余法"。

2) 十进制小数转换成二进制小数

小数部分的转换采用"乘 2 取整法"。其转换规则是:将十进制数的小数乘以 2,取乘积中的整数部分作为相应二进制数小数点后最高位 K_{-1},将乘积中的小数部分乘以 2,以此类推,依次得到 K_{-2},K_{-3},$\cdots$,K_{-m},直到乘积的小数部分为 0,或者 1 的位数达到精确度要求为止。然后把每次乘积的整数部分由上到下依次排列起来($K_{-1}K_{-2}\cdots K_{-m}$),即是所求的二进制小数。

例:将 $(0.8736)_{10}$ 转换成二进制小数(精度为小数点后 6 位)。

$$0.8736$$
$$\times \qquad 2$$
$$\overline{1.7472} \quad \cdots\cdots 1(K_{-1})}$$
$$0.7472$$
$$\times \qquad 2$$
$$\overline{1.4944} \quad \cdots\cdots 1(K_{-2})}$$
$$0.4944$$
$$\times \qquad 2$$
$$\overline{0.9888} \quad \cdots\cdots 0(K_{-3})}$$
$$0.9888$$
$$\times \qquad 2$$
$$\overline{1.9776} \quad \cdots\cdots 1(K_{-4})}$$
$$0.9776$$
$$\times \qquad 2$$
$$\overline{1.9552} \quad \cdots\cdots 1(K_{-5})}$$
$$0.9552$$
$$\times \qquad 2$$
$$\overline{1.9104} \quad \cdots\cdots 1(K_{-6})}$$

高

低

结果是 $(0.8736)_{10} = (0.110111)_2$。

2. 各进制之间的转换

各进制之间可直接转换，也可以先转换成二进制或十进制，再转换成另一进制。各进制之间的转换关系如图 2-1 所示。

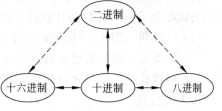

图 2-1 各进制之间的转换关系

1) R 进制转换成十进制

R 进制数 $(R \neq 10)$ 转换成十进制数的方法是：把 R 进制数的各位按权展开。

例：将 1001.101B、672.35Q、2DAH 转换成十进制数。

$$1001.101B = 1 \times 2^3 + 0 \times 2^2 + 0 \times 2^1 + 1 \times 2^0 + 1 \times 2^{-1} + 0 \times 2^{-2} + 1 \times 2^{-3}$$
$$= 9.625D$$
$$672.35Q = 6 \times 8^2 + 7 \times 8^1 + 2 \times 8^0 + 3 \times 8^{-1} + 5 \times 8^{-2}$$
$$= 442.453125D$$
$$2DAH = 2 \times 16^2 + 13 \times 16^1 + 10 \times 16^0 = 730D$$

2) 二进制数与八进制数之间的转换

二进制数与八进制数之间的转换十分简单，它们之间的对应关系是，八进制数的每一位对应二进制数的 3 位。

例：将 $(11010101)_2$ 转换成八进制数。

$$\underbrace{011}_{3}\underbrace{010}_{2}\underbrace{101}_{5}$$

结果是 $(11010101)_2 = (325)_8$。

3. 十进制整数转换为 R 进制整数

十进制整数转换为 R 进制整数采用"除 R 取余法",将十进制整数除以 R(即,二进制除以 2,八进制除以 8,十六进制除以 16),记下余数,将商再除以 R,记下余数……直到商为 0,将每次所得余数按反序排列(即最后得到的余数为最高位,最先得到的余数为最低位),得到的结果就是对应的 R 进制数。

例:十进制数 $(1295)_{10}$ 转换为八进制数。

结果是 $(1295)_{10} = (2417)_8$。

2.1.4 新型计算机

自计算机诞生 70 多年以来,计算机的体积不断变小,性能大幅提升。人类不断地研制出功能更强、更好、更快的计算机。计算机的发展有如下 4 个重要的方向:

(1) 巨型化。用于天气预报、军事国防、飞机设计、核弹模拟等尖端科研领域。

(2) 微型化。微型机已从台式机发展到便携机、膝上机、掌上机,更加便于携带。

(3) 网络化。近几年来计算机联网形成了巨大的浪潮,它使计算机的实际应用水平得到极大的提高。

(4) 智能化。计算机具备更多的类似人的智能。

电子计算机发展的一个限制是,以半导体材料为基础的集成电路芯片的集成度日益接近它的物理极限。要发展,就必须开发新的材料,因此要致力于研制新一代的计算机,如生物计算机、光学计算机、量子计算机和多技术组合型计算机等。

1. 生物计算机

生物计算机在 20 世纪 80 年代中期开始研制。其最大的特点是采用生物芯片,它由生物工程技术产生的蛋白质分子构成,蛋白质分子中的氢有两种电态,构成了一个开关,用蛋白质分子作为元件,通过分子水平的物理化学作用,就能制造出蛋白质型的芯片。在这种芯片中,信息以波的形式传播,运算速度是当今最新一代计算机的 10 万倍,能量消耗仅相当于普通计算机的 1/10,并且拥有巨大的存储能力。生物计算机具有三大显著优点:第一,体积小,功效高,1mm^2 的面积可容纳数亿个电路,其集成度是目前的电子计算机的上百倍;第二,具有再生性,由于蛋白质分子能够自我组合,再生新的微型电路,使生物本身固有的自我修复机能得到发挥,这样即使芯片出了故障也能自我修复;第三,只需很少的能量就可工作,不存在发热问题。另外,它还能模仿人脑的思考机制。

生物计算机的研究目前已经有了新的进展。美国首次公诸于世的生物计算机被用来模拟电子计算机的逻辑运算,解决虚构的 7 城市间最佳路径问题。目前,科学家们已经在超微技术领域取得了某些突破,制造出了微型机器人。而更长远的目标是使这种微型机器人成为一部微小的生物计算机,可以像微生物那样自我复制和繁殖,可以进入人体杀死病毒,修复血管、心脏、肾脏等内部器官的损伤,或者使引起癌变的 DNA 突变发生逆转,从而使人们延年益寿。

2. 光学计算机

光学计算机也称光脑,它利用光作为信息的传输媒体。与电子相比,光具有许多独特的优点,其速度永远等于光速,具有电子所不具备的频率及偏振特征,传载信息的能力极强。此外,光信号传输根本不需要导线,即使在光线交会时也不会互相干扰和影响。一块直径仅 2cm 的光棱镜可通过的信息速率是全世界现有全部电缆总和的 300 多倍。光学计算机的智能水平也将远远超过电子计算机,是人们梦寐以求的理想计算机。

20 世纪 90 年代中期,光学计算机的研究成果不断涌现。各国科研机构和大学都投入了大量的人力、物力从事此项技术的研究,目前光学计算机的许多关键技术,如光存储技术、光存储器、光电子集成电路(OIC)等都已取得重大突破。其中最显著的研究成果是由法国、德国、英国、意大利等国家 60 多名科学家联合研发成功的世界上第一台光学计算机。这台光学计算机的运算速度是目前速度最快的超级计算机的 1000 多倍,并且准确性极高。

此外,光学计算机的并行处理能力非常强,具有超高速的运算速度,在这方面电子计算机望尘莫及。在工作环境要求方面,超高速的电子计算机只能在低温条件下工作,而光学计算机在室温下就能正常工作。另外,光学计算机的信息存储量大,抗干扰能力非常强,在任何恶劣环境下都可以开展工作。光学计算机还具有与人脑相似的容错性,如果系统中某一元件损坏或运算出现局部错误时,并不影响最终的计算结果。

3. 量子计算机

所谓量子计算机,是指利用处于多现实态下的原子进行运算的计算机,这种多现实态是量子力学的标志。在某种条件下,原子世界存在着多现实态,即原子和亚原子粒子可以同时存在于此处和彼处,可以同时表现出高速和低速,可以同时向上和向下运动。如果用这些不同潜在状态组合的原子在同一时间对某一问题的所有答案进行探寻,再利用一些巧妙的手段,就可以找到正确的答案。

进入 21 世纪之际,根据量子力学理论,人们在研制量子计算机的道路上取得了新的突破。美国已宣布成功地实现了 4 量子位逻辑门,取得了 4 个锂离子的量子缠结状态。

与传统的电子计算机相比,量子计算机有以下优势:

(1) 解题速度快。传统的电子计算机用 1 和 0 表示信息,而量子粒子可以有多种状态,使量子计算机能够采用更为丰富的信息单位,从而大大加快了运行速度。

（2）存储量大。电子计算机用二进制存储数据，量子计算机用量子位存储数据，具有叠加效应，有 m 个量子位就可以存储 2^m 个数据。因此，量子计算机的存储能力比电子计算机大得多。

（3）搜索功能强劲。量子计算机能够组成一种量子超级网络引擎，可轻而易举地从浩如烟海的信息中快速搜寻出特定的信息。其方法是采用不同的量子位状态组合，分别检索数据库里的不同部分，其中必然有一种状态组合会找到所需的信息。

（4）安全性较高。如果其中的原子因发生碰撞而导致信息丢失时，量子计算机能自动扩展信息，与家族伙伴成为一体，于是系统可以从其家族伙伴中找到替身而使丢失的信息得以恢复。

4. 多技术组合型计算机

在生物计算机、光学计算机、量子计算机的发展前景被看好的同时，多技术组合型的计算机以其技术上的互补展示了很好的发展前景。

美国罗切斯特大学最近发明了一种集量子技术强大运算能力和光控技术操控简易性于一体的新型计算机，这项发明的研究报告已在《激光和光电量子学》以及马里兰州巴尔的摩的激光科学会议上发布。原子扭曲能让科学家们瞬时完成复杂运算，光能够逼真地模仿原子的扭曲，而与原子相比，光更易被人们控制和利用。这一新型计算机的研制成功最吸引人之处在于，它与量子计算机相比十分简单，而在光的精确控制方面已有几十年的成熟经验。

根据这一理论，可以使用人们熟知的一些简单计数，制造出比现在的超级计算机快10亿倍的计算机。

2.2　计算机的体系结构

从 20 世纪 60 年代开始，计算机应用于文字和信息处理领域。此后，计算机技术逐步深入信息技术领域的各个方面。随着大数据、云计算、物联网、人工智能等技术的发展，信息技术进入了一个全新的发展阶段。在信息技术中，"计算机"或"计算机系统"是一个重要概念。一般认为计算机和计算机系统具有相同的含义，但在实际应用中，"计算机"更侧重于计算机硬件的概念，"计算机系统"则是硬件和软件两部分的统一体。

计算机系统包括硬件系统和软件系统两大部分。硬件系统是构成计算机的物理装置，是指在计算机中看得见、摸得着的有形实体，由中央处理器、内存储器、外存储器和输入输出设备组成。软件系统分为三大类，即系统软件、支撑软件和应用软件。硬件是计算机运行的物质基础，计算机的性能，如运算速度、存储容量、计算和可靠性等，很大程度上取决于硬件的配置。

计算机通过执行程序而运行，计算机工作时，软件和硬件协同工作，两者缺一不可。计算机系统的组成框架如图 2-2 所示。

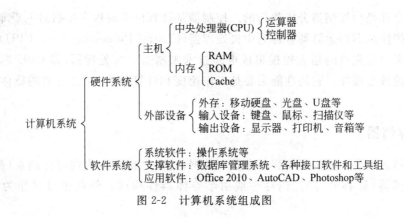

图 2-2　计算机系统组成图

2.2.1　冯·诺依曼结构

　　1946 年,美籍匈牙利裔科学家冯·诺依曼提出了计算机的设计思想,其所发表的《电子计算机装置逻辑初探》的论文中,最早对"使用二进制"和"存储程序"的理论进行了解释:程序和数据都事先以二进制的方式存入计算机中,运行时自动取出指令并执行指令,从而实现运算自动化。他明确提出了计算机由输入设备、存储器、运算器、控制器和输出设备五大部分组成。多年来,虽然计算机系统在性能指标、运算速度、工作方式等方面有了很大变化,但基本结构都没有脱离冯·诺依曼的思想,都属于冯·诺依曼结构计算机,如图 2-3 所示。

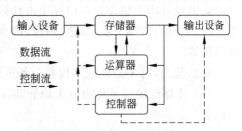

图 2-3　冯·诺依曼结构计算机硬件系统组成

　　其中数据流是指原始数据、中间结果、最终结果、源程序等。控制流是由控制器对指令进行分析、解释后向各部件发出的控制命令,指挥各部件协调工作。

1. 运算器

　　运算器也称为算术逻辑单元(Arithmetic Logic Unit,ALU)。它的功能是进行算术运算和逻辑运算。算术运算是指加、减、乘、除运算;逻辑运算是指逻辑与、逻辑或、逻辑非、异或、移位、比较等运算。

2. 控制器

　　控制器是整个计算机系统的控制中心,它指挥计算机各部分协调工作,保证计算机按照预先规定的目标和步骤有条不紊地进行操作与处理。

　　控制器从存储器中逐条取出指令,分析每条指令规定的是什么操作以及所需数据的存放位置等,然后根据分析的结果向计算机其他部分发出控制信号,统一指挥整个计算机完成指令所规定的操作。因此,计算机自动工作的过程是自动执行程序的过程,而程序中的每条指令都是由控制器分析执行的。控制器是计算机实现程序控制的主要部件。

通常把控制器与运算器合称为中央处理器(Central Processing Unit,CPU)。工业生产中总是采用最先进的超大规模集成电路技术来制造中央处理器,即 CPU 芯片。CPU是计算机的核心部件。它的性能主要是工作速度和计算精度,对计算机的整体性能有全面的影响。

3. 存储器

存储器的主要功能是存储程序和各种数据信息,存储器分为内部存储器(简称内存)和外部存储器(简称外存)。内存一般由半导体器件构成。外存也可以作为输入输出设备。

4. 输入设备

输入设备用来接收用户输入的原始数据和程序,并将各种形式的输入信息(如数值、文字、图像等)转换为二进制形式的编码。常用的输入设备有键盘、鼠标、扫描仪、光笔等。

5. 输出设备

输出设备用于将存放在内存中由计算机处理的结果转变为人或其他设备所能接收和识别的信息形式,如文字、数值、图像、声音、电压等。常用的输出设备有显示器、打印机、绘图仪等。

概括起来,冯·诺依曼结构有 3 条重要的设计思想:

(1) 计算机硬件系统由五大功能部分组成,即控制器、运算器、存储器、输入设备和输出设备。

(2) 计算机内部采用二进制工作,以二进制的形式表示数据和指令。

(3) 计算机工作过程采用存储程序控制原理,即程序预先存入存储器中,使计算机在工作中能自动地从存储器中取出程序指令并加以执行。

2.2.2 计算机指令系统

计算机在工作时,只要按规定的流程执行程序中的各条指令就能完成既定任务。程序是为解决具体问题而编制的指令序列。所谓指令,是指给计算机发出的一个用二进制代码表示的基本操作命令。一条指令只能完成一个简单的操作,一个复杂的问题往往可以分解成一系列的简单操作,并用若干条指令来完成。

指令是用二进制表示的机器语言,它用来规定计算机执行的操作及操作对象所在的位置,通常由操作码和操作数组成,如图 2-4 所示。

(1) 操作码。用来指出计算机应执行的操作一个二进制代码,指明该指令要完成的

操作码	操作数

图 2-4 指令的组成结构

操作,如存数、取数等,其位数决定了一个机器指令的条数。当使用定长操作码格式时,若操作码位数为 n,则指令条数可以有 2^n 条。

（2）操作数。用于指出该指令所操作（处理）的数据（如加数、被加数、乘数、被乘数等）或数据所在存储单元的地址（也称地址码）。操作数因此也就有立即数（参加运算的数据）、直接地址（指向参加运算数据的地址）、间接地址（指向一个地址，该地址再指向参加运算的数据的地址或者所在寄存器号码）和变址（往往有两个部分，经过某种运算后得到参加运算的数据的地址）等寻址方式。操作数在大多数情况下是地址码，地址码有 0～3 位。

一台计算机所有指令的集合称为该计算机的指令系统。不同类型的计算机，指令系统的指令条数有所不同，但无论哪种类型的计算机，指令系统都应包括具有以下功能的指令。

（1）数据传送指令。其主要作用是将数据从一个地方传送到另一个地方。数据传输常在 CPU 内部、CPU 和存储器之间、CPU 和外设之间进行。

（2）数据运算指令。其主要用于实现基本的算术运算和逻辑运算，如加、减、乘、除、逻辑加、逻辑乘、左移、右移等。此外还有比较运算的指令，如比较两个操作数是否相等。

（3）程序控制指令。控制程序中指令的执行顺序，如条件转移、无条件转移、调用子程序、返回、停机等。

（4）输入输出指令。用来实现外部设备与主机之间的数据传输。

（5）其他指令。对计算机的硬件进行管理，如空操作指令等。

2.2.3　计算机工作流程

计算机的工作过程也就是执行程序的过程，可分为取指令阶段和执行指令阶段。

取指令阶段是在控制器的控制下，从存储器中取出指令，送到指令寄存器，并由指令译码器译码；执行指令阶段是在控制器的控制下，执行相应指令规定的操作。

例如，计算机系统计算 5+8 的具体步骤如下：

（1）取数指令（取数 5）。

（2）取数指令（取数 8）。

（3）加法指令（5+8=13）。

（4）存数指令（存数 13）。

（5）停机指令。

根据 2.2.1 节中提到的冯·诺依曼结构，结合上述步骤，可以了解到指令是如何在计算机系统内运行的，如图 2-5 所示。

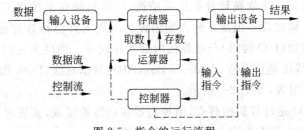

图 2-5　指令的运行流程

总的来说,指令的执行过程主要分为以下 4 个步骤:

(1) 取指令。根据程序计数器给出的地址,从内存中取出指令,并送往指令寄存器。

(2) 分析指令。对指令寄存器中存放的指令进行分析,由译码器对操作码进行译码,将指令的操作码转换成相应的控制电位信号,由地址码确定操作数地址。

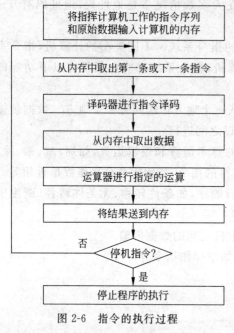

图 2-6　指令的执行过程

(3) 执行指令。由操作控制线路发出完成该操作所需要的一系列控制信息,去完成该指令所要求的操作。

一条指令执行完成,程序计数器加 1 或将转移地址码送入程序计数器,然后返回步骤(1)。

(4) 循环执行步骤(1)~(3)。

指令的执行过程如图 2-6 所示。CPU 不断地重复取指令、分析指令、执行指令的过程,这就是程序的执行过程。

完成一条指令所花费的时间称为一个指令周期。指令周期越短,指令执行得越快。决定指令周期的主要参数是 CPU 的时钟频率。若时钟频率为 3.2GHz,指的是每秒计算 32 亿次。假设一个指令周期需要 5 个时钟周期,则时钟频率为 3.2GHz 的 CPU 每秒能执行 6.4 亿条指令。

2.3　计算机硬件系统

计算机系统包括计算机硬件系统和计算机软件系统两部分。硬件是基础,软件是灵魂,只有二者紧密结合,才能发挥计算机的作用。

2.3.1　计算机硬件系统的组成

计算机硬件系统是指构成计算机的所有实体部件的集合,通常这些部件由电路(电子元件)、机械零件等物理部件组成。它们都是看得见摸得着的,故称为硬件,是计算机系统的物质基础。根据冯·诺依曼计算机体系结构,计算机硬件系统由 CPU(控制器和运算器)、存储器和输入输出设备组成。输入输出设备是人与计算机连接的桥梁,输入输出设备通过输入输出接口(I/O 接口)与计算机内部硬件联系。物理上它们由系统总线连接在一起,其中系统总线由地址总线(Address Bus,AB)、数据总线(Data Bus,DB)和控制总线(Control Bus,CB)组成,如图 2-7 所示。

前面提到,CPU 是计算机的核心,由控制器和运算器组成,实现对计算机的控制和运算处理。CPU 的性能很大程度上决定了计算机的性能。

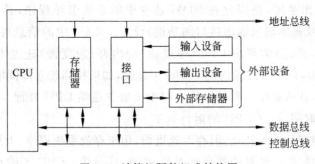

图 2-7　计算机硬件组成结构图

1. 控制器

控制器是计算机的指挥系统。控制器通过地址访问存储器,从存储器中取出指令,经译码器分析后,根据指令分析结果产生相应的操作控制信号作用于其他部件,使得各部件在控制器的控制下有条不紊地协调工作。

2. 运算器

运算器是计算机进行数据处理的核心部件,执行各种算术运算和逻辑运算,由算术逻辑单元(ALU)、累加器、状态寄存器和通用寄存器组等组成。运算器的数据来自存储器,处理后的结果数据通常送回存储器或暂时存放在运算器中。

3. 存储器

存储器中有许多存储单元。存储单元是用于存放数据和指令的记忆部件。每一个存储单元都有一个地址编号,地址编号为 $0,1,2,\cdots$,由小到大,构成了存储空间。位(bit),也称比特,是计算机存储数据的最小单位,每个存储单元可以存放 1 个字节(byte)二进制信息,1 个字节等于 8 位。存储器的容量是以字节为基本单位的。

存储器的容量是指存储器中所包含的字节总数,通常用 KB、MB、GB 和 TB 等来表示,其关系为

$$1KB=2^{10}B=1024B$$

$$1MB=2^{10}KB=1024KB$$

$$1GB=2^{10}MB=1024MB$$

$$1TB=2^{10}GB=1024GB$$

存储空间的容量由地址总线的位数决定,例如 32 位总线,其存储空间可达 $2^{32}=4GB$。

计算机中的存储器可分为内存和外存。内存由半导体器件制成,其存取速度快,容量小,但价格较高。内存分为只读存储器(Read Only Memory,ROM)、随机读写存储器(Random Access Memory,RAM)和高速缓冲存储器(Cache)。

ROM 中的信息由厂家在生产时用专门设备写入,计算机工作时只能读出,不能修改。ROM 中存储的数据不会因断电而丢失,故一般用于存放固定的程序,如用于存储

BIOS(基本输入输出系统,是固化在 ROM 芯片中的系统引导程序,具有对系统加电自检、引导和设置系统基本输入输出接口的功能)设定。RAM 中的信息可读、可写,但断电后信息会丢失。Cache 是为解决 CPU(速度快)与内存(速度慢)速度不匹配而设置的。CPU 要读取数据时,先从速度较快的 Cache 中查找,如果找到就立即读取并送给 CPU 处理;如果没有找到,就从速度相对较慢的内存中读取并送给 CPU 处理。使用 Cache 可以缩短 CPU 的等待时间,提高 CPU 的运行效率。

外存具有存储容量大的特点,但存取速度慢,用于存放系统程序、大型数据文件、数据库及用户的程序和数据。常见的外存有硬盘、光盘、U 盘等。CPU 不能直接访问外存,当需要执行外存的程序或处理外存中的数据时,必须通过 CPU 输入输出指令将其调入内存中,才能被 CPU 执行处理,如图 2-8。

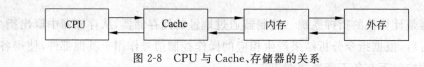

图 2-8　CPU 与 Cache、存储器的关系

4. 输入设备

输入设备是向计算机中输入信息(如程序、数据、声音、文字、图形和图像等)的设备。常见的输入设备有键盘、鼠标、麦克风、扫描仪、光笔等。

5. 输出设备

输出设备用于接收计算机数据的输出显示、打印、声音及控制外部设备操作等,也是把各种计算结果数据或信息以数字、字符、图像、声音等形式表示出来的设备。常用的输出设备有显示器、打印机、音箱等。

大体介绍了计算机硬件结构后,下面更细致地对计算机的性能指标和各个组成部分进行介绍。

2.3.2　计算机的性能指标

计算机的性能是由它的系统结构、指令系统、硬件组成、软件配置等多方面的因素综合决定的,可以通过以下几个指标来大体评价。

1. 主频

主频是指计算机 CPU 工作的时钟频率,单位是吉赫(GHz)。例如,Intel 酷睿 i7 7700K 的 CPU 主频为 4.2GHz,Intel 酷睿 i5 6500 的 CPU 主频为 3.2GHz。一般来说,主频越高,运算速度就越快。CPU 的主频不直接代表 CPU 的运算速度,因为 CPU 的运算速度还与 CPU 的缓存、指令集、位数等性能指标有关,但提高主频对于提高 CPU 运算速度是至关重要的。

2. 字长

计算机在同一时间内处理的一组二进制数的位数称为计算机的字长。在其他指标相同时,字长越大,表示一次读写和处理的数的范围越大,计算机处理数据的速度就越快。目前常用的字长有 32 位和 64 位。对于数据,字长越大,运算精度越高;对于指令,字长越大,则功能越强,而且寻址的存储空间也越大。

3. 运算速度

运算速度是衡量 CPU 工作快慢的指标,一般以每秒能执行的指令数表示,单位为 MIPS(百万次/秒)。计算机的运算速度是一个综合性能指标,与主频有关,同时还与内存、硬盘等工作速度及字长、存储器的存取时间、系统总线的时钟频率等有关。

4. 内存储器的容量

内存储器容量的大小反映了计算机即时存储信息的能力。随着计算机内存成本的降低、计算机操作系统不断升级、应用软件不断丰富及其功能不断扩展,计算机的标准内存容量也不断提高。目前主流计算机内存大小为 4GB 或 8GB。内存可通过加装扩展内存条来扩容。

5. 外存储器的容量

外存储器的容量通常是指硬盘容量。外存容量越大,可存储的信息就越多。

可通过以下几种方法快速查询计算机的详细配置参数信息:

(1) 在桌面右击"我的电脑",在快捷菜单中选择"属性"命令,系统会弹出如图 2-9 所示的界面。

图 2-9　查看计算机系统的基本信息

（2）选择桌面左下角"开始"→"运行"命令，在对话框中输入 dxdiag 并按 Enter 键，系统会弹出如图 2-10 所示的界面。

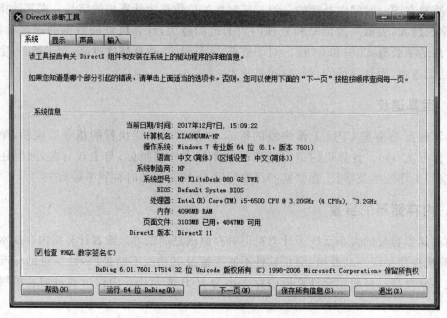

图 2-10   DirectX 诊断工具

（3）选择桌面左下角"开始"→"运行"命令，在对话框中输入 msinfo32 并按 Enter 键，系统会弹出如图 2-11 所示的界面。

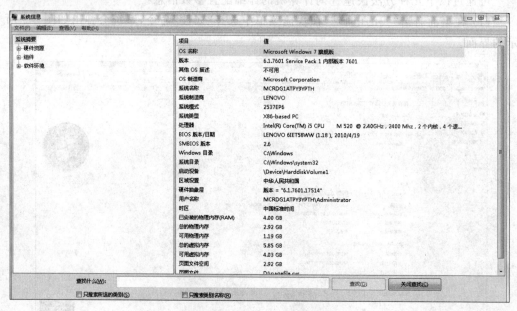

图 2-11   msinfo32 信息窗口

2.3.3 计算机的核心部件

1. CPU

CPU 是计算机系统的核心部件,它采用大规模或超大规模集成电路技术将运算器、控制器及总线接口单元集成在一块芯片上,它根据内存中的指令进行计算,或产生控制信号对相应的部件进行控制操作。

不同型号的计算机,其性能的差别在很大程度上取决于 CPU 的性能。目前主流计算机多采用英特尔(Intel)公司的酷睿 i 系列 CPU,主要型号有 Intel 酷睿 i3、i5、i7 等(图 2-12),以及 AMD 公司生产的 Ryzen 3、Ryzen 5、Ryzen 7 等(2-13)。另外,一台计算机大多包含一个以上的 CPU,多个 CPU 协同工作,并行执行多条指令或处理多个程序,效率大大提高。

图 2-12　Intel CORE i7 CPU

图 2-13　AMD Ryzen 5 CPU

2. 内存

内存是计算机的一个重要组成部分,用于存放 CPU 当前要执行的程序和数据。向存储器存入信息的操作称为写入(write),从存储器取出信息的操作称为读出(read)。执行读出操作后,原来存放的信息并不改变,只有执行了写入操作,写入的信息才会覆盖原来存放的内容。RAM 中存放的信息可随机地读出或写入,通常用来存入用户输入的程序和数据等。ROM 中的信息只可读出而不可写入,通常用来存放一些固定不变的程序。计算机断电后,ROM 中的内容保持不变;当计算机重新接通电源后,ROM 中的内容仍可被读出。

为了便于对内存中存储的信息进行管理,内存被划分成许多存储单元,每个存储单元都有一个编号,称为地址(address)。通常计算机按字节编址。地址与存储单元为一对一的关系,是存储单元的唯一标志。存储单元、存储单元的地址和存储单元的内容是 3 个不同的概念。存储单元相当于旅馆的房间,地址相当于旅馆的房间编号,存储单元的内容相当于房间中的旅客。CPU 对内存的读写操作都是通过地址来进行的。

RAM 可分为 SRAM(Static RAM,静态 RAM)和 DRAM(Dynamic RAM,动态 RAM)。SRAM 的特点是不需要刷新,只要不掉电,数据就可以一直保持,存取速度快,但价格昂贵,CPU 中的 Cache 用的就是 SRAM。动态 RAM 分为 SDRAM、DDR

SDRAM 和 RDRAM 3 种。SDRAM 是同步动态随机存储器，即它的工作速度是与系统总线速度同步的。DDR SDRAM(Double Data Rate SDRAM，双倍数据速率 SDRAM)，习惯称为 DDR。它能够在一个时钟周期内的时钟上升期和下降期各传输一次数据，目前已经发展到 DDR3 和 DDR4。RDRAM(Rambus DRAM)是美国 Rambus 公司开发的一种内存，由于价格等原因未成为市场主流。

内存都是以内存条的形式插在主板上，在主板上有内存条插槽，可以根据需要配置内存，如图 2-14 所示。目前流行的计算机内存容量一般为 4GB 或 8GB，更为高端的计算机可达 16GB 或 32GB。在选购内存时考虑的主要技术指标一般包括引脚数、容量、速度、奇偶校验等。在容量相等的情况下，两根 4GB 的内存条组成双通道模式可以比单独安装一根 8GB 内存条获得更高的性能。需要注意的是，不同的主板支持不同型号的内存，在选择内存条时要注意与主板匹配。

图 2-14　内存条

3. 主板

主板是计算机中最大的一块集成电路板，如图 2-15 所示，是计算机各个部件相互连接的纽带和桥梁，为计算机的各部件提供信息传输的通道。主板主要由 5 个功能模块和连接系统中各部件的总线组成，包括控制芯片组、CPU 插座、BIOS 芯片、内存条插槽，也集成了硬盘接口、并行接口、串行接口、USB(Universal Serial Bus，通用串行总线)接口、AGP(Accelerated Graphics Port，加速图形端口)总线扩展槽、PCI(Peripheral Component Interconnect，外设部件互连标准)局部总线扩展槽、ISA(Industry Standard Architecture，工业标准体系结构)总线扩展槽、键盘和鼠标接口以及一些连接其他部件的接口等。扩展

图 2-15　主板

槽是为扩展卡设计的,扩展卡也叫作适配卡,是为计算机提供附加功能的电路板,可实现不同的目的,如用来控制显示器的显卡,还有进行网络通信的网卡等。主板上的接口符合国际标准,插口和插接头的形状一一对应,标准化给用户组装计算机带来了方便。

4. 总线

计算机的CPU、内存、显示器、键盘、硬盘等都是独立存在的物理部件,任何一个处理器都要与一定数量的外部设备相连。如果将各部件和每一种外部设备分别用不同的线路与CPU直接相连,将使线路错综复杂,甚至难以实现。为了简化硬件电路设计和系统结构,常用一组线路配以适当的接口电路与各种部件和外部设备连接。这组共享的连接线路称为总线。若把计算机的部件和外部设备比作一个个相隔遥远的城市,CPU就是首都,总线就是高速公路。这些"城市"之间可以通过总线这条"高速公路"传递信息。"总线"很形象地表达了它的特征。在总线这条"高速公路"上行驶的"车辆"是总线上传输的信号。

总线是连接计算机各组成部分的一组信号线,根据传输信息的类型分为地址总线(AB)、数据总线(DB)和控制总线(CB)3类。地址总线用于传送CPU发给存储器和I/O接口的地址信息,通常是单向的。数据总线用来传送CPU与存储器和I/O接口之间的数据或命令信息,由于数据信息可在CPU和存储器、I/O设备之间相互传送,故数据总线为双向的。控制总线用来传送控制信号、时序信号和状态信号,由于信号可能从CPU发向存储器和I/O设备,也有可能从存储器和I/O设备发向CPU,故控制总线从整体上看是双向的。在CPU与存储器或I/O设备交换信息时,CPU先通过地址总线输出需要访问存储单元或I/O设备的地址信息,然后经数据总线进行信息交换。

1)地址总线

地址总线是计算机用来传送地址的信号线。地址总线的数目决定了直接寻址的范围。例如,16根地址线可以构成 $2^{16}=65\ 536$ 个地址,可直接寻址64KB地址空间;24根地址线可直接寻址16MB地址空间。

2)数据总线

数据总线是计算机用来传送数据和代码的总线,一般为双向信号线,可以进行两个方向的数据传送。

数据总线可以从CPU送到内存或其他部件,也可以从内存或其他部件送到CPU。通常,数据总线的位数与计算机的字长相等。例如,64位的CPU芯片,其数据总线也是64位。

3)控制总线

控制总线用来传送控制器发出的各种控制信号,其中包括用来实现命令、状态传送、中断请求、直接对存储器存取的控制以及供系统使用的时钟和复位等信号。

单位时间内总线上可传送的数据量称为总线带宽,其计算公式如下:

总线带宽=(数据线宽度/8)×总线工作频率×每个总线周期的传输次数

由于VLSI技术的迅速发展,组成计算机的每块电路板都具有相对独立的功能,以便于用各模块灵活地组成计算机的硬件系统。因此,对各模块组成的插件采用一种统一的标准,即对插件的尺寸、插口线路、引线的定义和时序作出明确的规定,这就是总线标准。总线在计算机发展过程中不断有新的标准推出,有代表性的系统总线标准有 ISA、EISA、PCI 和 AGP 等。

5. 接口

计算机的所有外部设备都不直接与主机相连,而是通过接口(也称为适配器)与总线相连。接口是介于主机与外部设备之间的一种缓冲电路,是计算机与外部设备联系的桥梁。一般来说,接口有如下几个主要功能:

(1) 数据格式的转换。例如,进行串行与并行数据格式之间的转换。

(2) 数据缓冲。接口对数据传送提供缓冲,协调处理器与外部设备在速度上的差异。

(3) 电气特性的匹配。完成主机与外设在电气特性上的适配,如高低电平的转换。

总之,接口是外部设备与主机相连的中间电路,所有的外部设备都通过接口与主机相连,并在软件的控制下工作。

计算机一般有串行接口和并行接口。串行接口和并行接口是针对串行通信和并行通信而言的。并行通信是同时进行多位二进制数据的传输;串行通信是把数据每次一位地传送到单根信号线上进行传送,当接收方收齐一个数据的二进制位后,再把它们组合成一个完整的数据。键盘、鼠标、调制解调器等使用的是串行接口,显示器、打印机等使用的是并行接口。串行接口的设备名一般为 COM1、COM2、COM3 等,并行接口的设备名一般为 LPT1、LPT2、LPT3 等。

USB 接口是一种输入输出总线接口,可为外部设备提供 5V 的电源。计算机可以通过一个 USB 接口将外设连接成串,能以树状结构连接 127 个外部设备,例如键盘、鼠标、显示器、打印机、扫描仪、数码照相机、数字音响等。USB 接口支持即插即用的热插拔功能,在添加或卸载外设时无须重新启动计算机。

2.3.4 存储设备

当前的存储设备主要有硬盘、光盘、U 盘、移动硬盘和网络硬盘 5 种。

1. 硬盘

硬盘的盘片由表面涂有磁性材料的铝合金材料制成。硬盘由盘片(存储介质)、主轴与主轴电机、移动臂、磁头和控制电路等组成,一般置于主机箱内,如图 2-16 所示。一个硬盘包括若干个同轴的盘片。每个盘片的上下两面各有一个读写磁头,磁头悬浮于盘片的上方或下方(不与盘片表面接触),读写时依靠磁盘高速旋转产生的空气动力效应悬浮于盘片表面(同隙只有 $0.1\sim0.3\mu m$)。每个盘片的两个盘面以转轴中心为圆心,被均匀地划分为若干个半径不等的同心圆,称为磁道。不同面上相同半径的磁道在垂直方向构成同心圆柱,称为柱面,柱面数等于磁道数。每个磁道又被划分为若干个扇区。硬盘的读写位置由柱面号、磁头号和扇区号来确定,如图 2-16 所示。

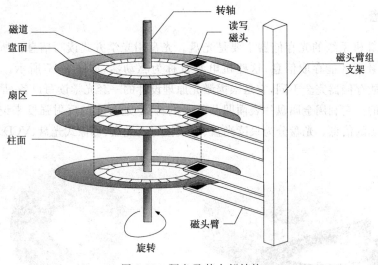

图 2-16　硬盘及其内部结构

硬盘的主要性能指标包括转速、容量、缓存容量、内部数据传输率等。

硬盘工作时,固定在同一个转轴上的数个盘片以 5400~7200r/min 甚至更高的速度旋转,磁头在驱动马达的带动下在磁盘上做径向运动,通过磁性操作完成写入或读出数据的工作。硬盘的转速越快,硬盘寻找文件的速度也就越快,硬盘的传输速度也就越高。硬盘转速以每分钟多少转来表示,单位为 r/min(通常写作 rpm)。该值越大,内部传输率就越快,访问时间就越短,硬盘的整体性能也就越好。硬盘的主轴马达带动盘片高速旋转,产生空气浮力使磁头悬浮在盘片上方。硬盘转速越快,则等待要存取的扇区转到磁头位置的时间也就越短,因此转速在很大程度上决定了硬盘的速度。

容量即硬盘存储空间大小,目前多为 120GB~1TB。

磁盘缓存又称磁盘快取,实际上就是将数据先保存于系统为软件分配的内存空间中(这个内存空间被称为内存池),当保存到内存池中的数据达到一定的量时,便将数据保存到硬盘中。这样可以减少实际的磁盘操作,有效地保护磁盘免于重复的读写操作而损坏。缓存容量一般为 128~1024MB。

内部数据传输率,简单地说就是硬盘将数据从盘片上读取出来,然后存储在缓存内的速度。内部数据传输率可以明确表现出硬盘的读写速度,它的高低才是评价一个硬盘整体性能的决定性因素,是衡量硬盘性能的真正标准。有效地提高硬盘的内部数据传输率才能对磁盘子系统的性能有最直接、最明显的提升。目前主流的家用级硬盘的内部数据传输率为 600MB/s 左右,而且在连续工作时这个数据会降低。

硬盘的存储容量很大,它是使用温彻斯特技术制成的驱动器,将铝合金盘片连同读写头等一起封装在真空密闭的盒子内,故无空气阻力、灰尘的影响。使用时应防止震动,所以计算机通电工作时不能移动、摇晃和撞击,否则磁头容易损坏盘片,造成盘片上的信息读出错误。新硬盘在工作前需要格式化,但使用中的硬盘不能随便格式化,否则将丢失全部数据。

2. 光盘

用于计算机系统的光存储器主要是光盘。光盘用光学方式读写信息。所有光盘都必须通过机电装置才能存取信息,这些机电装置称为驱动器,如图 2-17 所示。光盘的读写原理与磁介质存储器完全不同,它是根据激光原理设计的一套光学读写设备,是利用激光技术存取信息的。它利用金属盘片表面凹凸不平的特征,通过光的反射强度来记录和识别二进制数码 0、1 的信息。光盘分为只读光盘、一次性写入光盘、可擦式光盘、VCD 及 DVD 等。

图 2-17　光盘驱动器和光盘

只读光盘(CD-ROM)只能读取,用户无法再写入数据。它使用最广泛,由于其存储密度很高,一般容量非常大,可达 600MB～1GB,具有制作成本低、不怕热和磁、保存携带方便的特点。

一次性写入光盘(CD-R)不仅可以读出已写入的信息,而且可以在空白的光盘上写入新的信息,但它与只读光盘一样,信息一旦写入就不能修改。写入方法一般是用强激光束对光介质进行烧写,从而产生凹凸不平的表面。

可擦式光盘(CD-RW)像磁盘一样允许用户多次写入、删除、修改和读出。

VCD 和 DVD 是用来存放采用 MPEG 标准编码的全动态图像及其相应声音的数据光盘,在相同的分辨率下,DVD 具有更高的压缩空间,容量更大。不过,随着互联网时代的发展和大容量存储介质的普及,VCD 和 DVD 已经逐渐退出历史舞台。

3. U 盘

U 盘是目前最常用的移动存储设备,可用于较大的数据文件的交换和存储,如图 2-18 所示。它以 Flash(闪存)芯片作为存储介质,配以控制电路,具有防磁、防震、防潮等特性,具有非常高的可靠性,擦写次数高达 100 万次。U 盘使用 USB 接口与计算机相连,支持热插拔。容量一般为 8～128GB 不等。主流的 USB 接口标准有 USB 2.0、USB 3.0 和 USB 3.1,为了支持多种应用场景,市面上已出现 Micro USB 接口和 Type-C 接口的 U 盘,使用起来更加便利。

使用 U 盘时应当注意:

图 2-18　U 盘

（1）拔出 U 盘时，必须发出关闭 U 盘设备的命令，否则容易损坏 U 盘，使数据丢失。

（2）等指示灯停止闪烁时方可拔出 U 盘。

（3）U 盘写保护的关闭和打开应在拔出的状态下进行。

（4）存有重要信息的 U 盘要关闭写保护口，以防止误删除操作或病毒破坏等。

4. 移动硬盘

移动硬盘也是一种广泛使用的移动存储设备，具有容量大、体积小、传输速度快、使用方便和可靠性高等特点，如图 2-19 所示。移动硬盘用一个硬盘盒封装，硬盘盒中有标准硬盘接口和控制电路。大多采用 USB 3.0 接口，同时向下兼容 USB 2.0。硬盘盒通过一条 USB 连接线与计算机主机的 USB 接口相连。目前移动硬盘容量已达到 TB 级。移动硬盘具有很高的传输速率，当连接到 USB 3.0 接口时，传输一部 15GB 的蓝光电影只需 3min。

5. 网络硬盘

网络硬盘又称为网盘、网络 U 盘，是由一些互联网公司向用户提供的免费或收费的在线存储服务。互联网公司的服务器机房为用户划分一定的磁盘存储空间，提供文件的存储、访问、备份、共享等功能，一般都会拥有国内多个地点甚至跨国多地的容灾备份。

用户可以把网络硬盘看作一个放在网络上的硬盘或者 U 盘，无论何时何地，只要能连接到因特网，就可以管理、编辑网络硬盘里的文件。其主要优点在于不需要随身携带，不怕丢失，容量也比较大。

当前，提供网络硬盘服务的互联网公司比较多。国内有代表性的网络硬盘包括百度网盘、网易网盘、360 云盘、新浪微盘等（图 2-20），国外有代表性的网络硬盘包括 WikiUpload、OneDrive、DivShare、MediaFire 等。

图 2-19　移动硬盘

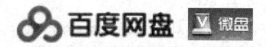

图 2-20　百度网盘和新浪微盘的图标

2.3.5　输入设备

输入设备供用户向计算机输入各种程序、数据和现场采集信息的设备，将信息转换成计算机能够识别的二进制形式并存放在计算机的存储器中。常用的输入设备有键盘、鼠标、触摸屏、扫描仪、数码相机、数字摄像机等。

1. 键盘

键盘是计算机最常用的输入设备之一,其作用是向计算机输入命令、数据、程序等。它由一组按阵列方式排列的按键开关组成,按下一个键,相当于接通一个开关电路,把该键的位置码通过接口电路送至计算机。

键盘按工作原理分为机械触点式键盘、薄膜式键盘和电容式键盘3种。

(1)机械键盘采用金属接触式开关,工作原理是使触点导通或断开,具有工艺简单、易维护、打字时节奏感强,长期使用手感不会改变等特点,但是噪音较大。

(2)薄膜式键盘内部共分4层,其特点是无机械磨损、低价格、低噪音和低成本,但是长期使用后由于材质老化问题,手感会发生变化。这种键盘目前已占领市场绝大部分份额。

(3)电容键盘使用类似电容式开关的原理,通过按键时改变电极间的距离引起电容容量改变,从而驱动编码器。其特点是无接点静电、无磨损且密封性较好。

常用键盘一般有104个键或107个键,共分成5个区域,即分为主键区、数字辅助键区、功能键区、控制键区和工作状态指示区,键盘分区如图2-21所示。

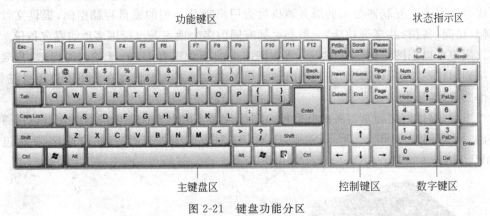

图2-21 键盘功能分区

2. 鼠标

鼠标是控制显示器光标移动的输入设备,能方便地将光标准确定位在指定的屏幕位置,如图2-22所示。鼠标按其工作原理分为机械鼠标和光电鼠标,机械鼠标主要由滚球、辊柱和光栅信号传感器组成。鼠标一般由3个按键组成,右手握鼠标的用户主要使用左键,鼠标中间有一个滚轮,可以用手滑动滚轮进行相应的操作。移动鼠标可以改变光标在屏幕上的位置。鼠标主要用于定位光标、选择对象、拖动对象、打开菜单和选择命令等。

图2-22 鼠标

鼠标按接口类型可分为串行鼠标、PS/2鼠标、总线鼠标、USB鼠标(多为光电鼠标)4种。串行鼠标通过串行口与计算机相连,有9针接口、25针接口两种。PS/2鼠标通过6针微型DIN接口与计算机相连,它与键盘的接口非常相似,使用时要注意区分。总线鼠标的接口在总线接口卡上。USB鼠标通过USB接口直接插在计算机上。

分辨率是衡量鼠标移动精确度的标准,其单位是dpi,即每移动一英寸能检测出的点数,分辨率越高,鼠标移动精确度也就越高。高分辨率的鼠标通常用于制图等。

3. 触摸屏

触摸屏是目前最简便、方便、自然的人机交互设备,它赋予了多媒体崭新的面貌,是极富吸引力的全新多媒体交互设备,主要应用于公共信息的查询、领导办公、工业控制、军事指挥、电子游戏、点歌点菜、多媒体教学、房地产预售等,如图2-23所示。触摸屏由触摸检测部件和触摸屏控制器组成。触摸检测部件安装在显示器屏幕前面,用于检测用户触摸位置,接收后送触摸屏控制器。触摸屏控制器的主要作用是从触摸检测部件接收触摸信息,并将它转换成触点坐标,再送给CPU,它同时能接收CPU发来的命令并加以执行。触摸屏需要收集的信息有触摸物进入触摸屏的坐标、触摸物在触摸屏上移动的坐标、触摸物离开触摸屏的坐标、是否有物体触摸等。

图2-23　触摸屏

触摸屏的3个基本技术特性为透明性能、绝对坐标系统、检测与定位。触摸屏按照工作原理和传输信息的介质可分为4种,分别为电阻式、电容感应式、红外线式以及表面声波式。

4. 扫描仪

扫描仪是计算机的图像输入设备,在所有扫描设备中,最为人们所熟知的应该是条形码扫描仪。现在各种超市利用条形码扫描仪判断货物上的条形码并从计算机系统中读出该货物的价格。光学扫描仪在办公场所也应用得非常广泛,它能将文件、图片、照片等内容读入计算机。手持式和台式扫描仪如图2-24所示。

图2-24　手持式和台式扫描仪

光学扫描仪的工作原理是:将原图放置在一块干净的有机玻璃平板上,原图不动,而光源系统通过一个传动机构水平移动并发射光线照射在原图上,经反射或投射后,由接收系统接收并生成模拟信号,通过模数转换器(ADC)转换成数字信号后,直接传送至计算机,由计算机进行相应的处理,完成扫描过程。

扫描仪的主要性能指标如下:

(1)扫描幅面。它决定了对原稿尺寸的要求。目前常见的扫描仪幅面有 A4 和 A3 两种。

(2)分辨率。指每英寸扫描的点数(dpi),它直接决定了扫描仪扫描图像的清晰程度。目前主流的扫描仪分辨率有 2400dpi、4800dpi 等,专用扫描仪的分辨率更高一些。

(3)色彩深度。又称色彩位数,是用于表示扫描仪所能辨析的色彩范围的指标。通常,扫描仪的色彩深度越大,就越能真实反映原始图像的色彩,扫描仪所反映的色彩就越丰富,获得的图像效果也越真实,当然所形成的数据量也越大,图像文件也越大。对于某些应用环境,扫描仪色彩深度指标甚至比分辨率更重要。色彩深度的具体指标用位(bit)来描述,24 位可分辨 1670 万种颜色,30 位可分辨 6.87 亿种颜色,而 36 位可分辨 1670 亿种颜色。尽管大多数显卡只支持 24 位色彩深度,但由于 CCD(电荷耦合器件)与人眼感光曲线的不同,为了保证色彩还原得准确,就需要进行修正,这就要求扫描仪的色彩深度至少要达到 36 位,才能获得比较好的色彩还原效果。常见的色彩深度是 24 位、30 位、36 位、48 位等。

(4)灰度级。表示图像的亮度层次范围。级数越多,扫描仪图像亮度范围越大,层次越丰富,目前多数扫描仪的灰度为 256 级。256 级灰阶可以真实呈现出比肉眼所能辨识出来的层次还丰富的灰阶层次。

常用的扫描仪的接口形式有 SCSI 接口和 USB 接口。由于 SCSI 接口的传输速度快,性能非常稳定,占用 CPU 的资源少,所以专业扫描仪通常用 SCSI 接口。普通扫描仪通常用 USB 接口,使用方便,可直接热插拔,不必重新启动。

值得一提的是,扫描仪的配套软件是扫描仪产品不可缺少的一部分,它关系到扫描仪使用的方便性和可靠性。中文配套软件包括中文驱动软件、中文扫描处理软件和将扫描得到的汉字图像转化成文本文件的光学字符阅读软件(Optical Character Reader,OCR)等。

5. 数码相机

数码相机是一种图像捕捉设备,是一种非胶片相机,如图 2-25 所示。它采用 CCD 或 CMOS(互补金属氧化物半导体)作为光电转换器件,将被摄物体以数字形式记录在存储器中。数码相机可以通过串口、并口或者 USB 接口等直接连接到计算机、电视机或打印机。

图 2-25 数码相机

数码相机由镜头、CCD 或 CMOS、ADC、MPU（主控程序芯片）、DSP（数字信号处理器）、图像存储器、LCD（液晶显示屏）、输出控制单元和接口（计算机接口、电视机接口）等部分组成，通常它们都安装在数码相机的内部，也有一些数码相机的液晶显示屏与相机机身分离。

数码相机工作的过程就是把光信号转换成数字信号的过程。当半按快门对准被摄的景物时，光线通过镜头的透镜系统和滤色器（滤光器）投射到光电转换器（CCD 或 CMOS）上，光电转换器将光的强度（光强）和色彩（频率）转换为一一对应的电信号，通过 ADC 转换为数字信号，最后经过 DSP 和 MCU 按照指定的文件格式进行格式化并压缩图片，把图像以二进制的形式显示在 LCD 上，如果用户按下快门，则把图像存入存储器中，形成计算机可以处理的数字信号。

数码相机的性能指标有像素数、分辨率、色彩深度、存储能力和存储介质、连续拍摄能力。

6. 数字摄像机

数字摄像机应用非常广泛，从广播级到专业级再到消费级，生活中随处可见它们的身影，如图 2-26 所示。其基本原理是光→电→数字信号的转换与传输，即通过感光元件将光信号转换成模拟电信号，再将模拟电信号转换成数字信号，由专门的芯片进行处理和过滤后得到的信息还原出来就是动态画面了。

图 2-26　数字摄像机

数字摄像机的感光元件能把光线转换成电荷，通过模数转换器芯片转换成数字信号。感光元件主要有两种：一种是广泛使用的 CCD，另一种是 CMOS。CMOS 的感光度一般为 6～15lx，CMOS 的噪音是 CCD 的 10 倍，一般用于低端的家庭安全方面。

数字摄像机主要的技术指标如下：

（1）CCD 的类型和规格。CCD 是采用大规模集成电路技术制造的光电转换器件，根据制作工艺和电荷转移方式的不同，可以分为 FIT（帧行间转移）、IT（行间转移）和 FT（帧间转移）3 种类型，常用的是前两种类型。FIT 型的结构较为复杂，成本较高，性能较好，多为高档摄像机所采用。IT 型价格比较便宜，但可能产生垂直拖尾。近年来，由于技术的进步，IT 型的拖尾现象有所改进。因其价格较低，故多为业务级摄像机所采用。

（2）灰度特性。自然界的景物具有非常丰富的灰度层次，无论是照片、电影、绘画或电视，都无法绝对真实地重现自然界的灰度层次。因此，灰度级只是一个相对的概念。

（3）拐点特性和动态范围。有时，摄像是在强光照明条件下或者是在太阳光下进行的,某些反射体反射出特别明亮的光点,摄像机将产生特别强的信号。如果不加以限制,那么,在电路的处理过程中,信号可能遭受限幅,也称为白切割。在显示的图像中出现一块惨白的、没有层次的部分,影响了图像的视觉效果。在电路处理中,将超亮部分进行逐步压缩,使得在后续处理中不会出现白切割,在图像中的超亮部分保留一定程度的层次,则可以大大改善图像的视觉效果。这种情况在未压缩的输入信号与压缩后的输出信号的幅度关系曲线中表现为在高幅值位置出现曲线的拐点,这就是拐点处理。摄像机能够处理输入光通量超过正常最大光通量的比例称为摄像机的动态范围。现在,优质摄像机的动态范围可以达到 600%。

2.3.6 输出设备

输出设备是将计算机处理后的信息以人能够识别的形式(如文字、图形、数值、声音等)进行显示和输出的设备。常用的输出设备有显示器、打印机、音箱、投影仪、绘图仪等。

1. 显示器

显示器是计算机的主要输出设备,用于显示计算机处理结果、用户程序及文档等信息,如图 2-27 所示。显示器按结构分为 CRT 显示器、液晶显示器等。CRT 显示器的工作原理是:电子枪在输入信号的控制下发出强度不同的电子束,在加速电场和偏转磁场的作用下射向荧光屏,从而发出不同亮度或不同彩色的光,以达到显示的目的。液晶显示器的显像原理是:通电时液晶排列变得有序,使光线容易通过;不通电时液晶排列混乱,阻止光线通过。

图 2-27 显示器

显示器的主要技术指标包括屏幕尺寸、分辨率、像素和点距等。

(1) 屏幕尺寸:指屏幕的对角线长度。常见的显示器屏幕尺寸范围为 12.5~22in。

(2) 像素和点距:屏幕上独立显示的点叫作像素,相邻两个像素间的距离叫作点距。点距越小,单位面积内的像素点越多,图像越清晰,显示器的质量就越好。

(3) 分辨率:指整个屏幕的像素点总数,用列像素数×行像素数来表示,如 1024×768、1280×1024 等。

显示器要与主机相连,必须配置适当的显示适配器,即显卡。显卡的功能主要是主机与显示器数据的格式转换,是体现计算机显示效果的必备设备。它不仅把显示器与主机连接起来,而且还起到处理图形数据、加速图形显示的作用。显卡插在主板的扩展槽上。从总线类型划分,显卡有 ISA、PCI、AGP 等几种类型。其 RAM 容量也是一个不可忽视的指标,如果希望显示器具有较强的图形输出功能,则需要选用 RAM 容量较大的显示器。

2. 打印机

打印机是计算机系统的主要输出设备之一,如图 2-28 所示,它把计算机的处理结果以字符或图形的形式印刷到纸上,转换为书面信息。

图 2-28　打印机

常用的打印机有以下 3 类:

(1)针式打印机:也称点阵打印机,由打印头、运载打印头的机械装置、色带机构、输纸机构和控制电路等几部分组成。打印头是针式打印机的核心部件,包括打印针、电磁铁、衔铁和复位弹簧。打印头通常由 24 根打印针组成。这些打印针排列成点阵,当在线圈中通过脉冲电流时,电磁铁吸合衔铁,使打印针通过色带击打在打印纸上来输出由点阵组成的文字。当线圈中的电流消失时,钢针在复位弹簧的推动下回到打印前的位置,等候下一次脉冲电流的到来。针式打印机的打印速度较慢,噪音较大,效果差,但耗材便宜。

(2)喷墨打印机:其工作原理是利用喷头将墨水喷射到纸张上形成字符或图形。喷墨打印机价格低廉,效果较好,无噪音,但打印速度慢,耗材较贵。

(3)激光打印机:将要打印的信息转换成硒鼓上的电信号,硒鼓吸起墨粉后通过旋转把墨粉印在纸上形成文字或图形。激光打印机的打印效果好,速度快,噪音小,但价格较贵。

打印机的主要性能指标如下:

(1)打印速度:串行式打印机的打印速度用每秒打印字符数(cps)表示,小于 30cps 为低速,30～200cps 为中速,大于 200cps 为高速。行式打印机的打印速度用每分钟打印行数(lpm)表示,小于 150lpm 为低速,150～600lpm 为中速,大于 600lpm 为高速。页式打印机的打印速度用每分钟打印页数(ppm)来表示,小于 4ppm 为低速,4～8ppm 为中速,大于 8ppm 为高速。

(2)分辨率:这是决定印字质量的重要指标,用每英寸可打印的点数(dpi)表示。印字质量通常分为 3 个等级:小于 180dpi 的为低质量(草稿质量),180～300dpi 的为近似印刷质量(仿信函质量),大于 400dpi 的为印刷质量。针式打印机的分辨率一般为 180dpi,激光打印机的分辨率为 300～1200dpi。

(3)噪声:有些国家规定打印机的噪声标准在 55dB 以下。

打印机的接口类型有并行接口、USB 接口、红外线接口、蓝牙接口、串行接口等。从连接的便利性来分,可分为有线接口和无线接口两种。并口、USB、串行接口等属于有线接口,红外线接口、蓝牙接口则属于无线接口。

本 章 小 结

　　计算机系统在信息技术应用与发展中起到了举足轻重的作用。了解计算机系统数据的存储和操作方式，掌握计算机系统各个硬件系统的工作原理，学会计算机各个外部设备的使用方法，对提高计算机系统的应用能力具有重要的意义。通过本章的学习，应当掌握计算机系统使用的各种数制及相互转换方法，掌握计算机体系结构的组成和工作原理，学会计算机各个输入设备和输出设备的使用方法。

第3章

信 息 编 码

现实世界中的各种信息,如文字、声音、图像、视频等,只有转化为一系列的 0 和 1,才能被计算机处理。这种按照一定规则将原始信息转化为二进制表示的过程称为信息编码。形形色色的信息如何用计算机来处理,是一个非常庞大而复杂的主题。人们从计算机最容易处理的二进制入手,首先将英文字母和标点符号用 0 和 1 的编码表示,再逐步解决了汉字、声音、图像、视频等信息的编码问题,实现了多样信息的计算机处理。

本章介绍常见信息的计算机编码方法,包括:英文字符、汉字及 Unicode 编码,声音基础知识、声音的数字化、声音的压缩、声音文件格式,图像基础知识、图像的数字化、图像的压缩、图像文件格式,视频基础知识、视频的数字化、视频的压缩、视频文件格式。

3.1　字　符　编　码

字符编码也称字符集码,是把字符集中的字符用 0、1 进行编码,以便文本在计算机中存储和通过通信网络传递。在计算机技术发展的早期,以 ASCII 为代表的英文字符集逐渐成为标准。但这些字符集的局限很快就变得明显,于是人们开发了许多方法来扩展它们,以实现包括汉字在内的多国文字的编码。

3.1.1　英文字符编码

目前使用最广泛的英文字符编码是美国信息交换标准码(American Standard Code for Information Interchange,ASCII),简称 ASCII 码。该编码方案于 1961 年提出,用于在不同计算机硬件和软件系统中实现数据传输标准化,大多数的小型机和全部的个人计算机都使用此码,现已被国际标准化组织(ISO)批准为国际标准。表 3-1 为标准 ASCII 字符集及其相应的字符编码。

标准 ASCII 字符集共有 128 个字符,其中有 96 个可打印字符,包括常用的字母、数字、标点符号等,另外还有 32 个控制字符。ASCII 码使用 7 个二进制位对字符进行编码。

字母和数字的 ASCII 码的记忆非常简单,因为相邻字母或数字之间的 ASCII 码相差 1,同一字母大小写的 ASCII 码相差 32。只要记住字母 A 的 ASCII 码为 65,0 的 ASCII

表 3-1　标准 ASCII 字符集及其编码

低4位＼高4位	0000		0001		0010		0011		0100		0101		0110		0111	
	十进制	符号	十进制	符号	十进制	符号	十进制	符号	十进制	符号	十进制	符号	十进制	符号	十进制	符号
0000	0	空	16	跳出通信	32	空格	48	0	64	@	80	P	96	`	112	p
0001	1	标题开始	17	设备控制1	33	!	49	1	65	A	81	Q	97	a	113	q
0010	2	本文开始	18	设备控制2	34	"	50	2	66	B	82	R	98	b	114	r
0011	3	本文结束	19	设备控制3	35	#	51	3	67	C	83	S	99	c	115	s
0100	4	传输结束	20	设备控制4	36	$	52	4	68	D	84	T	100	d	116	t
0101	5	请求	21	反确认	37	%	53	5	69	E	85	U	101	e	117	u
0110	6	确认	22	同步暂停	38	&	54	6	70	F	86	V	102	f	118	v
0111	7	响铃	23	区块结束	39	'	55	7	71	G	87	W	103	g	119	w
1000	8	退格	24	取消	40	(	56	8	72	H	88	X	104	h	120	x
1001	9	水平制表符	25	连接中断	41	)	57	9	73	I	89	Y	105	i	121	y
1010	10	换行	26	替换	42	*	58	:	74	J	90	Z	106	j	122	z
1011	11	垂直制表符	27	跳出	43	+	59	;	75	K	91	[	107	k	123	{
1100	12	换页	28	文件分割	44	,	60	<	76	L	92	\	108	l	124		
1101	13	回车	29	组群分隔	45	—	61	=	77	M	93	]	109	m	125	}
1110	14	移出	30	记录分隔	46	.	62	>	78	N	94	^	110	n	126	~
1111	15	移入	31	单元分隔	47	/	63	?	79	O	95	_	111	o	127	删除

码为 48,就可以推算出其余字母或数字的 ASCII 码。例如,可以推算出字母 B 的 ASCII 码为 66,字母 a 的 ASCII 码为 97,数字 9 的 ASCII 码为 57。

为了便于理解,通常采用十进制来表示 ASCII 码。在计算机中,ASCII 码是采用二进制来表示的,可以直接查到某个字符的二进制 ASCII 码。例如,在表 3-1 中,字母 A 对应的高 4 位为 0100,低 4 位为 0001,则 A 的 ASCII 码为 01000001。

虽然标准 ASCII 码是 7 位编码,但由于计算机的基本处理单位为字节(8 位),所以一般以一个字节来存放一个 ASCII 字符。每一个字节中多出来的一位(最高位)在计算机内部通常为 0。

由于标准 ASCII 字符集的字符数目有限,在实际应用中往往无法满足要求,于是人们开发了许多方法来扩展它们。为此,ISO 又制定了扩充 ASCII 码标准,它将 ASCII 字符集扩充为 8 位代码。ISO 陆续制定了一批适用于不同地区的扩充 ASCII 字符集,每种扩充 ASCII 字符集都增加了 128 个字符,这些扩充字符的编码均为高位为 1 的 8 位代码,对应的十进制编码为 128~255。

3.1.2 汉字编码

汉字是世界上最古老的文字之一,是中华汉民族几千年文化的瑰宝,在形体上逐渐由图形变为由笔画构成的方块形符号,所以汉字一般也叫"方块字"。它由象形文字演变成兼表音义的意音文字,具有集形象、声音和辞义三者于一体的特性,这一特性在世界文字中是独一无二的,因此它具有独特的魅力。然而,由于汉字有数万个,字形也千变万化,如何让汉字进入计算机曾经是困扰人们的一大难题。

在计算机中,汉字的表示也是用二进制编码。根据应用目的的不同,汉字编码分为输入码、交换码、机内码和字型码。图 3-1 是汉字编码的一般流程。

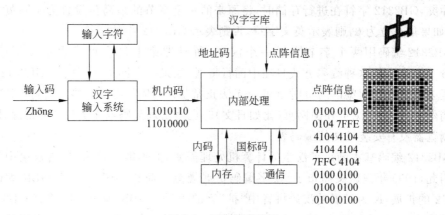

图 3-1　汉字编码流程

1. 输入码

输入码,即输入法编码,是指为了将汉字输入计算机或手机等电子设备而采用的编码方法,是汉字信息处理的重要技术。常用的输入码有拼音码、五笔字型码、自然码、表形码、认知码、区位码和电报码等,一种好的编码应有编码规则简单、易学好记、操作方便、重码率低、输入速度快等优点,每个人可根据自己的需要进行选择。随着各种汉字输入法的出现,汉字的输入、存储、输出技术基本得到了解决,大大提高了中文写作、出版、信息检索等的效率。

2. 交换码

计算机内部处理的信息都是用二进制代码表示的,汉字也不例外。而二进制代码使用起来很不方便,于是产生了信息交换码。中国国家标准总局于 1980 年发布了《信息交换用汉字编码字符集》,标准号是 GB 2312—1980,于 1981 年 5 月 1 日开始实施,简称GB2312 编码,也称为国标码。GB2312 编码是计算机可以识别的编码,适用于汉字处理、汉字通信等系统之间的信息交换,通行于中国,新加坡等地也采用此编码。中国几乎所有的中文系统和国际化的软件都支持 GB2312 编码。

GB2312 编码基本集共收入汉字 6763 个和非汉字图形字符 682 个。整个字符集中的汉字、图形符号组成一个 94×94 的方阵,分为 94 个区,每区包含 94 个位,其中区的序号 01～94,位的序号也是 01～94,这样就可以容纳 94×94＝8836 个字符,其中汉字和图形字符 7445 个,还剩下 1391 个空位保留备用。由于每个区的每个位上只有一个字符,因此汉字可用其所在的区和位进行编码,称为区位码。

GB2312 字符在计算机中的存储是以其区位码为基础的,其中汉字的区码和位码分别占一个存储单元,每个汉字占两个存储单元。由于区码和位码的取值范围都是 1～94,这样的范围同英文的存储表示冲突。例如汉字"珀"在 GB2312 中的区位码为 7174,其两个字节为 71、74;而两个英文字符 G、J 的存储码也是 71、74。这种冲突将导致在解释编码时无法判断 7174 到底表示的是一个汉字还是两个英文字符。为避免与英文的存储表示发生冲突,GB2312 字符在进行存储时,将原来的每个字节的最高位设置为 1 同英文加以区别,如果最高位为 0,则表示英文字符,否则表示 GB2312 中的字符。

GB2312 编码用两个字节表示一个汉字,所以理论上最多可以表示 256×256＝65 536 个汉字。但这种编码方式只在中国行得通,如果一个网页使用的是 GB2312 编码,那么很多外国人在浏览该网页时就可能无法正常显示,因为其浏览器不支持 GB2312 编码。当然,中国人在浏览外国网页(比如日文)时也会出现乱码或无法打开的情况,因为我们的浏览器没有安装日文的编码表。

GB2312 编码基本满足了汉字的计算机处理需要,但不能处理人名、古汉语中的罕用字。因此,1995 年我国又颁布了《汉字编码扩展规范》,简称 GBK 编码。GBK 编码是对GB2312 的扩展,K 为扩展的汉语拼音中"扩"字的声母。GBK 编码标准兼容 GB2312,采用双字节表示,共收录汉字 21 003 个、图形符号 883 个,并提供 1894 个造字码位,简、繁体字融于一库。

信息交换用汉字编码和汉字输入编码之间的关系是:根据不同的汉字输入方法,通过必要的设备向计算机输入汉字的编码,计算机接收之后,先转换成信息交换用汉字编码字符,这时计算机就可以识别并进行处理;汉字输出时,先把机内码转成汉字编码,再发送到输出设备。

3. 机内码

根据国标码的规定,每一个汉字都有确定的二进制代码。在计算机内部,汉字代码都使用机内码,在磁盘上记录汉字时也使用机内码。汉字的区位码、国标码、机内码之间有着固定的转换方法。把换算成十六进制的区位码加上 2020H,就得到国标码;国标码加上 8080H,就得到机内码。图 3-2 给出的是汉字"中"的转换方法。

4. 字型码

汉字字型码是表示汉字字型的字模数据,通常用点阵、矢量函数等方式表示。用点阵表示字型时,汉字字型码一般指确定汉字字型的点阵代码,输出汉字时采用图形方式,无论汉字的笔画多少,每个汉字都写在同样大小的方块中。常用的字型点阵有 16×16 点阵、24×24 点阵、48×48 点阵等。图 3-3 是两种不同点阵的汉字字型。

	高字节								低字节								
区位码	0	0	1	1	0	1	1	0	0	0	1	1	0	0	0	0	3830H
+2020H	0	0	1	0	0	0	0	0	0	0	1	0	0	0	0	0	
国标码	0	1	0	1	0	1	1	0	0	1	0	1	0	0	0	0	5850H

	高字节								低字节								
国标码	0	1	0	1	0	1	1	0	0	1	0	1	0	0	0	0	5850H
+8080H	1	0	0	0	0	0	0	0	1	0	0	0	0	0	0	0	
机内码	1	1	0	1	0	1	1	0	1	1	0	1	0	0	0	0	D6D0H

图 3-2　汉字"中"的区位码、国标码和机内码

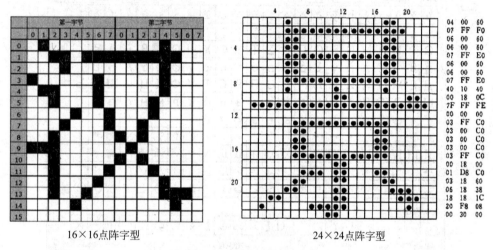

16×16点阵字型　　　　　　24×24点阵字型

图 3-3　汉字字型的点阵与编码

　　字型点阵的信息量很大,以 16×16 点阵为例,每个汉字占用 32B,两级汉字(6763个)大约占用 211B。字型点阵数越大,存储量越大,但汉字字型质量越好。

　　汉字字库中存储了每个汉字的字型点阵码。当计算机显示某个汉字时,就利用该汉字的机内码在字库中搜索,找到该汉字对应的字型点阵,进而在屏幕上显示该汉字的字型。

3.1.3　Unicode 编码

　　为了扩充 ASCII 编码,以用于显示本国的语言,不同的国家和地区制定了不同的标准,由此产生了 GB2312、BIG5、JIS 等编码标准。这些使用 2 个字节来代表一个字符的延伸编码方式,称为 ANSI 编码。在 ANSI 编码体系下,同一个编码值在不同的编码方案里代表着不同的文字。在简体中文系统中,ANSI 编码代表 GB2312 编码;在日文操作系统中,ANSI 编码代表 JIS 编码,可能最终显示的是中文,也可能显示的是日文。在 ANSI 编码体系中,要想打开一个文本文件,不但要知道它的编码方式,还要安装对应编码表,否则

就可能无法读取或出现乱码。网页中有时会出现乱码,就是因为信息的提供者和读取者使用的是不同 ANSI 编码方案,同一个二进制编码值显示为不同的字符。这个问题促进了 Unicode 码的诞生。

在 Unicode 码中,每种语言的 ANSI 编码都可以转换为 Unicode 码,而 Unicode 码也可以转换为其他所有的编码。Unicode 编码是一个很大的集合,现在的规模可以容纳 100 多万个符号,每个符号的编码都不一样。Unicode 编码将世界上所有的符号都纳入其中,无论是英文、日文还是中文,大家都使用这个编码表,每个符号对应一个唯一的编码,就不会出现编码不匹配现象,乱码问题就不存在了。图 3-4 是希腊语和科普特语 Unicode 字符集。

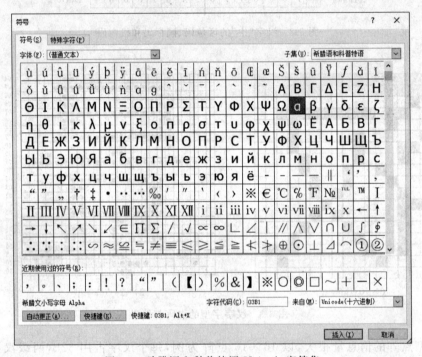

图 3-4　希腊语和科普特语 Unicode 字符集

Unicode 统一了编码方式,但是它的效率不高。例如 Unicode 标准之一的 UCS-4 规定用 4 个字节存储一个符号,那么每个英文字母前都必然有 3 个字节是 0,这对存储和传输来说都很耗费资源。为了提高 Unicode 的编码效率,于是就出现了 UTF-8 编码。UTF-8 可以根据不同的符号自动选择编码的长短。例如英文字母可以只用 1 个字节。

3.2　声音编码

3.2.1　声音基础知识

声音是由物体振动产生的,以声波的形式传播,发声的物体叫声源。声音只是声波通过固体或液体、气体传播形成的运动。声波振动内耳的听小骨,这些振动由神经系统感知,就是人们听到的声音。

1. 声波的属性

声波的属性包括振幅、周期、频率、波长和相位。

(1) 振幅:表示质点离开平衡位置的距离,反映波从波峰到波谷的压力变化,以及波所携带的能量的多少。高振幅波形的声音较大,低振幅波形的声音较小。

(2) 频率:指波列中质点在单位时间内振动的次数,以赫兹(Hz)为单位测量,描述每秒周期数。例如,1000Hz 波形每秒有 1000 个周期。频率越高,音调越高。

(3) 周期:描述单一、重复的压力变化序列。从零压力,到高压,再到低压,最后恢复为零,这一持续的时间视为一个周期。例如波峰到下一个波峰、波谷到下一个波谷均为一个周期。声波的频率越高,其周期越短。

(4) 波长:表示具有相同相位的两个点之间的距离,也是波在一个时间周期内传播的距离。声波的频率越高,其波长越短。

(5) 相位:表示周期中的波形位置,以度为单位测量,共 360°。0°为起点,随后 90°为高压点,180°为中间点,270°为低压点,360°为终点。当两个波形在同一时间开始,就称它们相位符合或相位对齐。如果一个波形稍微迟于另一个波形,则称它们偏离相位。

图 3-5 给出了声波的振幅、周期、相位的示意图。

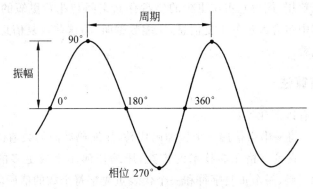

图 3-5　声波的振幅、周期、相位示意图

2. 声音的三要素

响度、音调、音色是声音的 3 个主要特征,人们就是根据它们来区分声音的。

(1) 响度:人主观上感觉声音的大小(俗称音量),由振幅和人与声源的距离决定。振幅越大,响度越大;人和声源的距离越小,响度越大。响度的单位是分贝(dB)。

(2) 音调:声音的高低,由频率决定。频率是每秒经过一给定点的声波数量,它的单位为赫兹(Hz)。人耳人听觉范围为 20～20 000Hz。20Hz 以下称为次声波,20 000Hz 以上称为超声波。

(3) 音色:声音的特性,由发声物体本身的材料和结构决定。乐音是有规则的、让人愉悦的声音。噪音,从物理学的角度看,是由发声体作无规则振动时发出的声音;从环境质量角度看,是干扰人们正常工作、学习和休息的声音,以及对人们要听的声音起干扰作用的声音。

3. 声源的方位感

古典心理声学认为,人对声源感觉主要依靠双耳听音差别,称为双耳效应。双耳效应的原理是:由于双耳位置在头部两侧,假如声源处于人的正前方的中轴线,则声音到达双耳的时间、声强级和相位是一样的;假如声源偏离听音人正前方的中轴线,则声音到达两耳的距离不等,因此到达两耳会出现时间差和相位差。同时,由于一侧耳朵出现遮蔽效应,还会造成两耳之间出现声级差、音色差。

声源方位感是人先天就具备的生理功能。人们常说的听声辨位,就是人们在听到声音以后,能辨别出声音是从哪个方向传播过来的,这就是人耳的声源方位感。通过双耳对声音强弱差别的感觉,可以判断声音来向,产生立体声感。声源方位感是立体声技术的理论依据。

3.2.2 压缩技术概述

随着多媒体、视频图像、文档映像等技术的出现,数据压缩成了一个重要课题。数据压缩基本上是挤压数据,使得它占用更少的磁盘存储空间和花费更短的传输时间。压缩的依据是数字数据中包含大量的重复信息,压缩数据时,将这些重复信息用占用空间较少的符号或代码来代替。

1. 基本压缩算法

压缩算法主要有以下几类:

(1) 空格压缩。将一串空格用一个压缩码代替,压缩码后面的数值代表空格的个数。

(2) 游长压缩。它是空格压缩技术的扩充,压缩任何 4 个或更多的重复字符的串。该字符串被一个压缩码、一个重复字符和一个代表重复字符个数的值所取代。

(3) 关键字编码。创建一张由表示普通字符集的值所组成的表。频繁出现的单词(如 for、the)或字符对(如 sh、th)被表示为一些标记,用来保存或传送这些字符。

(4) 哈夫曼统计方法。这种压缩技术假定数据中的字符有一定的分布规律,即有些字符的出现次数比其他字符多,字符出现越频繁,用于编码的位数就越少。这种编码方案保存在一张表中,在数据传输时,它能被传送到接收方,使其知道如何译码。

因为压缩算法是基于软件的,在实时环境中存在着额外开销,会引起不少问题,而文件备份、归档过程中的压缩不会有什么问题。使用高性能的系统有助于消除大部分的额外开销和性能问题。

值得注意的是,如果文件已经被压缩,进一步的外部压缩不会有任何好处,一些图形文件格式,如标签映像文件格式(TIFF),就已经做了压缩。

2. 压缩算法的分类

根据压缩后原始信息是否有损失,压缩算法分为无失真压缩和有失真压缩两大类。

无失真压缩是指从已压缩文件中能够返回所有原始信息,文件中每一位都是重要的,压缩算法能够精确地压缩和解压文件。

有失真压缩是指在压缩和解压过程中允许一定程度的信息损失。许多高清晰度的图形文件包含的信息如果在压缩阶段丢失了也不会引起明显的变化。例如,如果以高分辨率扫描彩色图画,但是显示器不能显示这种清晰度,可以使用有失真压缩方案,因为不会遗漏细节。声音和图像文件也适于用有失真压缩,因为信息损失引起的变化很小,解压播放时几乎觉察不出来。

虽然无失真压缩中没有信息损失,但压缩比通常只有2:1。有失真压缩根据被压缩信息的类型,压缩比可以达到100:1至200:1。声音、图像和视频信息能很好地压缩,因为它们通常包含大量的冗余信息。

3.2.3 声音的数字化

数字化的最大好处是资料传输与保存不易失真。记录的资料只要数字大小不改变,资料的内容就不会改变。如果用传统方式,例如使用录音带表面的磁场强度来表达振幅大小,在复制资料时,无论电路设计多么严谨,总是无法避免干扰信号的介入。这些干扰信号会变成复制后资料的一部分,造成失真,且复制次数越多,信息失真越严重。使用数字化表示时,声音信号被转换为一系列的二进制数字,以电压的高低来判断1与0,使得出错概率很低,多次复制后资料的内容仍能保持不变,达到不失真的目的。

声音的数字化就是以二进制的序列来描述声音信号。首先将外界的声音信号通过麦克风转换成连续变化的电压信号,再将电压信号用数字来表示,如图3-6所示。图中,横坐标为时间,纵坐标为电压。

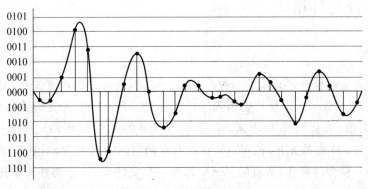

图3-6 声音的数字化

对声音信号进行数字化时,首先要对声音信号进行等时间间隔分割,再将分割得到的声音信号电压值用二进制表示。由于时间间隔是预先设定的,因此只要记录声音电压数列,这一串数字就是将声音信号数字化的结果。人耳的听域是 20Hz～20kHz,理论上只要采样频率在 40kHz 以上就可以完整记录声音信号。通常使用的声音采样频率是44.1kHz。然而,无论使用多高的采样精度,记录的数字跟实际的信号总是有误差,因此数字化无法完全记录原始信号,这种由于数字化造成的失真称为量化失真。

从前面的内容可以看出,音频数字化就是将模拟的连续声音波形数字化,以便于用数字计算机进行处理的过程,主要参数包括采样频率和采样数位两个方面,这二者决定了数字化音频的质量。

采样频率是对声音波形每秒采样的次数。根据这种采样方法,采样频率是声音频率的两倍。人耳听觉的频率上限在 20kHz 左右,为了保证声音不失真,采样频率应在40kHz 左右。经常使用的采样频率有 11.025kHz、22.05kHz 和 44.1kHz 等。采样频率越高,声音失真越小,音频数据量越大。

采样位数决定每个采样点的振幅动态响应数据范围,经常采用的采样位数有 8 位、12位和 16 位。例如,8 位可以表示 256 个(0～255)不同量化值,而 16 位则可表示 65 536 个不同量化值。采样位数越高,音质越好,数据量也越大。

可见,采样频率和量化级越高,声音数字化的结果越接近原始声音,但记录数字声音所需存储空间也随之增加。可以用下面的公式估算声音数字化后每秒所需的存储量(单位为字节):

$$存储量＝采样频率×采样位数/8$$

反映音频数字化质量的另一个因素是声道个数。记录声音时,如果每次生成一个声波数据,称为单声道。如果每次生成两个声波数据,称为双声道。双声道能够产生立体声的效果,更符合人的听觉感受,当然存储量也比单声道增加一倍。

除了上述因素外,数字化音频的质量还受其他一些因素的影响,如扬声器、麦克风、计算机声卡的品质以及各个设备连接线的屏蔽效果等。

3.2.4　声音文件格式

1. WAV

WAV 格式是微软公司开发的一种声音文件格式,也叫波形声音文件,是最早的数字音频格式,被 Windows 平台及其应用程序广泛支持。WAV 格式支持许多压缩算法,支持多种音频位数、采样频率和声道,采用 44.1kHz 的采样频率,16 位量化位数,因此WAV 的音质与 CD 相差无几,但 WAV 格式对存储空间需求太大,不便于交流和传播。

WAV 是一种文件格式,所有的 WAV 都有一个文件头,这个文件头中包含音频流的编码参数。WAV 对音频流的编码没有硬性规定,不过常见的都是音频流被 PCM 编码处理的 WAV,这种格式所支持的速度及采样范围比较大,但是它是没有压缩的。WAV 文件也支持一些常用的压缩格式,这些格式大多数是用于电话或调制解调器等低速语音为主设备的,它们一般采用比较窄的采样范围来产生比较大的压缩比。

2．MP3

MP3 格式诞生于 20 世纪 80 年代的德国，MP3 指的是 MPEG 标准中的音频部分，也就是 MPEG 音频层。根据压缩质量和编码处理的不同分为 3 层，分别对应 MP1、MP2、MP3 这 3 种声音文件。需要注意的是，MPEG 音频文件的压缩是一种有损压缩，MPEG3 音频编码具有 10：1～12：1 的高压缩率，同时基本保持低音频部分不失真，但是牺牲了声音文件中 12～16kHz 高音频这部分的质量来换取文件的高压缩率，相同长度的音乐文件，用 MP3 格式来存储，一般只有 WAV 文件的 1/10，而音质要次于 CD 格式或 WAV 格式的声音文件。由于其文件小，音质好，所以自问世以来还没有其他的音频格式可以与之匹敌，作为主流音频格式的地位难以被撼动。但是，由于 MP3 没有版权保护技术，MP3 音乐的版权问题也一直找不到办法解决。

MP3 格式压缩音乐的采样频率有很多种，可以用 64kb/s 或更低的采样频率节省空间，也可以用 320kb/s 的标准达到较好的音质。

3．RealAudio

RealAudio 适用于在网络上在线欣赏音乐，文件格式主要有 RA（RealAudio）、RM（Real Media，RealAudio G2）、RMX（RealAudio Secured）。这些格式的特点是可以随网络带宽的不同而改变声音的质量，在保证大多数人听到流畅声音的前提下，带宽较大的听众获得较好的音质。

4．WMA

WMA（Windows Media Audio）格式是微软公司提出的，音质要好于 MP3 格式，更远胜于 RA 格式，它是以减少数据流量但保持音质的方法来达到比 MP3 压缩率更高的目的，WMA 的压缩率一般都可以达到 1：18 左右。WMA 的另一个优点是内容提供商可以加入防复制保护，这种内置版权保护的技术可以限制播放时间、播放次数以及播放的机器。WMA 还支持音频流技术，适合在网络上在线播放，只要安装了 Windows 操作系统，就可以直接播放 WMA 音乐。

5．MIDI

乐器数字接口（Musical Instrument Digital Interface，MIDI）是 20 世纪 80 年代初为解决电声乐器之间的通信问题而提出的。MIDI 传输的不是声音信号，而是音符、控制参数等指令，称为音乐代码或称电子乐谱。它指示 MIDI 设备要做什么、怎么做，如演奏哪个音符、多大音量等。MIDI 仅仅是一个通信标准，它是由电子乐器制造商建立起来的，用以确定计算机音乐程序、合成器和其他电子音响的设备互相交换信息与控制信号的方法。MIDI 系统实际就是一个作曲、配器、电子模拟的演奏系统。从一个 MIDI 设备传送到另一个 MIDI 设备上去的数据就是 MIDI 信息。

3.3 图像编码

3.3.1 图像基础知识

图像是人类社会活动中最常用的信息载体。图像是客观对象的一种表示,是各种图形和影像的总称,包含了被描述对象的有关信息,是最主要的信息源。据统计,一个人获取的信息大约有75%来自视觉。图像为人类构建了一个形象的思维模式。

广义上,图像就是所有具有视觉效果的画面,它包括纸介质上的、底片或照片上的、电视、投影仪或计算机屏幕上的。图像根据记录方式的不同可分为两大类:模拟图像和数字图像。模拟图像可以通过某种物理量(如光、电等)的强弱变化来记录图像亮度信息,例如模拟电视图像;而数字图像则是用计算机存储的数据来记录图像上各点的亮度信息,是由像素点阵构成的位图。

1. 图像的属性

1) 亮度

亮度也称为灰度,它是颜色的明暗变化,常用0~100%(由黑到白)表示。图3-7是两幅不同亮度的图像。

图 3-7　不同亮度的图像

2) 对比度

对比度是画面黑与白的比值,也就是从黑到白的渐变层次。对比度越大,从黑到白的渐变层次就越多,从而色彩表现越丰富。图3-8是两幅不同对比度的图像。

3) 分辨率

图像的分辨率是指单位长度上的图像像素的数目,表示图像数字信息或密度,它决定了图像的清晰程度。在同样大小的面积上,图像的分辨率越高,则组成图像的像素点越多,像素点越小,图像的清晰度越高。

4) 深度

图像深度也称图像的位深,是指描述图像中每个像素的数据所占的位数。图像的每

图 3-8　不同对比度的图像

个像素对应的数据通常可以是 1 位（bit）或多位，用于存放该像素的颜色、亮度等信息，数据位数越多，对应的图像颜色种类越多。

5）颜色模型

颜色模型指的是某个三维颜色空间中的一个可见光子集，它包含某个色彩域的所有色彩。一般而言，任何一个色彩域都只是可见光的子集，任何一个颜色模型都无法包含所有的可见光。常见的颜色模型有 RGB、YCbCr、HSV、CMYK 等。

6）颜色通道

保存图像颜色信息的通道称为颜色通道。每个图像都有一个或多个颜色通道，每个颜色通道都存放着图像中颜色元素的信息。所有颜色通道中的颜色叠加产生图像中像素的颜色。图像中默认的颜色通道数取决于该图像所使用的颜色模型。例如，RGB 图像有 3 个通道，CMYK 图像有 4 个通道，而灰度图像一般只有 1 个通道。

7）色调

色调就是某种图像模式下各原色的明暗度，色调的调整也就是对明暗度的调整。色调的范围为 0～255，总共包括 256 种色调。例如，在灰度模型中，将白色到黑色间连续划分为 256 个色调，即由白到灰，再由灰到黑；在 RGB 模型中，色调则表示红、绿、蓝 3 种原色的明暗度，将红色的色调加大就成为深红色。

8）饱和度

饱和度是指图像颜色的深度，它表明色彩的纯度，决定于物体反射或投射的特性。饱和度用与色调成一定比例的灰度数量来表示，取值范围通常为 0（饱和度最低）～100％（饱和度最高）。调整图像的饱和度也就是调整图像的色度，当将一幅图像的饱和度降低到 0 时，就会变成为一个灰色的图像。灰度图像是没有饱和度的。

9）色相

色相是区别各种不同色彩的最准确的标准。色相取决于光源的光谱组成以及有色物体表面的反射光使人眼所产生的感觉。例如，可见光由红、橙、黄、绿、青、蓝、紫等多种颜色组成，每种颜色即代表一种色相，对色相的调整就是在多种颜色之间变化。

2. 图像处理技术

图像处理（image processing）是指用计算机对图像进行分析，以达到所需结果的技术。图像处理一般指数字图像处理。数字图像是指用数码相机、摄像机、扫描仪等设备经过拍摄得到的一个大的二维数组，该数组的元素称为像素。图像处理技术一般包括图像编码压缩、图像增强和复原、图像分割、图像描述、图像识别等。

1）图像编码压缩

图像编码压缩技术可减少描述图像的数据量，以便节省图像传输、处理时间和减少所占用的存储器容量。压缩可以在不失真的前提下进行，也可以在允许的失真条件下进行。编码是压缩技术中最重要的方法，它在图像处理技术中是发展最早且比较成熟的技术。

2）图像增强和复原

图像增强和复原的目的是提高图像的质量，如去除噪声、提高图像的清晰度等。图像增强不考虑图像降质的原因，突出图像中所感兴趣的部分。如果强化图像高频分量，可使图像中物体轮廓清晰，细节明显；如果强化低频分量，可减少图像中的噪声影响。图像复原要求对图像降质的原因有一定的了解，一般应根据降质过程建立降质模型，再采用某种滤波方法恢复或重建原来的图像。

3）图像分割

图像分割是数字图像处理中的关键技术之一。图像分割是将图像中有意义的特征部分提取出来，其有意义的特征有图像中的边缘、区域等，这是进一步进行图像识别、分析和理解的基础。虽然目前已提出不少边缘提取、区域分割的方法，但还没有一种普遍适用于各种图像的有效方法。因此，对图像分割的研究还在不断深入，是目前图像处理中研究的热点之一。

4）图像描述

图像描述是图像识别和理解的必要前提。最简单的二值图像可采用其几何特性描述物体的特性。一般图像采用二维形状描述，它有边界描述和区域描述两类方法。特殊的纹理图像可采用二维纹理特征描述。随着图像处理研究的深入发展，已经开始进行三维物体描述的研究，提出了体积描述、表面描述、广义圆柱体描述等方法。

5）图像识别

图像识别属于模式识别的范畴，其主要内容是：图像经过某些预处理，如增强、复原、压缩等，再进行图像分割和特征提取，从而进行识别。图像识别常采用经典的模式识别方法，有统计模式分类和句法（结构）模式分类，近年来新发展起来的模糊模式识别和人工神经网络模式分类在图像识别中也越来越受到重视。

3. 图像处理软件

图像适用于表现含有大量细节的对象，如照片、绘图等，通过图像软件可进行复杂图像的处理以得到更清晰的图像或产生特殊效果。

计算机中的图像从处理方式上可以分为位图和矢量图。常用的图像处理软件有Corel 公司的 CorelDRAW、Adobe 公司的 Photoshop 和 Freehand、AutoDesk 公司的 3ds Max 等。此外，在计算机辅助设计与制造等工程领域，常用的图像处理软件还包括AutoCAD、GHCAD、Pro/E、UG、CATIA、MDT、CAXA 等。这些软件可以绘制矢量图形，以数学方式定义页面元素的处理信息，可以对矢量图形及图元独立进行移动、缩放、旋转和扭曲等变换,并可以不同的分辨率进行图形输出。

1) Photoshop

Photoshop 是知名度以及使用率最高的图像处理软件。使用 Photoshop CS 软件能更加快速地获取更好效果。它为图形和 Web 设计、摄影及视频提供了必不可少的新功能。

2) Illustrator

Illustrator 是专业矢量绘图工具,功能强大,界面友好。Illustrator 适合大部分小型设计到大型的复杂项目,例如专业插画的印刷出版、多媒体图像的设计、网页及在线内容的制作。

3) CorelDRAW

CorelDRAW 界面设计友好,操作精微细致,兼容性好,广泛应用于商标设计、标志制作、模型绘制、插图描画、排版及分色输出等诸多领域。它具有市场领先的文件兼容性以及强大的功能,可将创意变为专业作品。

4) 可牛影像

可牛影像是新一代的图片处理软件,具有美白祛痘、瘦脸瘦身、明星场景、多照片叠加等功能,有 50 余种照片特效,数秒即可制作出影楼级的专业照片。它可以进行图片编辑、人像美容、场景日历、添加水印饰品、添加各种艺术字体、制作动感闪图、摇头娃娃、多图拼接,而且简单易用。

5) 光影魔术手

光影魔术手是对数码照片进行画质改善及效果处理的软件。它简单易用,不需要任何专业的图像技术,就可以制作出专业胶片摄影的色彩效果。它可以模拟反转片的效果,令照片反差更鲜明,色彩更亮丽;模拟反转负片的效果,色彩诡异而新奇;模拟多类黑白胶片的效果,在反差、对比方面和数码照片完全不同。

6) ACDSee

ACDSee 是使用非常广泛的照片管理软件。ACDSee 可以从任何存储设备快速获取照片,还可以使用受密码保护的隐私文件夹来存储机密信息,不论拍摄的照片是什么类型,都能够轻松快捷地整理以及查看、修正和共享。

7) Flash

Flash 是一个可视化的网页设计和网站管理工具,支持最新的 Web 技术,包含HTML 检查、HTML 格式控制、HTML 格式化选项等。除了视频和动画特性,还提供了绘图效果和脚本支持,同时也集成了流行的视频编辑和编码工具,还提供了允许用户测试移动手机中的 Flash 内容新功能。

8) Ulead GIF Animator

Ulead GIF Animator 是一个很方便的 GIF 动画制作软件,内建的插件有许多现成的特效可以立即套用,可将 AVI 文件转成 GIF 文件,而且还能将 GIF 图片最佳化。Ulead GIF Animator 不但可以把一系列图片保存为 GIF 格式,还能产生 20 多种 2D 或 3D 的动态效果,以满足制作网页动画的要求。

4. 图像处理技术的应用

图像处理技术应用领域相当广泛,在国家安全、经济发展、日常生活中起着越来越重要的作用。随着人类活动范围的不断扩大,图像处理的应用领域也随之不断扩大。

1) 航空航天遥感方面

图像处理技术在航天和航空技术方面的应用,主要体现在飞机遥感和卫星遥感技术中。由于成像条件受飞行器位置、姿态、环境条件等影响,遥感图像的质量并不是很高。需要先将这些图像在空中处理成数字信号并保存,经过地面站上空时再高速传送下来,然后由处理中心分析判读。现在世界各国都在利用陆地卫星遥感图像开展一些实际应用研究,例如气象预报、资源调查、灾害检测、资源勘察、农业规划、城市规划等,并获得了良好的效果。

2) 生物医学工程方面

图像处理在生物医学工程方面的应用十分广泛,而且很有成效。除了普遍使用的CT 技术之外,还包括对医用显微图像的处理分析,如红细胞和白细胞分类、染色体分析、癌细胞识别等。此外,它在 X 光图像增强、超声波图像处理、心电图分析、立体定向放射治疗等医学诊断方面都有广泛的应用。

3) 通信工程方面

当前通信的主要发展方向是声音、文字、图像和数据结合的多媒体通信,将电话、电视和计算机以三网合一的方式在数字通信网上传输。其中以图像通信最为复杂和困难,图像的数据量十分巨大,如传送彩色电视信号的速率达 $100Mb/s$ 以上。要将这样高速率的数据实时传送出去,必须采用编码技术来压缩信息量。在一定意义上讲,编码压缩是这些技术成败的关键。除了已应用较广泛的熵编码、DPCM 编码、变换编码外,目前国内外正在大力开发研究新的编码方法,如分行编码、自适应网络编码、小波变换图像压缩编码等。

4) 工业和工程方面

在工业和工程领域中图像处理技术有着广泛的应用,如自动装配线中零件的质量检测和零件分类,印刷电路板疵病检查,弹性力学照片的应力分析,流体力学图片的阻力和升力分析,邮政信件的自动分拣,在一些有毒、放射性环境内识别工件及物体的形状和排列状态,在先进的设计和制造技术中采用工业视觉,等等。其中值得一提的是,研制具备视觉、听觉和触觉功能的智能机器人将会给工农业生产带来新的激励,目前已在工业生产中的喷漆、焊接、装配中得到有效的利用。

5) 军事和公安方面

在军事方面图像处理和识别主要用于导弹的精确制导,各种侦察照片的判读,具有图像传输、存储和显示的军事自动化指挥系统,飞机、坦克和军舰模拟训练系统等。在公安方面主要用于公安业务图片的判读分析、指纹识别、人脸鉴别、不完整图片的复原以及交通监控、事故分析等。目前已投入运行的高速公路不停车自动收费系统中的车辆和车牌的自动识别都是图像处理技术成功应用的例子。

6) 影视制作方面

电视制作系统已经广泛使用图像处理技术,对静止图像和动态图像进行采集、压缩、处理、存储和传输。数字电视大量使用了视频编码解码等图像处理技术,而视频编码解码等图像处理技术的发展也推动了视频播放与数字电视向高清晰、高画质发展。随着电影中逐渐应用了计算机技术,一个全新的电影世界展现在人们面前,计算机制作的图像被运用到电影作品中,其视觉效果的吸引力有时已经大大超过了电影故事本身。

7)文化艺术方面

目前这类应用有电视画面的数字编辑、动画的制作、电子游戏、纺织工艺品设计、服装设计与制作、发型设计、文物资料照片的复制和修复、运动员动作分析和评分等,现在已逐渐形成一门新的艺术——计算机美术。电子游戏的画面是近年来电子游戏发展最快的部分之一,在几年前无法想象的画面在今天已经成为平平常常的东西。

8)机器视觉

机器视觉作为智能机器人的重要感觉器官,主要进行三维景物理解和识别,是目前处于研究之中的开放课题。机器视觉主要用于以下几个方面:军事侦察、危险环境的自主机器人,邮政、医院和家庭服务的智能机器人,装配线工件识别、定位,太空机器人的自动操作,等等。

3.3.2 图像的数字化

模拟图像是指空间上连续,信号值不分等级的图像。数字图像是指空间上被分割成离散像素,信号值分为有限个等级,用数字 0 和 1 表示的图像。图像数字化是将模拟图像转换为数字图像,它是进行数字图像处理的前提。图像数字化必须以图像的电子化作为基础,把模拟图像转变成电子信号,随后才将其转换成数字图像信号。图 3-9 是图像数字化的示例。

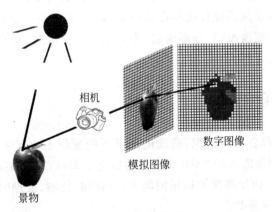

图 3-9 图像的数字化

要在计算机中处理图像,必须先把真实的图像(照片、画报、图书、图纸等)通过数字化转变成计算机能够接受的显示和存储格式,然后再用计算机进行分析处理。图像的数字化过程主要分采样、量化与编码 3 个步骤。

1. 采样

采样的实质就是要用多少点来描述一幅图像,采样结果质量的高低就是用前面所说的图像分辨率来衡量。简单来讲,对二维空间上连续的图像在水平和垂直方向上等间距地分割成矩形网状结构,所形成的微小方格称为像素点。一幅图像就被采样成有限个像素点构成的集合。例如,一幅 640×480 分辨率的图像,表示这幅图像由 640×480 = 307 200 个像素点组成。

在进行采样时,采样间隔大小的选取很重要,它决定了采样后的图像能反映原图像的真实程度。一般来说,原图像中的画面越复杂,色彩越丰富,则采样间隔应越小。

2. 量化

量化是指要使用多大范围的数值来表示图像采样之后的每一个点。量化的结果是图像能够容纳的颜色总数,它反映了采样的质量。例如,如果以 4 位存储一个点,就表示图像只能有 16 种颜色;若采用 16 位存储一个点,则有 65 536 种颜色。所以,量化位数大,表示图像可以拥有更多的颜色,自然可以产生更为细致的图像效果。但是,也会占用更大的存储空间。两者的基本问题都是视觉效果和存储空间的取舍。

量化时所确定的离散取值个数称为量化级数。为表示量化的色彩值(或亮度值)所需的二进制位数称为量化字长,一般可用 8 位、16 位、24 位或更高的量化字长来表示图像的颜色。量化字长越大,则越能真实地反映原有图像的颜色,但得到的数字图像的容量也越大。

3. 编码

数字化后得到的图像数据量十分巨大,必须采用编码技术来压缩其信息量。在一定意义上讲,编码技术是实现图像传输与存储的关键。目前已有许多成熟的编码算法,常见的有图像的预测编码、变换编码、分形编码、小波变换图像压缩编码等。鉴于图像压缩的重要性,以下单独进行介绍。

3.3.3 图像的压缩

随着多媒体和电视会议的出现,高效的压缩系统变得重要起来,根据视频图像分辨率,一幅典型的彩色图像需占用 2MB 或更多的磁盘空间,1s 未压缩的全运动视频图像所需磁盘空间约 10MB。由于图像数据量的庞大,在存储、传输、处理时非常困难,因此图像数据的压缩就显得非常重要。

1. 图像压缩原理

图像压缩是数据压缩技术在数字图像上的应用,它的目的是减少图像数据中的冗余信息,从而用更加高效的格式存储和传输数据。

图像数据之所以能被压缩,就是因为数据中存在着冗余。图像数据的冗余主要表现为：图像中相邻像素间的相关性引起的空间冗余，图像序列中不同帧之间的相关性引起的时间冗余，不同彩色平面或频谱带的相关性引起的频谱冗余。数据压缩的目的就是通过去除这些数据冗余来减少表示数据所需的比特数。

2. 图像压缩基本方法

图像压缩可以是有损数据压缩，也可以是无损数据压缩。对于绘制的技术图、图表或者漫画优先使用无损压缩，这是因为有损压缩方法，尤其是在低的位速条件下将会带来压缩失真。对于医疗图像或者用于存档的扫描图像等有价值的内容的压缩也尽量选择无损压缩方法。

有损方法非常适合自然的图像，例如一些应用中图像的微小损失是可以接受的（有时是无法感知的），这样就可以大幅度地减少图像的数据量。有损压缩方法有以下 3 种：

（1）将色彩空间化简到图像中常用的颜色。所选择的颜色定义在压缩图像头的调色板中，图像中的每个像素都用调色板中的颜色索引表示。这种方法可以与抖动一起使用以模糊颜色边界。

（2）色度抽样。这利用了人眼对于亮度变化的敏感性远大于颜色变化的特点，这样就可以将图像中的颜色信息减少一半甚至更多。

（3）变换编码。首先使用离散余弦变换或者小波变换等傅里叶变换，然后进行量化和用熵编码法压缩。

3. 图像压缩标准

当需要对所传输或存储的图像信息进行高比率压缩时，必须采取复杂的图像编码技术。但是，如果没有一个共同的标准，不同系统间不能兼容，除非每一编码方法的各个细节完全相同，否则各系统间的连接十分困难。

为了使图像压缩标准化，20 世纪 90 年代，国际电信联盟（ITU）、国际标准化组织（ISO）和国际电工委员会（IEC）开始制定一系列静止和活动图像编码的国际标准，已批准的标准主要有 JPEG 标准、MPEG 标准、H. 261 等。

联合图像专家组（Joint Photographic Experts Group，JPEG）使用普通算法压缩静态图像。三维彩色和坐标图像信息首先被转换成更适于压缩的格式。颜色信息也被编码，对于图像中颜色相近的区域，利用人的视觉对颜色微小变化不敏感的特性，将肉眼不易察觉的颜色删除，以去掉或减少视觉的冗余信息。JPEG 不是为处理视频图像而专门设计的，但通过压缩帧并减小帧的尺寸与频率，它在一定程度上做到了视频图像的压缩。

3.3.4　图形图像文件格式

1. 常用的图形文件格式

由于图形只保存算法和相关控制点即可，因此图形文件所占用的存储空间一般较小，但在进行屏幕显示时，由于需要扫描转换的计算过程，因此显示速度相对于图像来说显得慢一些,但输出质量较好。表 3-2 介绍了常见图形文件的格式。

表 3-2　常见图形文件格式

图形文件格式	说　　明
CDR	CorelDRAW 软件专用的图形文件存储格式
AI	Illustrator 软件专用的图形文件存储格式
DXF	AutoCAD 软件的图形文件格式,该格式以 ASCII 方式存储图形,可以被 CorelDRAW、3dx Max 等软件调用和编辑
EPS	一种通用格式,可用于矢量图形、像素图像以及文本的编码,即在一个文件中同时记录图形、图像与文字

2. 常用的图像文件格式

在计算机中常用的图像文件格式有 BMP、TIFF、EPS、JPEG、GIF、PSD、PDF 等,详见表 3-3。

表 3-3　常见图像文件格式

图像文件格式	说　　明
BMP	Windows 中的标准图像文件格式,它以独立于设备的方法描述位图,常用的图形图像软件都可以对该格式的图像文件进行编辑和处理
TIFF	常用的位图图像格式,可具有任何大小和分辨率,用于打印、印刷输出的图像建议存储为该格式
JPEG	一种高效的压缩格式,可对图像进行大幅度的压缩,最大限度地节约网络资源,提高传输速度
GIF	可在各种图像处理软件中处理,是经过压缩的文件格式,因此一般占用空间较小,适合网络传输,一般常用于存储动画效果图片
PSD	Photoshop 软件使用的标准图像文件格式,可以保留图像的图层信息、通道蒙版信息等,便于后续修改和特效制作
PDF	又称可移植或可携带文件格式,具有跨平台的特性,并包括对专业的制版和印刷生产有效的控制信息,可以作为印前领域通用的文件格式

3.4　视频编码

3.4.1　视频基础知识

视频(video)泛指将一系列静态影像以电信号的方式加以捕捉、记录、处理、存储、传送与重现的各种技术。连续的图像变化每秒超过 24 帧(frame)画面以上时,根据视觉暂留原理,人眼无法辨别单幅的静态画面,因此画面看上去是平滑连续的视觉效果,这样连续的画面叫做视频。视频技术最早是为了电视系统而产生的,但现在已经发展为各种不同的格式以便消费者将视频记录下来。网络技术的发达也促使视频片段以流媒体的形式存在于因特网之上并可被计算机接收与播放。视频与电影属于不同的技术,后者是利用照相术将动态的影像捕捉为一系列的静态照片。

视频技术最早是从采用阴极射线管的电视系统而发展起来的,但是之后新的显示技术的发明使视频技术所包括的范畴更大。基于电视的标准和基于计算机的标准曾经从两个不同的方面来发展视频技术。得益于计算机性能的提升,并且伴随着数字电视的普及,这两个领域又有了新的交叉和集中。

计算机能显示电视信号,能显示基于电影标准的视频文件和流媒体,和电视系统相比,计算机伴随着其运算器速度的提高、存储容量的提高和宽带的逐渐普及,通用的计算机都具备了采集、存储、编辑和发送电视信号和视频文件的能力。

1. 视频的属性

1) 长宽比

长宽比(aspect ratio)用来描述视频画面与画面元素的比例。传统的电视屏幕长宽比为 4∶3(1.33∶1)。HDTV 的长宽比为 16∶9(1.78∶1)。而 35mm 胶卷底片的长宽比约为 1.37∶1。

虽然计算机屏幕上的像素大多为正方形,但是数字视频的像素通常并非如此,例如使用于 PAL 及 NTSC 制式的数字存储格式 CCIR601 以及相应的非等宽屏幕格式。因此以 720×480 像素记录的 NTSC 制式 DV 影像可能因为比较"瘦"的像素格式而在放映时成为长宽比为 4∶3 的画面,或由于像素格式较"胖"而变成 16∶9 的画面。

2) 帧率

帧率(frame rate)是指视频格式每秒播放的静态画面数量。典型的帧率由早期的每秒 6 或 8 张(frame per second,fps)到现今的每秒 120 张不等。PAL(欧洲、亚洲、大洋洲等地的电视制式)与 SECAM(法国、俄国、部分非洲等地的电视制式)规定其帧率为 25fps,而 NTSC(美国、加拿大、日本等地的电视制式)则规定其帧率为 29.97fps。电影胶卷则是 24fps,这使得各国电视广播在播映电影时需要一些复杂的转换。要达到最基本的视觉暂留效果大约需要 10fps 的帧率。

3) 品质

视频品质可以利用客观的峰值信噪比(peak signal-to-noise ratio,PSNR)来量化,或借由专家的观察进行主观评价。对一套视频处理系统(例如压缩算法或传输系统),主观画质评价的一种标准化的做法是 DSIS(Double Stimulus Impairment Scale,双激励损失量表)。在 DSIS 评价中,评价者会先观看一段未处理过的视频片段,再观看处理过的视频片段,最后再针对处理过的视频片段做出从"与原始影像分不出差异"到"与原始影像相比严重劣化"的评价。

4) 色彩空间与像素资料量

色彩空间或色彩模型规定了视频中色彩的描述方式。例如 NTSC 制式视使用 YIQ

模型，PAL 制式使用 YUV 模型，SECAM 制式使用 YCbCr 模型。

在数字视频中，像素资料量（bits per pixel，bpp）代表了每个像素中可以显示多少种不同颜色的能力。由于带宽有限，设计者经常借由色度抽样等技术来降低 bpp（例如 4∶4∶4，4∶2∶2，4∶2∶0）。

5）比特率

比特率是一种表现视频流中所含有的数据量的方法。其数量单位为 b/s 或者 Mb/s。较高的比特率可容纳更高的视频品质。例如 DVD 格式的视频（典型比特率为 5Mb/s）的画质高于 VCD 格式的视频（典型比特率为 1Mb/s）。HDTV 格式拥有更高的（约 20Mb/s）比特率，因此比 DVD 有更高的画质。

6）扫描方式

视频可能以隔行扫描或逐行扫描来传送。隔行扫描是早期广播技术不发达，带宽很低时用来改善画质的方法。NTSC、PAL 与 SECAM 都是隔行扫描格式。在视频分辨率的表示格式中经常以 i 来代表交错扫描。例如 PAL 制式的分辨率经常写为 576i50，其中 576 代表垂直扫描线数量，i 代表交错扫描，50 代表每秒 50 场。在逐行扫描系统当中，每次画面更新时都会刷新所有的扫描线，此方法较消耗带宽，但是可以减少画面的闪烁与扭曲。

为了将原本为隔行扫描的视频格式（如 DVD 或电视广播）转换为逐行扫描显示设备（如 LCD 电视、LED 电视等）可以接受的格式，许多显示设备或播放设备都具备去隔行的功能，但是由于隔行信号本身特性的限制，去隔行功能无法达到与逐行扫描的画面同等的品质。

2. 视频处理软件

视频处理软件是对视频源进行非线性编辑的软件，软件通过对加入的图片、背景音乐、特效、场景等素材与视频进行重混合，对视频源进行切割、合并，通过二次编码生成具有不同表现力的新视频。常用的视频处理软件有 Adobe Premiere、Ulead Media Studio Pro、Ulead Video Studio（会声会影）等。

1）Adobe Premiere

Premiere 是 Adobe 公司推出的非线性视音频编辑软件，在影视制作领域取得了巨大的成功。现在被广泛应用于电视台、广告制作、电影剪辑等领域，成为 PC 和 Mac 平台上应用最为广泛的视频编辑软件。

2）Ulead Media Studio Pro

对于一般网页上或教学、娱乐方面的应用，ULEAD Media Studio Pro 是最好的选择。Ulead Media Studio Pro 主要的编辑应用程序有 Video Editor、Audio Editor、CG Infinity、Video Paint，涵盖了视频编辑、影片特效、2D 动画制作，是一套整合性完备、功能全面面的视频编辑套餐式软件。

3）Ulead Video Studio

Ulead Video Studio 是针对家庭娱乐、个人纪录片制作的简便型视频编辑软件。它采用目前流行的"在线操作指南"的步骤引导方式来处理视频、图像素材，其制作过程是捕获→故事板→效果→覆叠→标题→音频,并将操作方法与注意事项以帮助文件的形式显示出来,是一套面向普通用户的视频软件。

3.4.2 视频的数字化

视频数字化就是将模拟视频信号转换成数字视频的过程。数字视频是以数字形式记录的视频,有不同的产生方式、存储方式和播出方式。模拟视频信号必须转换为数字的 0 或 1,才能被计算机处理和存储,这个转换过程称为视频采集。

模拟视频的数字化一般采用分量数字化方式。先把复合视频信号中的亮度和色度分离,得到 YUV 或 YIQ 分量,然后用 3 个模数转换器对 3 个分量分别进行数字化,最后再转换到 RGB 空间。根据模拟视频信号的特征,对其数字化时可采用幅色采样法,即信号的色差分量采样率低于亮度分量采样率。用 Y∶U∶V 来表示 Y、U、V 3 个分量的采样比例,则数字视频的采样格式有 4∶2∶0、4∶1∶1、4∶2∶2 和 4∶4∶4 等几种。然后再进行样本点的量化、YUV 到 RGB 色彩空间的转换,最后得到数字化的视频数据。

模拟视频的数字化包括不少技术问题,例如:电视信号具有不同的制式而且采用复合的 YUV 信号方式,而计算机工作在 RGB 空间;电视机是隔行扫描,计算机显示器大多是逐行扫描;电视图像的分辨率与显示器的分辨率也不尽相同;等等。因此,模拟视频的数字化主要包括色彩空间的转换、光栅扫描的转换以及分辨率的统一。

模拟视频信号的数字化需要很大的存储空间和数据传输速度,这就需要在采集和播放过程中对图像进行压缩和解压缩处理。对模拟视频信号进行采集、量化和编码,一般是由专门的视频采集卡来完成的。视频采集卡大多带有压缩芯片,不仅提供接口以连接模拟视频设备和计算机,而且具有把模拟信号转换成数字数据的功能。

3.4.3 视频的压缩

数字化后的视频存在大量的数据冗余,还需要进行视频压缩,以在尽可能保证视觉效果的前提下减少视频数据。视频压缩比一般指压缩后的数据量与压缩前的数据量之比。由于视频是连续的静态图像,因此其压缩编码算法与静态图像的压缩编码算法有某些共同之处,但是运动的视频还有其自身的特性,因此在压缩时还应考虑其运动特性才能达到高压缩比的目标。

1. 视频压缩原理

数字视频之所以需要压缩,是因为它原来的形式占用的空间大得惊人。如果使用数字视频,需要考虑的一个重要因素是文件大小,因为数字视频文件往往会很大,这将占用大量硬盘空间。视频经过压缩后,存储时会更方便。

数字视频压缩以后并不影响作品的最终视觉效果,因为它只影响人的视觉不能感受到的那部分视频。例如,自然界有数十亿种颜色,但是人只能辨别 1000 余种。由于人们不易觉察一种颜色与其邻近颜色的细微差别,所以没必要将每一种颜色都保留下来。还有一个冗余图像的问题,可以利用图像压缩的方法对视频进行压缩。

2. 视频压缩基本方法

人的视觉系统总要用一定时间才能识别图像元素,如果在一定的刷新频率下,每帧图像的停留时间长于人眼观察所需要的时间,那么在下一帧图像的显示过程中,第一幅图像仍然会残留在人的视觉印象中。这种视觉残留可以消除画面的闪烁现象,将连续的画面呈现在人们眼前。视频压缩的方法通常包括帧内编码和帧间编码。

1)帧内编码

帧内编码是利用空间性冗余或画面中冗余的技术。帧内编码仅考虑本帧图像的数据,而不考虑相邻帧之间的冗余信息,这与静态图像压缩类似。帧内一般采用有损压缩算法,由于帧内压缩时各个帧之间没有相互关系,所以压缩后的视频数据仍可以以帧为单位进行编辑。帧内压缩一般达不到很高的压缩。

帧内编码依赖于典型图像中的两个特点。首先,并非所有的空间频率会同时出现。其次,空间频率越高,则幅度可能越低。帧内编码需要对图像中的空间频率进行分析,常采用小波变换和离散余弦变换来完成。变换产生描述每个空间频率大小的系数。一般来讲,许多系数均为零或接近于零。这些系数可以被省略,从而使数据率降低。

帧内编码可以单独使用,如用于静止画面的 JPEG 标准,或者如在 MPEG 中那样与帧间编码一起组合起来使用。

2)帧间编码

帧间编码则是利用时间性冗余的技术,它依赖于连续画面的相似之处。如果解码器中已有一个画面,那么下一画面可以通过仅仅发送与上一画面的差异来生成。当物体移动时,画面差异会增加,但其外形一般不会改变,所以画面的差异可以通过运动补偿来抵销。如果运动可以被度量,那么可以通过将上一画面中的部分内容移动到新位置上的方法来生成下一画面。这个移动处理过程由传送到解码器中的矢量来控制,而矢量比画面差异的数据要小得多,这样可以大大减少数据量。

3.4.4 视频文件格式

视频文件格式是指视频保存的格式。为了适应视频存储的需要,人们设定了不同的视频文件格式来把视频和音频放在一个文件中,以方便同时回放。由于不同的播放器支持不同的视频文件格式,或者计算机中缺少相应格式的解码器,或者一些外部播放装置只能播放固定的格式,因此就会出现视频无法播放的现象。在这种情况下就要使用格式转换软件来弥补这一缺陷。

1. AVI

AVI(Audio Video Interactive,音视频交互)是微软公司开发的一种数字音频与视频文件格式,是把视频和音频编码混合在一起存储。但 AVI 文件并未限定压缩标准,用不同压缩算法生成的 AVI 文件,必须使用相应的解压缩算法才能播放出来。AVI 格式不提供任何控制功能。AVI 文件主要应用在多媒体光盘上,用来保存电影、电视等各种影像信息。

2. ASF/WMV

ASF（Advanced Streaming Format,高级流格式）是由微软公司推出的在 Internet 上实时传播多媒体的技术标准。ASF 的主要优点有本地或网络回放、可扩充的媒体类型、部件下载以及扩展性等。WMV 是一种独立于编码方式的在 Internet 上实时传播多媒体的技术标准。

3. MPEG

MPEG（Moving Picture Experts Group,运动图像专家组）是运动图像压缩算法的国际标准,它采用有损压缩方法减少运动图像中的冗余信息,压缩效率非常高,几乎所有的计算机平台都支持它。MPEG 的控制功能丰富,可以有多个视频、音轨、字幕等。MPEG标准包括 MPEG 视频、MPEG 音频和 MPEG 系统 3 个部分。MP3 音频文件是 MPEG 音频的一个典型应用,而 VCD、SVCD、DVD 则是全面采用 MPEG 技术的消费类电子产品。MPEG 的一个简化版本——3GP 还广泛用于手机。

4. MOV

MOV 是 Apple 公司开发的一种音频、视频文件格式,用于保存视频和音频信息,具有先进的视频和音频功能,被包括 Mac OS、Windows 95/98/NT 在内的所有主流计算机平台支持。MOV 以其领先的多媒体技术和跨平台特性、较小的存储空间要求、技术细节的独立性以及系统的高度开放性得到业界的广泛认可,已成为数字媒体软件技术领域事实上的工业标准。

5. RealVideo

RealVideo 是 RealNetworks 公司开发的流式视频文件格式,主要用来在低速率的广域网上实时传输活动视频影像,可以根据网络传输速率采用不同的压缩比率,实现影像数据的实时传送和实时播放。RealVideo 还可以在数据传输过程中边下载边播放视频影像,而不必像大多数视频文件那样,必须先下载,然后才能播放。Internet 上已有不少网站利用 RealVideo 技术进行实况转播。

6. DivX

DivX 是由 DivX Networks 公司发明的数字多媒体压缩技术。DivX 基于 MPEG-4,可以把 MPEG-2 格式的多媒体文件压缩至原来的 10％,更可把 VHS 格式录像带格式的文件压至原来的 1％。DivX 文件小,图像质量好,一张 CD-ROM 可容纳 120min 的质量接近 DVD 的电影。

7. DV

DV(Digital Video,数字视频)通常指用数字格式捕获和存储视频的设备(如便携式摄像机),有 DV 类型 Ⅰ 和 DV 类型 Ⅱ 两种 AVI 文件。DV 类型 Ⅰ 文件包含原始的视频和音频信息,可与大多数 A/V 设备兼容,如 DV 便携式摄像机和录音机。DV 类型 Ⅱ 包含原始的视频和音频信息,同时还包含作为 DV 音频副本的单独音轨,比 DV 类型 Ⅰ 兼容的软件更加广泛。

本 章 小 结

计算机处理各种各样的信息都离不开信息编码技术。掌握中英文字符的编码原理,熟悉声音、图像、视频的编码原理和方法,对提高运用计算机处理复杂信息的能力、增强对信息技术的理解具有重要的意义。

通过本章的学习,应当了解字体编码的基本方法,熟悉英文字符、汉字、Unicode 编码的特点,掌握不同汉字编码的关系及转换方法,熟练掌握 ASCII 编码的方法;了解声音基础知识,熟悉基本压缩算法、声音文件格式,掌握声音的数据化方法;了解图像基础知识、常用图像处理技术及软件,熟悉图像压缩原理及方法,掌握图像的数据化过程;了解视频基础知识,熟悉视频处理软件及文件格式,掌握视频压缩的基本方法。

第**4**章

计算机操作系统

操作系统在计算机的发展中起到了极其重要的作用,没有它就没有计算机的普及与发展。在计算机系统中,操作系统处于核心和灵魂的地位,是计算机系统必不可少的组成部分,也是最基础和最核心的系统软件。用户通过操作系统提供的接口使用计算机,系统通过操作系统提供的各种功能来实现对计算机资源的管理和控制。

本章首先介绍操作系统的概念和功能,在计算机系统中的地位和作用,以及Windows、Linux、Android、iOS 等典型操作系统;然后详细阐述操作系统对处理机资源、存储器资源、输入输出设备资源和数据资源的管理策略和方法。

4.1 操作系统概述

4.1.1 操作系统的定义和作用

1. 操作系统的发展

ENIAC 交付使用后的首要任务是处理一系列氢弹可靠性的复杂运算,它使用了18 000 多个电子管,电路结构复杂,需要使用手工拨动开关和插拔电缆来编制程序。虽然控制很不方便,但是比当时的机械计算机仍然速度快很多。电子管时代的计算机完全依赖于手工操作方式,基本没有软件程序,这种手工操作方式具有用户独占全机所有资源以及快速的 CPU 设备等待慢速的手工操作的特点,CPU 的执行效率和资源的利用率都很低。

20 世纪 50 年代中期,出现了第二代晶体管计算机,计算机已经得到一定程度的推广,在这一阶段软件也有了很大的变化和发展。为了提高资源利用率、CPU 的执行效率以及系统的吞吐量,开始出现了第一个简单的批处理操作系统软件,其可以自动地让系统里的一个作业紧接着一个作业进行处理。这种通过引入监督程序对成批作业逐个地调入调出的方式减少了 CPU 的空闲等待时间,同时也提高了 I/O 的速度。但是系统中的资源仍然得不到充分的利用,由于 I/O 设备的低速性,CPU 的利用率仍然不高。

20 世纪 60 年代中期开始出现了中小规模集成电路计算机,硬件结构有了很大的变化和发展,计算机体积减小,功耗降低,速度和可靠性都有了显著的发展,因而计算机也更为普及。为了进一步提高资源的利用率,20 世纪 60 年代后期在单道批处理系统的基础上开始出现了多道批处理系统,计算机系统采用多道批处理操作后,资源利用率得到了提高,单位时间里完成的任务数量也增加了。但是,作业要排队依次进行处理,成批作业的完成仍然需要很长周转时间;另外,在作业执行的过程中,用户不能和自己的作业交互,调试和修改都比较困难。

中小规模集成电路的发展使计算机得到普及,但是相对于普通民众来说,硬件价格仍然昂贵,为了满足不同用户人机交互的需求以及工业和武器控制的需要,又出现了分时系统。分时系统通过将多台终端同时连接到一台主机上,显著地提高了资源利用率,降低了使用费用;同时每个用户在自己的终端上进行操作,互不干扰,从用户的角度可以认为是自己"独占"主机;用户可以通过终端和计算机系统进行人机对话,完成程序的调试和服务请求工作;主机采取轮转的方式处理联机的每一个终端用户的请求,由于 CPU 速度远远高于终端的运行速度,用户的请求很快可以得到响应。

20 世纪 70 年代,大规模集成电路和超大规模集成电路的出现,使得计算机的硬件结构发生了很大的变化,硬件集成度越来越高,体积越来越小,同时可靠性也越来越高。大规模集成电路和超大规模集成电路使现代的微型机、大型机、计算机网络以及智能设备得以出现,一系列的操作系统被设计出来,包括微机操作系统、多处理器操作系统、网络操作系统、嵌入式操作系统等,以及手机操作系统安卓、iOS、塞班、Windows Phone、火狐等。

2. 操作系统的地位

现代计算机系统由硬件系统和软件系统两部分组成。其中,硬件是软件运行的物质基础,而有了软件才可以充分发挥硬件的潜能并扩充硬件功能,才可以完成各种应用任务,软件系统和硬件系统两者是相辅相成、缺一不可的。一个计算机系统的软硬件层次结构如图 4-1 所示。

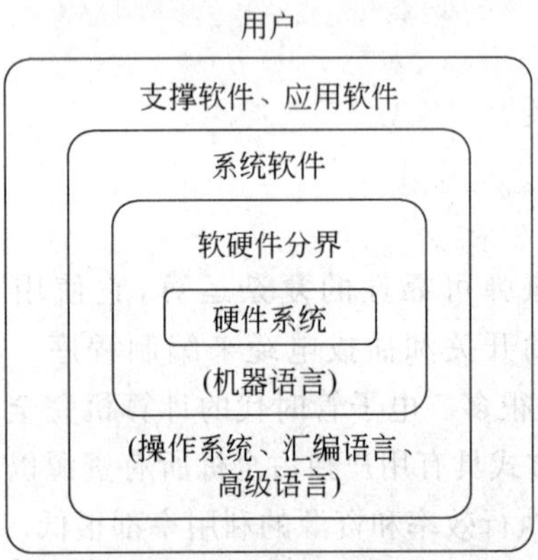

图 4-1　计算机系统的软硬件层次结构

硬件系统提供计算机系统基本的硬件资源,包括运算器、控制器、存储器和各种 I/O 设备,这些可计算资源组成计算机系统的硬件。软件系统由程序、数据和文档组成,可分为系统软件、支撑软件和应用软件。

操作系统(Operating System,OS)是配置在计算机硬件上的第一层软件,是对硬件系统的首次扩充。操作系统的主要作用就是管理好系统设备,提高设备的利用率和系统的吞吐量,并为用户和应用程序提供接口,方便用户使用。

操作系统是软件系统的核心,是各种软件的基础运行平台。操作系统可以实现资源的分配和管理,支撑软件和应用软件只有通过操作系统才能使用资源。操作系统直接作用在硬件之上,隔离了其他的上层软件,并为它们提供接口和服务。

计算机从 1946 年发展到今天,从微型机到巨型机,都配置了一种或多种操作系统。操作系统已经成为现代计算机系统不可分割的重要组成部分,为人们建立各种各样的应用环境奠定了基础。计算机上配置操作系统的主要目标可归结为方便用户使用、扩充机器功能、管理各类资源、提高系统效率和构筑开放环境。

3. 操作系统的作用

操作系统在计算机系统中的作用可以从用户使用角度、资源管理角度及资源抽象角度等多个不同角度来分析：

（1）操作系统是用户与计算机硬件系统之间的接口。

操作系统处于用户与计算机硬件之间，是用户与计算机硬件之间的接口，用户通过操作系统提供的命令接口、系统调用接口和图形用户接口来发出用户要求以实现交互，使用计算机系统。

（2）操作系统是计算机系统资源的管理者。

一个计算机系统包含的系统资源主要有处理器、存储器、I/O 设备和文件（数据和程序）。操作系统对这 4 类资源进行合理、有效的管理，其作为计算机系统资源的管理者，完成处理器资源的分配和控制，主存资源的分配与回收，I/O 设备的分配（回收）和控制，对文件的存取、共享以及保护。

（3）操作系统实现了对计算机系统资源的抽象。

操作系统是裸机上覆盖的第一层软件，向用户提供了一个对硬件操作的抽象模型。这个抽象模型使用户可以方便地使用计算机硬件资源，用户在不了解物理接口实际细节的情况下，仍可以直接利用该模型提供的接口使用计算机。

4.1.2 操作系统的特点和功能

1. 操作系统的基本特征

操作系统的基本特征包括并发、共享、虚拟、异步。

（1）并发。指两个或多个事件在同一时间间隔之内发生。计算机对程序的并发执行是指在一段时间内宏观上有多个程序同时执行。并发与并行不同，并行是指两个或多个事件在同一时刻发生。操作系统让程序并发执行是通过进程来实现的。系统为主存中的每个程序分别创建一个进程，进程之间并发执行，这样达到了提高系统资源利用率和增加系统吞吐量的目的。进程是系统中能够独立运行的单位，也被作为资源分配的单位，它由一组机器指令、数据和堆栈等组成，是一个能独立运行的活动实体。多个进程之间可以并发执行和交换信息。

（2）共享。在操作系统环境中的资源共享又被称为资源复用，是指系统中的资源可供主存中多个并发执行的进程共同使用。

（3）虚拟。在操作系统中，通过一定的技术将一个物理实体映射为若干个逻辑上的对应物称为虚拟。物理实体是实际存在的，逻辑对应物是虚拟的、用户感觉上的东西。

（4）异步。计算机在执行程序的过程中所创建的动态进程以一种不可预知的速度向前推进，此即进程的异步。进程的执行可能是走走停停的，创建的先后顺序和完成的顺序没有关系。

2. 操作系统的功能

操作系统的引入可以为多道程序的执行提供良好的环境,能够提高系统资源的利用率,并方便用户的使用。所以,操作系统应该具有处理器管理、存储器管理、I/O 设备管理和文件管理的功能,同时还需要向用户提供统一方便的用户接口。

1) 处理器管理功能

其主要任务是对处理器的时间进行合理分配,对处理器的运行实施有效的管理。处理器管理是通过对进程的管理以及进程的调度来实现的,主要包括进程的创建和撤销、进程运行的同步与合作、进程之间的信息交换,并按照预先设计的调度算法把处理器分配给进程。

2) 存储器管理功能

由于多道程序共享主存资源,所以存储器管理的主要任务是对存储器进行分配、保护和扩充。为此,存储器管理需要实现以下功能:为进程分配与回收主存;完成主存物理地址与程序的逻辑地址之间的地址映射;保障每道程序在自己的主存空间执行;通过虚拟存储技术从逻辑上扩充主存容量,保证用户程序执行过程中空间的需求。

3) I/O 设备管理功能

根据确定的设备分配原则对系统中的各项设备进行分配,使设备与主机能够并行工作,为用户提供与具体物理设备无关的良好的使用界面。为了完成这些任务,I/O 设备管理需要实现以下功能:对 I/O 设备和 CPU 之间的缓存空间进行管理,解决速度不匹配的矛盾,提高 CPU 利用率,进而提高系统单位时间完成的作业数量;根据用户进程发出的I/O 请求、系统现有资源使用情况以及某种设备分配策略,实现所需设备的分配;在 I/O 请求到来时,判断 I/O 的合法性,检测设备状态是否为空闲,读取相关的传递参数,设置设备的工作方式,并向设备控制器发出 I/O 命令,启动 I/O 设备完成指定的操作。

4) 文件管理功能

操作系统需要有效地管理文件的存储空间,合理地组织和管理文件系统,为文件访问和文件保护提供更有效的方法及手段。为了完成相关的任务,文件管理必须实现以下功能:实现对文件存储空间的管理,为每个文件分配必要的外存空间,提高外存的利用率,提高文件系统的读写速度;实现文件的按名存取,这一点通过采用目录管理加以实现,为每个文件设置目录项,其中包括名称、属性、磁盘上的存储位置等信息,文件管理对系统中包含的众多的目录加以组织;根据用户的需求,完成对磁盘的读或写操作,并在文件系统中设置有效的存取控制措施以防止系统的文件被非法窃取或破坏。

5) 用户接口

用户操作计算机的界面称为用户接口。通过用户接口,用户只需进行简单操作,就能实现复杂的应用处理。用户接口有两种类型:

(1) 命令接口:用户通过交互命令方式直接或间接地对计算机进行操作。

(2) 程序接口:通过程序接口供用户在程序中以程序调用方式进行操作。程序接口也称为应用程序编程接口(Application Programming Interface,API),用户通过 API 可以调用系统提供的例行程序,实现约定的操作。

4.1.3 典型操作系统

操作系统的种类相当多,各种设备安装的操作系统从简单到复杂,可分为实时操作系统、分时操作系统、嵌入式操作系统、个人计算机操作系统、多处理器操作系统、网络操作系统和大型机操作系统。

下面介绍现代常用的操作系统。

1. UNIX

UNIX 是一个强大的多用户、多任务操作系统,支持多种处理器架构,按照操作系统的分类,属于分时操作系统。UNIX 最早由 Ken Thompson 和 Dennis Ritchie 于 1969 年在美国 AT&T 的贝尔实验室开发。

类 UNIX(UNIX-like)操作系统指各种传统的 UNIX 以及各种与传统 UNIX 类似的系统。它们虽然有的是自由软件,有的是商业软件,但都相当程度地继承了原始 UNIX 的特性,有许多相似处,并且都在一定程度上遵守 POSIX 规范。类 UNIX 系统可在非常多的处理器架构下运行,在服务器系统中有很高的使用率,例如高校或工程应用的工作站。

2. Linux

Linux 操作系统与 UNIX 完全兼容,是 1991 年推出的一个多用户、多任务的操作系统。Linux 最初是由芬兰赫尔辛基大学计算机系学生 Linus Torvalds 在 UNIX 的基础上开发的一个操作系统的内核程序,Linux 是为了在 Intel 微处理器上更有效地运用而设计的。其后在理查德·斯托曼的建议下以 GNU 通用公共许可证发布,成为自由软件。它最大的特点在于源代码公开,其内核源代码可以自由传播。

Linux 有各类发行版,通常为 GNU/Linux,如 Debian(及其衍生系统 Ubuntu、Linux Mint)、Fedora、openSUSE 等。Linux 发行版作为个人计算机操作系统或服务器操作系统在服务器上已成为主流。

3. Mac OS X

Mac OS 是一套运行于苹果 Macintosh 系列计算机的操作系统。Mac OS 是首个在商用领域成功的图形用户界面。Mac OS X 于 2001 年推出。

4. Windows

Windows 是由微软公司开发的操作系统,是一个多任务的操作系统,采用图形用户界面,用户对计算机的各种复杂操作只需通过点击鼠标就可以实现。

Windows 系列操作系统是在微软公司给 IBM 计算机设计的 MS-DOS 的基础上开发的图形操作系统。Windows 可以在 32 位和 64 位的 Intel 和 AMD 的处理器上运行,但是早期的版本也可以在 DEC Alpha、MIPS 与 PowerPC 架构上运行。Windows 10 是美国微软公司研发的跨平台及设备应用的操作系统,是微软发布的最新的独立 Windows 版本。Windows 10 共有 7 个发行版本,分别面向不同用户和设备。由于人们对于开放源代码操作系统兴趣的提升,Windows 的市场占有率近年有所下降。

5. iOS

iOS 操作系统是由苹果公司开发的手持设备操作系统,iOS 与苹果的 Mac OS X 操作系统一样是以 Darwin 为基础的,因此同样属于类 UNIX 的商业操作系统。原本这个系统名为 iPhone OS,在 2010 年 6 月 7 日 WWDC 大会上宣布改名为 iOS。

6. Android

Android 是以 Linux 为基础的开放源代码操作系统,主要用于便携设备。Android 操作系统最初由 Andy Rubin 开发,最初主要支持手机。2005 年由 Google 公司收购注资,并组建开放手机联盟开发改良,逐渐扩展到平板电脑及其他领域。2011 年第一季度,Android 在全球的市场份额首次超过塞班系统,跃居全球第一。2018 年 2 月数据显示,Android 占据全球智能手机操作系统市场 85.9% 的份额,每年都有上百款搭载 Android 的新手机问世。

4.2　处理器管理

多道环境中,程序应该采用并发执行才能提高系统中各资源的利用率,但程序的并发执行会造成程序执行失去封闭性,而且由于程序间断执行,也就是执行过程中会被频繁打断,造成结果不可再现。为了程序可以并发执行,1960 年 MIT 的 MULTICS 和 IBM 公司 CTSS/360 系统引入了进程的概念,所有多道程序的操作系统都依赖进程的创建和执行,进程是操作系统中最基本、最重要的概念。进程是在多道程序系统出现后,为了刻画系统内部动态状况、描述运行程序活动规律而建立起来的新概念。

4.2.1　进程

进程引入的目的是让程序并发,所以进程既能描述程序的并发执行,同时也是能共享系统资源的基本单位。所以说,进程是程序的一次动态执行,作为资源分配和独立调度的单位,是具有独立功能的程序在一个数据集合上运行的过程。进程控制块数据结构记录进程的相关基本信息,进程由程序、相关数据和进程控制块组成。

1. 进程的属性

与程序相比,进程是动态的、有生命周期的、因为执行被创建,因为终止或被撤销而消亡;而程序是静态的、可以一直保存的。进程具有以下属性:

（1）动态性。进程是一个动态的概念，是程序在数据结合上的一次执行过程，因创建而产生，因调度而执行，因撤销而结束；而程序是一个静态的概念，其可以长久存放于外存介质上。

（2）独立性。进程作为独立分配和调度的单位，有着自己的虚拟空间、程序计数器和内部状态。

（3）并发性。多个进程在执行过程中采用并发执行方式，各进程的执行在时间上可以重叠，一段时间之内多进程并发执行，在单处理机系统中，每个时刻只有一个进程独占CPU；在多处理机系统中，每个时刻多个进程分别占据CPU。

（4）异步性。进程因共享资源或者协同工作会产生相互制约关系，造成进程的执行过程和结束时间是不可预测的。进程的执行是异步的、不可预知的，但并发执行结果应该是可再现的，系统通过采取同步机制对进程的执行速度和协作关系进行协调。

2. 进程的状态和转换

进程从被创建开始直到最后消亡的整个生命周期过程中，有时占用处理机资源，有时不占用处理机资源；有时占据I/O设备，有时释放I/O设备；还有时因为等待某个事件完成或某个资源就绪造成进程只能等待。这就使进程在执行过程中处于不同状态：

（1）执行态。进程占用CPU正在运行的状态。对应单处理机系统，执行态的进程只有一个；对于多处理机系统，执行态的进程可以有多个。

（2）就绪态。进程已经具备执行的条件，等待系统调度获取处理机所处的状态。如果就绪态的进程有多个，所有就绪进程会排队组成就绪队列，在CPU空闲时，操作系统一般会使用一种或多种调度策略对就绪队列中的进程进行调度，被调度的进程获取CPU资源，转变为执行态。

（3）等待态。又称做阻塞态或睡眠态，是指进程因为等待某个I/O设备、某个事件或某种信号等原因而处于的状态，等待态的进程必须在等待的原因满足后才能转为就绪态等待操作系统的调度。

进程在运行的过程中会频繁发生不同状态的转换，如图4-2所示，引起转换的原因包括：就绪态的进程因为被操作系统调度转变为执行态；执行态的进程因为被抢占CPU或分配的时间片结束而转变为就绪态，重新插入就绪队列；执行态的进程因为出现某种等待事件而转变为等待态，插入等待队列；等待态的进程因为等待事件结束而转换为就绪态，重新插入就绪队列。

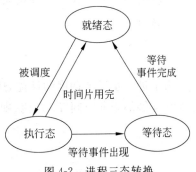

图 4-2　进程三态转换

4.2.2　进程调度算法

进程调度是操作系统的一项重要功能，通过使用一定的调度算法，可以为进程分配CPU资源，实现进程的并发操作，进程调度对系统性能影响也很大。

进程调度方式分为抢占式和非抢占式。抢占式调度是指进程在执行的过程中,系统可以根据规定的原则让优先级更高的进程抢夺执行进程所占据的 CPU 资源,并把原执行进程移入就绪队列;非抢占式调度是指一个进程一旦获取了 CPU 开始运行,即处于执行态之后,除非运行结束或者自己主动释放 CPU,就不会被抢夺走 CPU 资源。

1. 处理机调度算法的衡量指标

操作系统选择调度算法受到很多因素的限制,评价不同调度算法的指标也是多样的,不同计算机采用的调度算法常常不同。选择调度算法的基本原则是保证计算机性能好,常用的调度算法衡量指标是资源利用率、系统吞吐量、公平性、响应时间、周转时间,其中,前 3 项是面向系统的性能指标,后两项是面向用户的性能指标。

1) 资源利用率

调度算法应保证系统资源利用率尽量高,保证 CPU 和各种资源尽可能地并行工作。对于 CPU 资源,随着程序道数的增加,CPU 空闲时间缩短,CPU 利用率提高。

$$CPU\ 的利用率 = \frac{CPU\ 有效工作时间}{CPU\ 有效工作时间 + CPU\ 空闲时间}$$

2) 系统吞吐量

系统吞吐量指单位时间里系统完成的作业总数目。

3) 公平性

公平性是指所有就绪进程应该获得合理的 CPU 时间,不会发生进程始终得不到响应的现象。

4) 响应时间

响应时间是指从用户通过键盘提交一个请求开始,直到得到处理结果为止的这段时间。

5) 周转时间

周转时间是指从作业提交给系统开始,到作业完成为止的这段时间。与此相对应的平均周转时间 T 为

$$T = \frac{1}{n} \sum_{i=1}^{n} T_i$$

为了进一步反映调度的性能,还常常使用带权周转时间,也就是作业的周转时间与系统为它提供的服务时间 T_s 之比,即 $W = T/T_s$。相应的带权周转时间为

$$W = \frac{1}{n} \sum_{i=1}^{n} \frac{T_i}{T_s}$$

2. 处理机调度算法

常用的进程调度算法包括先来先服务调度算法、短进程优先调度算法、按优先级调度算法和轮转调度算法等。

1) 先来先服务调度算法

先来先服务调度算法原理非常简单,即,就绪队列的排队原则是按照进程就绪的先后

顺序排队,最先到来的排在队首,最后到来的排在队尾。在每一次调度进程获取 CPU 资源时,总是从队列的队首选择进程,为其分配 CPU 资源。也就是说,先来先服务算法的就绪队列以到来时间长短为优先级别,到来时间长的优先级别高,到来时间短的优先级别低。先来先服务调度算法一般很少作为主调度算法,经常和其他算法联合使用,形成一种更为有效的调度算法。

2）短进程优先调度算法

短进程优先调度算法中,就绪队列的排队原则是按照进程运行时所要求的 CPU 时间长短排队,需要时间最短的排在队首,最长的排在队尾,每当次调度时从队首选择进程。每有新的进程进入就绪队列时,需要对运行时间进行比较,然后插入队列的相应位置。

短进程优先调度算法与先来先服务调度算法相比,优先考虑短进程,使数量较多的短进程优先执行,减少长久等待。但是短进程优先也存在着系列缺点:执行时间的长短可能事前并不能确切知道,是一个估计值,常常会出现很大的偏差;短进程优先保证了执行时间短的进程优先得到执行,但是对于执行时间长的长进程不利,如果执行过程中短进程不断到来,可能会造成长进程的长久等待。

假设系统中有 3 个进程 P1、P2、P3,它们的服务时间分别是 28ns、9ns、3ns,则按照先来先服务调度算法,进程的执行顺序是 P1→P2→P3,按照短进程优先调度算法,进程的执行顺序是 P3→P2→P1。具体的调度顺序和相关周转时间、带权周转时间情况见表 4-1。

表 4-1　先来先服务调度算法和短进程优先调度算法的调度情况　　单位:ns

进程	进程名	P1	P2	P3	平均
	服务时间	28	9	3	
先来先服务调度算法	完成时间	28	37	40	
	周转时间	28	37	40	35
	带权周转时间	1	4.11	13.33	6.15
短进程优先调度算法	完成时间	40	12	3	
	周转时间	40	12	3	18.33
	带权周转时间	1.43	1.33	1	1.25

3）按优先级调度算法

先来先服务调度算法可以理解为以到来时间为优先顺序,短进程优先调度算法可以理解为以进程长短为优先顺序,它们都有着自己的优越性,但是也存在问题,它们没有充分考虑到进程的紧迫程度,如系统进程应该是优先于用户进程的。优先级调度算法一般利用进程的紧迫程度进行排序,就绪队列中,紧迫程度高的排在队首。紧迫程度的判断常常是利用优先数比较来实现的。如设定 1～5 共 5 个级别,优先数越小,优先级越高,紧迫程度越高。在创建进程时,就为进程设置一个优先数,在进程插入就绪队列时,对就绪队列中的进程优先数进行比较,插入到对应的位置。

4）轮转调度算法

轮转调度算法主要适用于分时系统。分时系统的特点是只有一个主机，而有多台终端与主机相连，各终端所产生的就绪进程按照时间到来的顺序组成了就绪队列，每个进程每次执行一个固定大小时间片，时间片结束时，该进程自动插入就绪队列队尾，操作系统调度就绪队列队首的进程获取 CPU，并改变其状态为执行态。表 4-2 为时间片 $q=2$ 时的轮转调度算法的调度情况。

表 4-2　$q=2$ 时的轮转调度算法的调度情况　　　　　　　　　　单位：ns

进程名	P1	P2	P3	P4	平均
到达时间	0	1	2	3	
服务时间	4	3	4	2	
完成时间	10	11	13	8	
周转时间	10	10	11	5	9
带权周转时间	2.5	3.33	2.75	2.5	2.77

4.2.3　Windows 任务管理器

Windows 任务管理器是在 Windows 系统中管理应用程序和进程的工具。它可以查看当前运行的程序和进程及对主存、CPU 的占用，并可以结束某些程序和进程，此外还可监控系统资源的使用状况。

“应用程序”选项卡显示了所有当前正在运行的应用程序，如“我的电脑”、浏览器、正在打开的文件夹、文档等，如图 4-3 所示。当某个应用程序无响应时，可以在这里单击“结束任务”直接将其关闭。

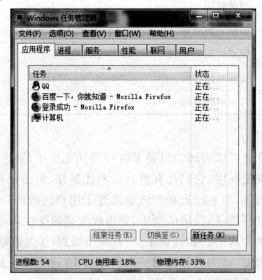

图 4-3　在任务管理器中查看应用程序

"进程"选项卡显示了所有当前正在运行的进程，包括应用程序、后台服务等，如图 4-4 所示。在"性能"选项卡可以看到 CPU 和主存、页面文件的使用情况。卡机、死机、中毒时，CPU 使用率会达到 100％。

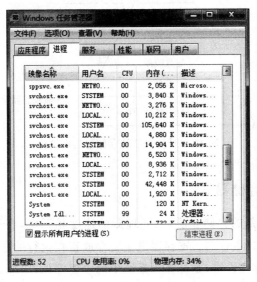

图 4-4　在任务管理器中查看进程

4.3　存储器管理

存储器管理的主要对象是主存。存储器历来是计算机系统的重要组成部分，必须对主存进行有效的管理，这既影响存储器的利用率，也对系统性能有重大影响。

4.3.1　存储器的层次结构

计算机系统的存储器系统是一个具有不同容量、成本和访问时间的存储设备的层次结构。存储器层次结构如图 4-5 所示。

图 4-5 中各存储介质的访问速度由下而上越来越快，容量越来越小，价格也越来越高。CPU 寄存器保存着最常用的数据。靠近 CPU 的小的、快速的高速缓存作为相对慢速的主存中的数据和指令的缓冲区域。主存暂时存放存储在容量较大的、慢速磁盘上的数据，而这些磁盘常常又作为存储在通过网络连接的其他计算机的磁盘或磁带上的数据的缓冲区域。其中，寄存器、高速缓存和主存均属于操作系统存储管理的范畴，在掉电以后它们所存储的信息将丢失；磁盘和磁带属于文件管理和设备管理的对象，它们存储的信息可以长久保存。

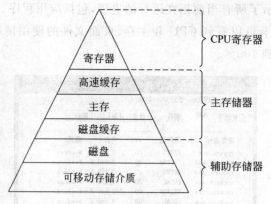

图 4-5 计算机系统存储器层次结构

1. 寄存器和主存储器

寄存器是 CPU 内部的存储介质，与处理器的速度相匹配，容量较小，一般只能存放若干字节，但每位价格较主存高。寄存器里主要存放正在执行的指令和数据。

主存储器又称主存或内存，是计算机系统中的主要部件，用来保存进程运行时的程序和数据，也称可执行存储器。CPU 一般都是从主存中获取数据和指令，并将数据读入数据寄存器，将指令读入指令寄存器；或者反之，将寄存器的数据写入主存。早先的主存主要由磁芯做成，现代计算机的主存主要由 VLSI 组成，存储容量增加较多，微机的主存可达数十兆字节(MB)至数吉字节(GB)。

主存访问速度相对于 CPU 的执行速度慢许多，为了缓和主存和 CPU 间速率不匹配的矛盾，在计算机系统中引入了高速缓存。

2. 高速缓存和磁盘缓存

高速缓存是现代计算机结构的一个重要部件，是介于寄存器和主存之间的存储器，其容量比寄存器大，但是比主存小，一般从几千字节(KB)到几兆字节(MB)。高速缓存主要用于备份主存中较常用的数据，以减少处理器对主存的访问次数，提高 CPU 的执行效率。

磁盘缓存与高速缓存不同，它并不是实际存在的存储器，是利用主存的部分存储空间暂时存放从磁盘读出(或写入)的信息。设置磁盘缓存的目的是缓解磁盘与主存之间速度的不匹配，通过磁盘缓存的设置，将频繁使用的一部分磁盘数据和信息进行暂时存放，减少访问磁盘的次数。

4.3.2 段式存储管理

从用户的角度出发，程序空间涉及主程序、各子程序 1、数据段以及堆栈段等多个相对独立的逻辑单位。这些相对独立的逻辑单位在主存中存放时采用的就是分段存储管理方式,作业的地址空间被划分为若干个段,每个段都是一个逻辑实体,定义了一组逻辑信息。

1. 段表

段的产生是与程序的模块化直接有关的。在分段式存储管理系统中,为每个段分配一个连续的分区,而进程中的各个段可以离散地移入主存中不同的分区中。段式管理是通过段表进行的,为了进行段式管理,每道程序在系统中都有一个段表,存放该道程序各段装入主存的状况信息。每个段在表中占有一个表项,其中记录了该段在主存中的起始地址(又称为基址)和段的长度。此外还需要主存占用区域表、主存可用区域表等。段表可以存放在一组寄存器中,这样有利于提高地址转换速度,但更常见的是将段表放在主存中。

段表中的每一项(对应表中的每一行)描述该道程序一个段的基本状况,由若干个字段提供。段名字段用于存放段的名称,段名一般是有其逻辑意义的,为了实现简单起见,通常可用一个段号来代替段名,每个段从 0 开始编址,并采用一段连续的地址空间。段的长度由相应的逻辑信息组的长度决定,因而各段长度不等。整个作业的地址空间由于分成多个段,因而是二维的,即,其逻辑地址由段号(段名)和段内地址组成,如图 4-6 所示。在该地址结构中,允许一个作业最长有 $2^4 = 16$ 个段,每个段的最大长度为 4KB。

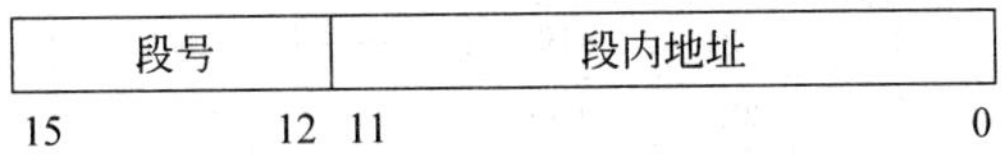

段号	段内地址

15　　　　12 11　　　　　　　　　　　　0

图 4-6　段式存储管理逻辑地址

段长字段指明该段的大小,一般以字数或字节数为单位,取决于所用的编址方式。段长字段用来判断所访问的地址是否越出段界。图 4-7 体现了段表与主存空间的地址映射。

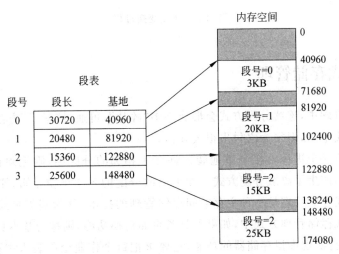

图 4-7　利用段表实现地址映射

2. 地址变换机构

为了实现从进程的逻辑地址到物理地址的变换功能,在系统中设置了段表寄存器,用于存放段表始址和段表长度。在进行地址变换时,系统将逻辑地址中的段号与段表长度进行比较。若段号大于段表长度,是访问越界,于是产生越界中断信号;若未越界,则根据段表的始址和该段的段号,计算出该段对应段表项的位置,从中读出该段在主存的起始地址(基址)。然后,再检查段内地址是否超过该段的段长。若超过,同样发出越界中断信号;若未越界,则将该段的基址与段内地址相加,即可得到要访问的主存物理地址。

例如,在图 4-8 中,有效地址为段号 $S=2$,段内地址 $W=100$,通过比较段号和段表长度以及段内地址和对应段的长度,发现都未越界,进而获得逻辑段 2 起始地址为 8192,故有效地址对应的物理地址为 $8192+100=8292$。

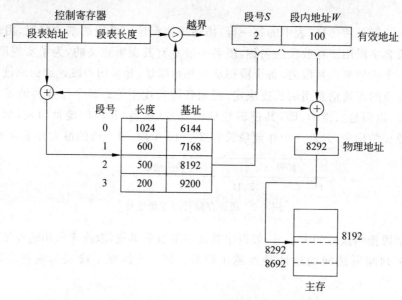

图 4-8　地址变换过程

4.3.3　页式存储管理

在存储器管理中,连续分配方式会形成许多"碎片",可通过"紧凑"方法将许多碎片拼接成可用的大块空间,但须为之付出很大开销。

如果允许将一个进程直接分散地装入许多不相邻的分区中,则无须再进行"紧凑"。基于这一思想而产生了离散分配方式。如果离散分配的基本单位是页,则称为页式存储管理方式。页式存储管理是一种主存空间存储管理的技术,分为基本页式管理和虚拟页式管理。在页式存储管理方式中,如果不具备页面对换功能,则称为基本页式存储管理方式,它不具有支持实现虚拟存储器的功能,它要求把每个作业全部装入主存后方能运行。虚拟页式存储管理是在基本页式存储管理的基础上增加了请求缺页和对换功能,它允许部页式面装入主存作业就可以执行,在执行过程中,如果出现不在主存的情况时发出请求缺页中断,操作系统在接收到这个中断请求的时候,若有空闲页面就直接调入,若没有空闲页面就选择某个页面淘汰。

1. 页表

将各进程的虚拟空间划分成若干个长度相等的页,页式管理把主存空间按页的大小划分成物理块或者页框,然后把页式虚拟地址与主存地址建立一一对应的页表,并用相应的硬件地址变换机构来解决离散地址变换问题。页式存储管理采用请求调页或预调页技术实现了主存和外存的统一管理。

1)页面和物理块

页式存储管理是将一个进程的逻辑地址空间分成若干个大小相等的片,称为页面或页,并为各页加以编号,从 0 开始,如第 0 页、第 1 页等。相应地,也把主存空间分成与页面相同大小的若干个存储块,称为块或页框,也同样为它们加以编号,如第 0 块、第 1 块等。在为进程分配主存时,以块为单位将进程中的若干个页分别装入到多个可以不相邻接的物理块中。由于进程的最后一页经常装不满一块而形成了不可利用的碎片,称为页内碎片。

2)页面大小

在页式系统中的页面其大小应适中。页面若太小,虽然可使主存碎片减小,从而减少主存碎片的总空间,有利于提高主存利用率,但也会使每个进程需要较多的页面,从而导致进程的页表过长,占用大量主存,此外还会降低页面换进换出的效率。如果选择的页面较大,虽然可以减少页表的长度,提高页面换进换出的速度,但又会使页内碎片增大。页面大小应是 2 的幂,通常为 512B~8KB。

2. 基本页式存储管理

在页式系统中,允许将进程的各个页分散地存储在主存不同的物理块中,但系统应能保证进程的正确运行,即能在主存中找到每个页面所对应的物理块。为此,系统又为每个进程建立了一张页面映像表,简称页表。进程地址空间内的所有页在页表中都有一个页表项,其中记录了相应页在主存中对应的物理块号,见图 4-9 中间部分。在配置了页表后,进程执行时,通过查找该表,即可找到每页在主存中的物理块号。可见,页表的作用是实现从页号到物理块号的映射。

3. 地址结构

页式地址中的地址结构如图 4-10 所示。

对于某种特定计算机,其地址结构是固定的。若给定一个逻辑地址空间中的地址为 A,页面的大小为 L,则页号和页内地址 d 分别为:

$$P = \text{INT}[A/L], \quad d = A\,\text{MOD}\,L$$

其中,INT 是整除函数,MOD 是取余函数。例如,其系统的页面大小为 1KB,设 $A = 2170B$,则由上式可以求得 $P=2, d=122$。

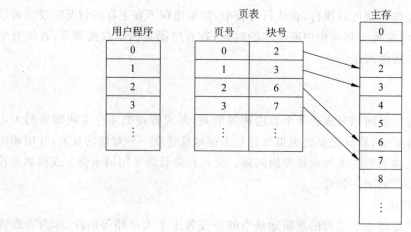

图 4-9　页表的作用

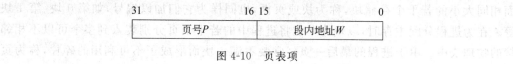

图 4-10　页表项

4.3.4　虚拟存储管理

虚拟存储器作为现代操作系统中存储器管理的一项重要技术,实现了主存容量扩充功能。该功能并不是从物理上扩大主存的容量,而是从逻辑上对主存容量进行了扩充,使得用户感知到的主存容量比实际的主存容量大,从而可以使比主存空间更大的程序得到运行,或者让更多的用户程序并发执行。

基本段式和基本页式存储管理可以对主存空间进行分配、回收、管理,但是这两种方法都要求程序全部装入主存才能开始执行,这面临着一些实际的问题:

(1) 有的作业太大,其所要求的主存空间超过了主存的总容量,作业不能全部装入主存,使得作业不能运行。

(2) 有多个作业同时要求运行,但主存容量不足以容纳所有这些作业时,只能将少数作业装入主存让它们先运行,而让其他大量的作业留在外存中等待。

出现上述两种情况的原因是主存容量不够大。一种解决方法就是从物理上扩大主存容量,但这受到计算机自身的限制,并且也会造成成本的增加,因此这种方法是受限的。另一种解决方法就是从逻辑上扩大主存的容量,这正是虚拟存储技术所要解决的主要问题。

1. 程序局部性原理

1968 年,P. Denning 指出:程序执行过程中呈现出局部性规律,即在一段较短的时间内,程序的执行仅限于某个部分,相应地,它所访问的存储空间也局限于某个领域。

(1) 时间局部性。如果程序中的某条指令被执行,则不久之后该指令可能再次被执行;如果某个数据被访问过,则不久之后该数据可能再次被访问。产生时间局部性的典型原因是在程序中存在着大量的循环操作。

(2) 空间局部性。一旦程序访问了某个存储单元,在不久之后,其附近的存储单元也将被访问,即程序在一段时间内所访问的地址可能集中在一定的范围之内,其典型情况便是程序的顺序执行。

2. 虚拟存储器

基于局部性原理,应用程序在运行之前没有必要将之全部装入主存,而仅需将那些当前要运行的少数页面或段先装入主存便可运行,其余部分暂存在盘上。在执行过程中,如果当前要运行的页(段)在主存中,便可继续执行下去;如果程序所要访问的页(段)不在主存,称为缺页(或缺段),便发出缺页(缺段)请求,操作系统将利用请求调页(调段)功能将它们调入主存,以使程序继续执行下去。调入过程中,如果主存有空白页面(或段需要的连续空间),就直接装入;否则,操作系统还须再利用页(段)的置换功能,将主存中暂时不用的页(段)调至磁盘。

虚拟存储器就是这种具有请求调入功能和置换功能,可以从逻辑上对主存容量加以扩充的一种存储器。其逻辑容量为主存容量和外存容量之和,其访问速度接近于主存,但是每位成本却又接近于外存。可见,虚拟存储技术是一种性能非常优越的存储器管理技术,故被广泛应用于大、中、小型机和微型机中。

3. 请求分段存储管理方式

请求分段系统是在分段系统的基础上增加了请求调段和分段置换功能。在原有段表基础上增加状态位字段和用来跟踪页面使用情况以及对页面实施保护及淘汰等的各种控制位,见图 4-11。状态位字段用来指示该段是否已经调入主存,1 表示已装入,0 表示未装入。在程序的执行过程中,各段的装入位随该段是否装入而动态变化。当装入位为 1 时,地址字段用于表示该段装入主存中的起始(绝对)地址;当装入位为 0 时,则无效(所需访问页面没有装入主存)。访问方式字段用来标记该段允许的访问方式,如只读、可写、只能执行等,以提供段的访问方式保护。除此之外,段表中还可以根据需要设置其他的字段。

段名	段长	段基址	状态位	访问方式	…	外存地址

图 4-11　请求分段存储管理的段表

段表本身也是一个段,一般常驻在主存中,也可以存在辅存中,需要时再调入主存。假设系统在主存中最多可同时有 N 道程序,可设 N 个段表基址寄存器。对应于每道程序,由程序号指明使用哪个段表基址寄存器。段表基址寄存器中的段表基址字段指向该道程序的段表在主存中的起始地址。段表长度字段指明该道程序所用段表的行数,即程序的段数。

4. 请求页式存储管理方式

动态页式管理是在静态页式管理的基础上发展起来的。它分为请求页式管理和预调入页式管理,请求页式管理和预调入页式管理在作业或进程开始执行之前,都不把作业或进程的程序段和数据段一次性地全部装入主存,而只装入被认为是经常反复执行和调用的工作区部分,其他部分则在执行过程中动态装入。请求页式管理与预调入页式管理的主要区别在它们的调入方式上。请求页式管理的调入方式是,当需要执行某条指令而又发现它不在主存时,或者当执行某条指令需要访问其他的数据或指令时,这些指令和数据不在主存中,从而发生缺页中断,系统将外存中相应的页面调入主存。预调入方式是指系统对那些在外存中的页进行调入顺序计算。估计出这些页中指令和数据的执行和被访问的顺序,并按此顺序将它们依次调入和调出主存。请求页式管理和预调入管理除了在调入方式上有区别之外,在其他方面基本相同。因此,下面主要介绍请求页式管理。

请求页式管理的地址变换过程与基本页式管理的变换过程相同,也是通过页表查出相应的页面号之后,由页面号与页内相对地址相加得到实际物理地址,但是,由于请求页式管理只让进程或作业的部分程序和数据驻留在主存中,因此,在执行过程中,不可避免地会出现某些虚页不在主存中的问题。怎样发现这些不在主存中的虚页以及怎样处理这种情况是请求页式管理必须解决的两个基本问题。

第一个问题可以用扩充页表的方法解决。即与每个虚页号相对应,除了页面号之外,再增设该页是否在主存的中断位以及该页在外存中的副本起始地址。虚页不在主存时的处理涉及两个问题。第一,采用何种方式把所缺的页调入主存。第二,如果主存中没有空闲页面时,把调进来的页放在什么地方。也就是说,采用什么样的策略来淘汰已占据主存的页。还有,如果在主存中的某一页被淘汰,且该页曾因程序的执行而被修改,则显然该页是应该重新写到外存上加以保存的。而那些未被访问修改的页,则因为外存已保留有相同的副本,写回外存是没有必要的。因此,在页表中还应增加一项以记录该页是否曾被改变。

在动态页管理的流程中,地址变换是由硬件自动完成的。当硬件变换机构发现所要求的页不在主存中时,产生缺页中断信号,由中断处理程序做出相应的处理。中断处理程序是由软件实现的。除了在没有空闲页面时要按照置换算法选择出被淘汰的页面之外,还要从外存读入需要的虚页。这个过程要启动相应的外存并涉及文件系统。因此,请求页式管理是一个十分复杂的处理过程,主存利用率的提高是以牺牲系统开销的代价换来的。

4.4 文件管理

4.4.1 文件

1. 文件概念

用户的程序和数据信息需要长久存放,存放时是以文件为单位的。文件由信息按照一定结构组成,是可以持久存放的抽象机制。文件由文件名标识,用户通过文件名对文件进行访问。文件名是字母或者数字组成的字母数字串,其格式和长度根据系统的不同而不同。

组成文件的信息可以是各式各样的,源程序、编译程序、数据均可保存为文件,操作系统实现文件系统管理的优点如下:

(1) 便于用户使用。用户无须记住信息存放在外存中的物理位置,无须考虑如何将信息放在介质上,只要知道文件名,给出有关的操作要求便可访问,实现了按名存取。

(2) 文件安全可靠。用户通过文件系统才能实现对文件的访问,而系统能提供各种安全、保密和保护措施,可以防止对文件信息的有意或无意的破坏或窃用。

(3) 系统能有效地利用存储空间,优化安排不同文件的位置;如果在文件使用过程中出现设备故障,系统可组织重新执行或恢复,对于因硬件失效而造成的信息破坏可组织转储以加强可靠性。

(4) 文件系统还能提供文件共享功能,不同的用户可使用同名或异名的同一个文件,这样可以合理利用文件存储空间,缩短传输信息的时间,提高文件空间利用率。把数据组织成文件形式加以管理和控制是计算机数据管理的重大发展。

2. 文件命名

系统按名管理和控制文件信息,进程创建文件时必须给出文件名,以后该文件将独立于进程存在,直到它被显式删除。使用或读取文件时,必须显式地给出文件名。

文件在不同系统中的命名规则不同,其长度和可用字符都有限制。一般来说,文件名包含主文件名和扩展名两部分。前者由用户定义,用于识别文件;后者用于区分文件类型,一般有特别设定。这两部分中间用“.”区分开。例如,MS-DOS 最多允许 8 个字符的主文件名,早期的 UNIX 系统支持 14 个字符的主文件名。文件名一般是由字母或数字组成的字符串,一些特殊符号是不能用于文件名中的。例如,空格常常被用作分隔命令、参数、与其他数据项的分隔符,不能用在文件名中。现代操作系统对于可用字符和文件名长度放宽了许多限制。例如,Windows NT 以及其后的 Windows 2000/XP/7/8/10 等所采用的 NTFS 系统支持长文件名,文件名可达 255 个字符。

3. 文件类型

为了便于管理和控制文件,常常将文件分成若干种类型。不同的分类角度,文件的分类不同。

(1) 按文件中的数据形式分类:源文件(由源程序和数据构成的文件)、目标文件(源程序经过相应语言的编译程序编译过,但尚未经过链接程序链接的目标代码所构成的文件)、可执行程序(把编译后所产生的目标代码再经过链接程序链接后所形成的文件)。

(2) 按存取控制属性分类:只执行文件(只允许被核准的用户调用执行,既不允许读,也不允许写)、只读文件(只允许文件主及核准的用户去读,但不允许写)、读写文件(允许文件主和被核准的用户读或写的文件)。

(3) 按组织形式和处理方式分类:普通文件(由 ASCII 码或二进制数组成的字符文件)、目录文件(由文件目录组成,用来管理和实现文件系统功能的系统文件,通过目录文件可以对其他文件的信息进行检索）、特殊文件（指特定系统中的各类 I/O 设备，为了便于统一管理，系统将所有的 I/O 设备都视为文件，按文件方式提供给用户使用）。

4. 文件操作

最基本的文件操作如下：

（1）创建文件。在创建文件时，要为新文件分配必要的外存空间，并在文件目录中为之建立一个目录项，在目录项中记录新文件的文件名及文件的相关属性。

（2）删除文件。在删除文件时，应先从目录中找到要删除文件的目录项，使之成为空项，然后回收该文件所占用的存储空间。

（3）读文件。根据用户给出的文件名去查询目录，从中得到被读文件在外存中的位置。在目录项中，还有一个指针用于对文件的读写。

（4）写文件。根据文件名查找目录，找到指定文件的目录项，再利用目录中的写指针进行写操作。

（5）设置文件的读写位置。通过设置文件读写指针的位置，以便下一次读写不是从头开始，而是从指定的位置处开始。

5. 文件存取方法

存取方法是指读写文件存储器上物理记录的方法。由于文件类型不同，用户使用要求不同，需要操作系统提供多种存取方法来满足用户需求。常用的文件存取方法有以下 3 种。

1）顺序存取

顺序存取是按照文件的逻辑地址顺序存取。固定长记录的顺序存取十分简单。读操作读出上一次读出的文件的下一个记录，同时，自动让读文件记录指针推进，以指向下一次要读出的记录位置。如果文件是可读可写的。再设置一个写文件记录指针，它总指向下一次要写入记录的存放位置，执行写操作时，将一个记录写到文件末端。允许对这种文件进行前跳或后退 N（整数）个记录的操作。顺序存取主要用于磁带文件，也适用于磁盘上的顺序文件。

对于可变长记录的顺序文件，每个记录的长度信息存放于记录前面的一个单元中，它的存取操作分两步进行。读出时，根据读指针值先读出存放记录长度的单元；得到当前记录长后，再把当前记录一起写到指针指向的记录位置，同时调整写指针值。

由于顺序文件是顺序存取的，可采用成组和分解操作来加速文件的输入输出。

2）直接存取

很多应用场合要求以任意次序直接读写某个记录。例如，在航空订票系统中，把特定航班的所有信息用航班号作标识，存放在某物理块中，用户预订某航班时，需要直接将该航班的信息取出。直接存取方法适合这类应用，它通常用于磁盘文件。

为了实现直接存取，一个文件可以看作由顺序编号的物理块组成的，这些块常常划成等长，作为定位和存取的一个最小单位，如一块为 1024B、4096B，视系统和应用而定。于是用户可以请求读块 22，然后写块 48，再读块 9，等等。直接存取文件对读或写块的次序没有限制。用户提供给操作系统的是相对块号,它是相对于文件开始位置的一个位移量,而绝对块号则由系统换算得到。

3）索引存取

索引存取是基于索引文件的存取方法。由于文件中的记录不按它在文件中的位置,而按它的记录键来编址,所以,用户向操作系统提供记录键后就可查找到所需记录。通常记录按记录键的某种顺序存放,例如,按代表记录键的字母先后次序来排序。对于这种文件,除可采用按记录键存取外,也可以采用顺序存取或直接存取的方法。信息块的地址都可以通过查找记录键而换算得出。在实际的系统中,大都采用多级索引,以加速记录查找过程。

4.4.2　文件目录

文件系统通常采用分层结构实现,大致分3层：文件管理、目录管理和磁盘管理。文件管理层实现文件的逻辑结构,为用户供各种文件系统调用及文件访问权限的设置等工作。目录管理负责查找文件描述符,进而找到所需要的文件,进行访问权限检查等工作,并完成目录的添加、删除、组织等工作。磁盘管理除管理文件空间外,还将文件的逻辑结构转换成磁盘的物理结构,即由磁盘块号找到柱面号、磁头号、扇区号,设备与主存之间的数据传输操作由文件系统调用设备管理实现。

1. 文件控制块

文件控制块(File Control Block,FCB)是操作系统为每个文件建立的唯一的数据结构,其中包含了文件的全部属性,其目的是为了方便操作系统对文件的管理、控制和存取。一个文件由两个部分组成：FCB和文件体(文件信息)。FCB和文件是一一对应的关系,创建文件时,建立对应的FCB;读取文件时,先找到文件的FCB,找到文件信息中的磁盘块号、首块物理地址或索引表就能存取文件信息。

2. 树形结构目录

为了加快文件查找速度,通常把FCB汇集和组织在一起形成文件目录,文件目录包含许多目录项。最简单的文件目录结构是一级目录结构,所有FCB排列在一张线性表中,实现起来很简单,但是存在着文件重名问题和文件共享难问题。所以,实际的文件系统一般都采用多级层次结构,根目录唯一,每一级目录可以是下一级目录的说明,也可以是文件的说明,从而形成树形结构目录。

图4-12就是Linux的目录层次结构,它是一个倒置的树,树根是根目录,从根目录向下,每个树枝是子目录,每个树叶是文件。树形结构目录可以较好地反映现实世界中具有层次结构的数据关系,确切反映系统内部文件的分支结构,同时对于不同级文件允许出现重名,便于文件的保护、保密和共享等。

在树形结构目录中,从目录出发到任何数据文件只有一条唯一的通路,一个文件的全名包括从根目录出发至文件为止,在通路上所遇到的各子目录之间用斜线隔开,这种表示

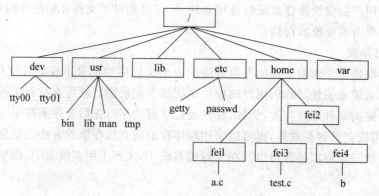

图 4-12　Linux 树形结构目录

形式即该数据文件唯一的路径名,又称绝对路径名。例如,图 4-12 中的文件 tty00 的路径名为/dev/tty00。当文件系统中含有多个级时,如果每次访问文件都使用从根目录出发的全路径会比较麻烦。所以,可为每个进程设置一个当前目录,又称工作目录,进程对各文件的访问都相当于从当前目录进行。此时,各文件所使用的路径名只需从当前目录开始,逐级经过中间的目录文件,最后到达所需访问的数据文件。这种从当前目录开始直到数据文件为止所构成的路径名为相对路径名。例如,当前工作目录为 dev,则文件 tty00 的相对路径就是 tty00。

较之一级目录,树形结构目录的查询速度更快,同时层次结构更为清晰,也能够更加有效地进行文件的管理和保护。但在树形结构目录中查找一个文件,需要按路径名逐级访问中间节点,增加了磁盘访问次数,影响访问查询速度。现代操作系统(如 UNIX、Windows、Linux)的文件系统都采用了树形结构目录组织方式。

4.4.3　文件物理结构和文件逻辑结构

1. 文件物理结构

文件系统在存储介质上的文件构造方式称为文件的物理结构。不论用户看来是什么文件,在存储介质上存储时都可以有相同的存储结构。存储介质上的存储单位是物理块,这些物理块可以按顺序结构存放,也可按链式结构或者索引结构存放,这些都要由文件系统结构来实现。常见的文件物理结构有以下几种:

(1) 顺序结构,又称连续结构。这是一种最简单的物理结构,它把逻辑上连续的文件信息依次存放在连续编号的物理块中。只要知道文件在存储设备上的起始地址(首块号)和文件长度(总块数),就能很快地进行存取。

这种结构的优点是访问速度快,缺点是文件长度增加困难。

(2) 链接结构。这种结构将逻辑上连续的文件分散存放在若干不连续的物理块中,每个物理块设有一个指针,指向其后续的物理块。只要指明文件第一个块号,就可以按链指针检索整个文件。这种结构的优点是文件长度可以动态变化,缺点是不适合随机访问。

（3）索引结构。采用这种结构，逻辑上连续的文件存放在若干不连续的物理块中，系统为每个文件建立一张索引表，索引表记录了文件信息所在的逻辑块号和与之对应的物理块号。索引表也以文件的形式存放在磁盘上。给出索引表的地址，就可以查找与文件逻辑块号对应的物理块号。如果索引表过大，可以采用多级索引结构。

索引结构的优点是访问速度快，文件长度可以动态变化。缺点是存储开销大，因为每个文件有一个索引表，而索引表也由物理块存储，故需要额外的外存空间。另外，当文件被打开时，索引表需要读入主存，否则访问速度会降低，故又需要占用额外的主存空间。

（4）Hash 结构，又称杂凑结构或散列结构。这种结构只适用于定长记录文件和按记录随机查找的访问方式。

Hash 结构的思想是通过计算来确定一个记录在存储设备上的存储位置，先后存入的两个记录在物理设备上不一定相邻。按 Hash 结构组织文件的两个关键问题是：定义一个杂凑函数，以及解决由于不同记录的 Hash 值相同所造成的存储冲突问题。

（5）索引顺序结构。索引表每一项在磁盘上按顺序存放在连续的物理块中。

2. 文件的逻辑结构

文件的逻辑结构是用户可见结构，是从用户观点所观察到的文件组织形式，是用户可以直接处理的数据及其结构，它独立于文件的物理结构，又被称为文件组织。

逻辑文件从结构上分成两种形式：一种是无结构的流式文件，是指对文件内信息不再划分单位，它是依次的一串字符流构成的文件；另一种是有结构的记录式文件，是用户把文件内的信息按逻辑上独立的含义划分信息单位，每个单位称为一个逻辑记录（简称记录）。

按照文件的组织形式来划分，有结构文件主要分为 3 类：顺序文件、索引文件、索引顺序文件。

1）顺序文件

顺序文件是由一系列可以按照某种顺序排列的记录所形成的文件，其中的记录可以是定长记录或变长记录。顺序文件的最佳应用场合是对文件中的记录进行批量存取时，对于顺序型存储设备（如磁带）来说，只有顺序文件才能被存储并被有效操作。在用户要查询或修改某个记录时，系统必须按照文件中记录的排列顺序逐一比较，查找的性能较低，文件越大，情况越复杂。例如，要在一个含有 10^4 个记录的顺序文件中查找一个记录，平均查找次数为 $(1+10^4)/2 \approx 5 \times 10^3$。另外，要对顺序文件添加或者删除一个记录时非常困难。

2）索引文件

定长记录的文件可以通过起始地址加定长记录长度获得后续记录的起始地址，而对于变长记录文件需要顺序进行检索，效率低下。针对这种情况，可以为变长记录文件建立索引表以提高查找效率，为主文件的每个记录在索引表中分别设置一个表项，记下指向记录的指针以及记录的长度，索引表按照关键字来排序。图 4-13 为一个具有单个索引表的索引文件的结构。

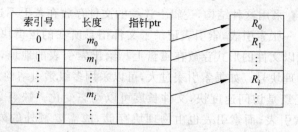

图 4-13 具有单个索引表的索引文件

3）索引顺序文件

索引顺序文件是顺序文件的扩展,它克服了变长记录的顺序文件不能随机访问、不方便进行记录的插入和删除的缺点,但是仍然保留了顺序文件按关键字顺序组织的特征,各记录本身在介质上也是顺序排列的,它包含了直接处理和修改记录的能力。索引顺序文件能像顺序文件一样进行快速顺序处理,既允许按物理存放次序(记录出现的次序)处理,也允许按逻辑顺序(由记录主关键字决定的次序)处理。

索引顺序文件通常用树结构来组织索引。最简单的索引顺序文件只使用一级索引,如图 4-14 所示,其实现方式是:将变长记录顺序文件中的所有记录分为若干个组,如每100 个记录为一组,为顺序文件建立一张索引表,并为每组中的第一个记录在索引表中建立一个索引项,其中含有该记录的关键字和指向该记录的指针。在图 4-14 中,A_1、A_2 等100 个记录为一个分组,B_1、B_2 等 100 个记录为一个分组。其中,A_1、B_1 分别为这两个分组中的第一个记录。

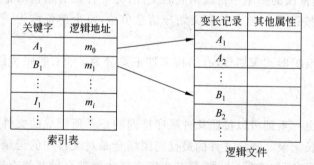

图 4-14 一级索引顺序文件

4.4.4 典型文件系统举例

硬件结构的发展和操作系统的发展变化使得对文件加以管理的文件系统也发生了很大的变化。

1. FAT

FAT12 是 IBM 公司第一台个人计算机中的 MS-DOS 1.0 使用的文件系统,主要用于软盘,其限制分区的容量最大为 16MB。FAT16 是 MS-DOS 和 Windows 9x 使用的文件系统,是一种单用户文件系统,不支持任何安全性和长文件名,采用簇的方式组织磁盘块。

随着计算机硬件和应用水平的不断提高,FAT16 文件系统已不能很好地适应系统的要求。在这种情况下,推出了增强的文件系统 FAT32。同 FAT16 相比,FAT32 最大的优点是可支持的磁盘大小达到 32GB,但是不能支持小于 512MB 的分区。

基于 FAT32 的 Windows 2000 可以支持的分区最大为 32GB;而基于 FAT16 的 Windows 2000 支持的分区最大为 4GB。由于采用了更小的簇,FAT32 文件系统可以更有效率地保存信息。如果两个分区大小都为 2GB,一个分区采用了 FAT16 文件系统,另一个分区采用了 FAT32 文件系统,采用 FAT16 的分区的簇大小为 32KB,而 FAT32 分区的簇只有 4KB。这样 FAT32 就比 FAT16 的存储效率要高很多,通常情况下可以提高 15%。

FAT32 文件系统可以重新定位根目录和使用 FAT 的备份副本。另外 FAT32 分区的启动记录被包含在一个含有关键数据的结构中,减少了计算机系统崩溃的可能性。

2. NTFS

NTFS 是一个基于安全性的文件系统,是 Windows NT 所采用的独特的文件系统结构,它是建立在保护文件和目录数据基础上,同时兼顾节省存储资源、减少磁盘占用量的一种先进的文件系统。使用非常广泛的 Windows NT 4.0 采用的就是 NTFS 4.0 文件系统,Windows 2000 采用了 NTFS 5.0,它的推出使得用户不但可以像 Windows 9x 那样方便、快捷地操作和管理计算机,同时也可享受到 NTFS 所带来的系统安全性。

NTFS 可以支持的 MBR 分区(主启动记录分区)如果采用动态磁盘则称为卷,最大可以达到 2TB。而 Windows 2000 中的 FAT32 支持单个文件最大为 2GB。NTFS 是一个可恢复的文件系统。在 NTFS 分区上用户很少需要运行磁盘修复程序。NTFS 支持对分区、文件夹和文件的压缩。任何基于 Windows 的应用程序对 NTFS 分区上的压缩文件进行读写时都不需要事先由其他程序进行解压缩,当对文件进行读取时将自动进行解压缩,文件关闭或保存时会自动进行压缩。

NTFS 采用了更小的簇,可以更有效率地管理磁盘空间。在 Windows 2000 的 FAT32 文件系统的情况下,分区大小在 2~8GB 时簇的大小为 4KB;分区大小在 8~16GB 时簇的大小为 8KB;分区大小在 16~32GB 时,簇的大小则达到了 16KB。而 Windows 2000 的 NTFS 文件系统,当分区的大小在 2GB 以下时,簇的大小都比相应的 FAT32 簇小;当分区的大小在 2GB 以上时(2GB~2TB),簇的大小都为 4KB。相比之下,NTFS 可以比 FAT32 更有效地管理磁盘空间,最大限度地避免了磁盘空间的浪费。

3. Ext

Ext 是 GNU/Linux 系统中标准的文件系统,其特点为存取文件的性能极好,对于中小型的文件更显示出优势,这主要得利于其簇的快取层的优良设计。

单一文件大小与文件系统本身的容量上限和文件系统本身的簇大小有关,在常见的 x86 系列机的 Ext2 文件系统中,簇最大为 4KB,则单一文件大小上限为 2048GB。

Ext3 文件系统属于一种日志文件系统,是对 Ext2 系统的扩展,兼容 Ext2。日志文件系统的优越性在于:由于文件系统都有快取层参与运作,当不使用时必须将文件系统卸下,以便将快取层的资料写回磁盘中。因此每当系统要关机时,必须将其所有的文件系统全部关闭后才能关机。

Linux kernel 自 2.6.28 开始正式支持新的文件系统 Ext4。Ext4 是 Ext3 的改进版,修改了 Ext3 中部分重要的数据结构,而不像 Ext3 对 Ext2 的改进那样,只是增加了一个日志功能而已。Ext4 与 Ext3 兼容,可以提供更好的性能和可靠性。Ext4 具有更大的文件系统和更大的文件。同时 Ext4 支持无限数量的子目录,而 Ext3 目前只支持 32 000 个子目录。

4.5 设备管理

I/O 设备是计算机系统的重要组成部分,设备管理是操作系统的一项重要功能,用于管理如显示器、打印机、扫描仪等 I/O 设备,以及用于管理磁盘、磁带机等存储设备。设备管理是操作系统中最为庞杂和琐碎的部分,通常使用 I/O 中断、缓冲区管理、通道、设备驱动调度等多种技术,运用这些技术较好地克服了设备和 CPU 速度不匹配所引起的问题,使 CPU 和设备可以并行工作,提高 CPU 和设备的利用率。

4.5.1 I/O 系统原理

I/O 设备及其接口线路、控制部件、通道和管理软件统称为 I/O 系统,I/O 系统管理的主要对象是 I/O 设备和对应的设备控制器。其最主要的任务是:完成用户提出的 I/O 请求,提高 I/O 速率,以及提高设备的利用率,并能为更高层的进程方便地使用这些设备提供手段。

1. I/O 硬件原理

I/O 设备从不同方式出发有不同的分类:按 I/O 操作特性划分有输入型设备、输出型设备和存储型设备;按 I/O 信息交换单位分为字符设备和块设备。不同设备的物理差异较大,使得对设备的控制过程难以形成规范的、一致的 I/O 方案。为了有效地实现物理 I/O 操作,必须通过软硬件技术对 CPU 和设备的职能进行合理分工,以平衡系统性能和硬件成本之间的矛盾。

1) 设备控制方式

按照 I/O 控制器功能的强弱以及它们和 CPU 之间联系方式的不同,可以把设备控制方式分为 轮询、中断、DMA 和通道,它们之间的差别在于 CPU 和设备并行工作的方式和程度不同。

(1) 轮询方式。又称为程序直接控制方式,CPU 利用 I/O 测试指令测试设备控制器的忙闲。若设备不忙,则执行输入或输出指令;若设备忙,则 I/O 测试指令不断对该设备进行测试,直到设备空闲为止。这种方式使 CPU 花费很多时间在 I/O 是否完成的循环测试中,造成极大的浪费。

（2）中断方式。引入中断之后,每当设备完成 I/O 操作时,便以中断请求方式通知 CPU,然后进行相应处理。但由于 CPU 直接控制输入输出操作,每传送一个单位信息,都要发生一次中断,因而仍然消耗大量 CPU 时间。

（3）DMA 方式。DMA(Direct Memory Access,直接主存存取)方式用于高速外部设备与主存之间批量数据的传输。它使用专门的 DMA 控制器,采用窃取总线程控制权的方法,由 DMA 控制器送出主存地址和发出主存读、设备写或者设备读、主存写的控制信号完成主存与设备之间的直接数据传送,而不用 CPU 干预。当本次 DMA 传送的数据全部完成时才产生中断,请求 CPU 进行结束处理操作。

（4）通道方式。通道是一个用来控制外部设备工作的硬件机制,相当于一个功能简单的处理器。通道是独立于 CPU 的、专门负责数据的输入输出传输工作的处理器,它对外部设备实施统一管理,代替 CPU 对 I/O 操作进行控制,从而使 I/O 操作可以与 CPU 并行工作。通道是实现计算机和传输并行的基础,可以提高整个系统的效率。

2）设备控制器

I/O 设备经常包含电子部件和机械部件,一般两部分被分开处理,以实现模块化和通用化。电子部件称为设备控制器或适配器,在微型计算机中,它是可插入主板扩充槽的电路板;机械部件是指 I/O 设备本身。

操作系统与控制器之间直接交互,多数微型和小型计算机采用单总线模型实现 CPU 和控制器之间的数据传输,而大中型计算机多采用多总线结构和多通道方式,以提高 CPU 和 I/O 设备的并行工作能力。

设备控制器是 CPU 和 I/O 设备之间的接口,它接收和识别 CPU 或通道发来的命令,控制 I/O 设备操作。例如,磁盘控制器能够接收读、写、查询等命令,并完成控制磁盘完成对应操作;通过使用数据总线或通道,实现主存和 I/O 设备之间的数据传输;发现和记录 I/O 设备及控制器自身的状态信息,供 CPU 处理使用;设备控制器是可编址设备,当连接多台 I/O 设备时,具有不同的设备地址,需完成设备地址的识别;完成数据传送过程中的数据差错检测,利用差错检验码检测出错误时,向 CPU 报告,由 CPU 进行重传。

2. I/O 软件工作原理

I/O 软件通常分为 4 个层次,如图 4-15 所示,分别是用户层 I/O 软件、设备独立性软件、设备驱动程序和中断处理程序。

1）用户层 I/O 软件

用户层 I/O 软件实现与用户交互的接口,用户可以直接调用该层所提供的、与 I/O 操作有关的库函数对设备进行操作。

2）设备独立性软件

设备独立性软件又称与设备无关的 I/O 软件,用来实现设备的独立性,使得用户程序中的所有设备不局限于某个具体的物理设备。为每个设备所配置的设备驱动程序是与

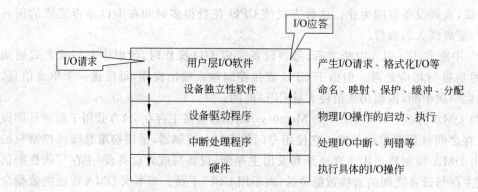

图 4-15 I/O 系统的层次结构

硬件紧密相关的软件,为了实现设备独立性,设置在设备驱动程序之上的设备独立性软件必须能够实现用户程序与设备控制器的统一接口、设备命名和设备的保护、提供与设备无关的块尺寸、缓存技术以及设备的分配与释放等,同时为设备管理和设备传送提供必要的存储空间。

3) 设备驱动程序

设备驱动程序是 I/O 系统的高层与设备控制器之间的通信程序,与硬件直接相关,用于具体实现系统对设备发出的操作命令,驱动 I/O 设备工作。设备控制器的主要任务是接收上层软件发来的抽象的 I/O 请求,如 read 和 write 命令,再把它们转换为具体要求,发送给设备控制器,启动设备去执行;反之,将由设备控制器发送来的信号传送给上层软件。

设备驱动程序与硬件密切相关,所以经常为每一类设备配置一种驱动程序。

设备驱动程序的功能包括:接收与设备无关的软件所发来的命令和参数,并将命令中的抽象要求转换为与设备相关的低层操作序列;检查用户的 I/O 请求的合法性,了解 I/O 设备的工作状态,传递与 I/O 设备操作相关的函数,设置设备的工作方式;发出 I/O 命令,如果设备空闲,便立刻启动 I/O,完成指定的 I/O 操作,如果设备忙碌,则将请求者的请求块挂在设备队列上等待;及时响应由设备控制器发来的中断请求,并根据其中断类型,调用相应的中断处理程序进行处理。

4) 中断处理程序

中断处理程序是 I/O 系统中最低的一层,是整个 I/O 系统的基础。它用于保存被中断进程的 I/O 环境,转入相应的中断处理程序进行处理,处理完毕,恢复被中断进程的现场,返回被中断的进程。

进程之间的切换和设备的管理都需要通过中断来完成。中断是指 CPU 对 I/O 设备发来的中断信号的一种响应。CPU 暂停正在执行的程序,保留 CPU 环境后,自动地转去执行该 I/O 设备的中断处理方式。执行完后,再返回断点,继续执行原来的程序。

3. 中断向量表和中断优先级

为了处理上的方便,通常为每种设备配以相应的中断处理程序,并把该程序的入口地址放在中断向量表的一个表项中,并为每一个设备的中断请求规定一个中断号,它直接对应中断向量表的表项。当 I/O 设备发来中断请求时,由中断控制器确定该请求的中断号,根据该设备的中断号去查询中断向量表,从中取得该设备中断处理程序的入口地址,这样便可以转入中断处理程序执行。

在程序执行过程中,可能会有多个设备同时或依次发出中断请求,每个设备对要求中断服务的紧迫程度是不同的。例如,键盘的中断请求紧迫程度不如打印机,而打印机的又不如磁盘等。系统一般通过为不同的中断源设置相应地中断优先级来区分设备之间中断请求的紧迫程度。

4. 中断屏蔽与中断嵌套

在多中断源系统中,通过设置中断屏蔽和中断嵌套,实现当 CPU 正在处理中断时新的中断请求到来的具体处理操作。屏蔽中断是通过设置中断屏蔽位,使得 CPU 在处理一个中断时不响应所有后续中断请求,即屏蔽所有中断,而让它们等待。直到 CPU 完成本次中断操作后,再去检查是否有中断请求。如果有,响应,如果无,回到原中断执行前被打断的程序继续执行。

在允许中断嵌套的情况下,操作系统通过判断中断的优先级别来进行中断优先控制:多个不同优先级别中断请求到来,优先级别最高的首先得到执行;中断执行过程中,有高优先级别中断到来,原中断将会被打断,执行高优先级别的中断,执行完成后返回原中断处理程序继续执行。

5. 中断处理过程

当一个进程请求 I/O 操作时,CPU 会检测到中断请求信号,该进程将被挂起,CPU内部的寄存器组信息作为进程的现场信息被保存,直到 I/O 设备完成 I/O 操作后,设备控制器向 CPU 发送一个中断请求,CPU 响应后转向中断处理程序,中断处理程序执行相应的处理,处理完后解除相应进程的阻塞状态,把进程的现场信息恢复并退出中断,CPU控制权交给原进程。

4.5.2 缓冲技术

在现代操作系统中,常常在 CPU 与 I/O 设备交换数据时引入缓存技术。缓冲技术的引用可以解决 CPU 与设备之间速度不匹配的矛盾,协调逻辑记录与物理记录大小不一致的问题,还可以提高 CPU 与设备的并行性,减少 I/O 操作对 CPU 的中断次数,放宽CPU 中断响应时间的要求。

实现缓冲技术的基本思想是:当进程执行写操作输出数据时,先向系统申请输出缓冲区,然后将数据送至缓冲区,若是顺序写请求,则不断地将数据送入缓冲区,直到装满为止,此后进程可以继续计算,同时,系统将缓冲区的内容写在设备上。当进程执行读操作输入数据时,先向系统申请一个输入缓冲区,系统将设备上的一条物理记录读至缓冲区,根据要求把当前所需要的逻辑记录从缓冲区中选出并传送给进程。

1. 单缓冲

单缓冲是最简单的缓冲技术,每当应用程序发出 I/O 请求时,操作系统在主存的系统区开设一个缓冲区。如图 4-16 所示,对于块设备输入,单缓冲机制的工作原理是:先从磁盘把一块数据读至缓冲区,假设花费时间 T;接着,系统把缓冲区中的数据送到用户区,设所消耗的时间为 M,由于此时缓冲区已空,系统可预读紧接着的下一块,大多数应用将使用邻接块,然后,应用程序对这批数据进行计算,共耗时为 C。若不采用缓冲技术,数据直接从磁盘传送到用户区,每批数据处理时间约为 $T+C$,而采用单缓冲后每批数据的处理时间为 $\max(C, T)+M$,通常 M 远远小于 C 或 T,故速度会快很多。

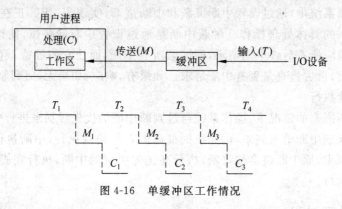

图 4-16   单缓冲区工作情况

2. 双缓冲

为了加快 I/O 操作的执行速度,实现 I/O 的并行工作和提高设备利用率,需要引入双缓冲。双缓冲工作原理如图 4-17 所示,在输入数据时,首先,从设备读出数据填充缓冲区 1,系统从缓冲区 1 把数据送往用户区,应用进程便可对数据进行加工和计算;与此同时,从设备读取数据填充缓冲区 2。当缓冲区 1 为空时,再次从设备读取数据到缓冲区 1,系统又可把缓冲区 2 的数据送到用户区,应用程序开始加工缓冲区 2 的数据。两个缓冲区交替时用,使 CPU 和设备、设备和设备的并行性进一步提高,仅当两个缓冲区都为空

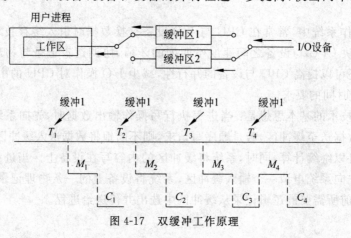

图 4-17   双缓冲工作原理

且进程还要提取数据时，它才被迫等待。采用双缓冲技术，系统处理一块数据的时间可以粗略地认为是 $\max(C, T)$，如果 $C < T$，可保证块设备连续输入；如果 $C > T$，则可使 CPU 不必等待 I/O 操作。双缓冲技术使系统效率有所提高，但是系统复杂性也增加了。

3. 多缓冲

当输入和输出的速度基本一致时，采用双缓冲技术可以获得较好的效果，能够保证用户进程和设备并行工作。但当两者的速度差别比较大的时候，如输入设备的速度快于进程消耗数据的速度，则输入设备很快使缓冲区满，输入设备将出现等待情况；而如果进程消耗数据的速度快于输出设备的速度，则进程很快使得缓冲区空，造成进程经常处于等待态。

操作系统从主存区域中分配一组缓冲区，每个缓冲区都有一个链接指针指向下一个缓冲区，最后一个缓冲区指针指向第一个缓冲区，组成循环缓冲，缓冲区的大小等于物理记录的大小，多缓冲的缓冲区是系统的公共资源，可供进程共享并由系统统一分配和管理。缓冲区按用途可以分为输入缓冲区、处理缓冲区和输出缓冲区。通过使用多缓冲，很好地实现了 CPU 和设备间的并发执行，提高了资源的利用率。

4.5.3　磁盘存储器的访问

磁盘存储器作为计算机系统的外存，是计算机系统中最重要的存储设备，在其中存放了大量的数据和文件，常用于存放操作系统、程序和数据，是主存的扩充。磁盘存储器的发展趋势是提高存储容量，提高数据传输率，减少存取时间，并力求轻、薄、小。

作为一种大容量旋转型存储设备，对磁盘文件的读写操作都涉及对磁盘的访问。对磁盘上的数据进行访问的访问时间可用下式计算：

$$访问时间＝寻道时间＋旋转延迟时间＋数据传输时间$$

其中寻道时间是指把磁臂（磁头）移动到指定磁道所需要的时间，旋转延迟时间是将指定扇区移动到磁头所经历的时间，数据传输时间是指把数据从磁盘上读出或向磁盘写入数据所经历的时间。

在访问磁盘数据的过程中，寻道时间和旋转延迟时间占据了访问时间的大部分，却与读写数据的多少没有太大关系。为了减少对文件的访问时间，操作系统采用了不同的调度算法，以使各进程对磁盘的访问时间尽量少。

访问磁盘的过程中，通过磁头移动实现磁道的查找，寻道需要占据较多时间，磁盘调度的目标就是使磁盘的平均寻道时间最少。目前常用的磁盘调度算法主要有先来先服务算法、最短寻道时间优先算法及扫描算法。

1. 先来先服务算法

先来先服务（FCFS）算法是最简单的磁盘调度算法，它根据进程请求访问磁盘的先后顺序性进行调度。这种算法公平简单，并且每个进程的请求都能够依次得到响应，不会出现某一进程的请求长期得不到满足的情况。FCFS 算法原理简单，但是没有考虑优化，平均寻道时间可能比较长。

2. 最短寻道时间优先算法

最短寻道时间优先算法是一种基于优先级的调度算法,考虑 I/O 请求之间的区别,总是先执行寻道时间最短的请求,与 FCFS 算法相比有较好的寻道性能,每次的寻道时间都是最短的,但是其不能保证平均寻道时间最短。

3. 扫描算法

最短寻道时间优先算法每一次考虑的都是距离当前磁道最近的磁道请求,也就是查找时间最短的磁道,这可能会造成距离当前磁道较远的磁道的请求始终得不到响应,也就是发生饥饿现象。

扫描算法既考虑要访问的磁道与当前磁道的距离,同时也考虑磁头当前移动的方向。例如,当磁头自里向外移动时,扫描算法所考虑的是下一个应该访问的磁道既满足在当前磁道之外,又满足距离最近的条件。这样自里向外地访问,直到再无更外的磁道需要访问时,才将磁臂转换为自外向里的移动方向。这样就避免了饥饿现象的发生。由于磁头移动的方式类似于电梯的运行方式,所以扫描算法又称为电梯调度算法。

本 章 小 结

操作系统在计算机系统中的作用非常重要,系统体系结构的变化和用户需求的变化要求操作系统做出相应的调整,以满足用户的需求,提高资源的利用率和系统的吞吐量。计算机的应用是基于操作系统的,所以对操作系统有一定的认知和常识,对计算机的操作和使用有很大帮助。通过本章的学习,应当了解操作系统的地位、作用、功能和特征,掌握操作系统对处理机资源、存储器资源、I/O 设备资源和文件资源管理的具体实现方法。

第**5**章

用计算机解决问题

在科技发达的信息时代,计算机的应用领域已经渗透到社会的各行各业,正在逐渐改变着人们传统的工作、学习和生活方式,推动着社会的进步。那么你有没有想过计算机是如何解决问题的呢?

本章主要介绍计算机求解问题的过程,阐述数学建模、数据结构、算法及计算机程序设计的相关知识,重点介绍穷举、回溯、贪心等常用算法的原理,重点讲解经典的查找算法,如顺序查找、折半查找和网络搜索引擎的查找算法,经典的排序算法,如选择排序、交换排序、插入排序、归并排序和基数排序等的相关知识。通过本章的学习,相信读者会对计算机求解问题有更进一步的理解,感受到计算机求解问题的巨大优势。

5.1　问题求解方法

计算机求解问题与人工求解问题相同之处是都需要在分析问题的基础上建立数学模型来简化问题;不同之处在于,人工解题是通过手工计算得出答案,而计算机是在数学模型的基础上设计出算法,然后编写调试程序,最终通过计算机执行程序得到结果。

5.1.1　计算机解决问题的一般过程

下面来看一个古典的百钱买百鸡问题,该问题出自张邱建的《算经》,问题如下:今有鸡翁一,值钱五;鸡母一,值钱三;鸡雏三,值钱一。凡百钱买鸡百只,问鸡翁、母、雏各几何? 从现代数学观点来看,这实际上是一个求不定方程组整数解的问题。

1. 人解决问题的一般过程

人解决问题的一般过程如下:
(1) 观察分析问题。
(2) 根据已有的经验判断和推理。
(3) 按照一定的方法和步骤解决问题。
百钱买百鸡问题解法如下:

设鸡翁、鸡母、鸡雏分别为 x、y、z 只，由题意列出以下方程组：

$$\begin{cases} x+y+z=100 & ① \\ 5x+3y+\dfrac{z}{3}=100 & ② \end{cases}$$

因为该方程组中含有 2 个方程，3 个未知量，因此被称为不定方程组，求解该方程组的过程如下：

令②×3−①得：$7x+4y=100$，所以 $y=(100-7x)/4=25-2x+x/4$。

令 $\dfrac{x}{4}=t$（t 为整数），所以 $x=4t$，代入 $7x+4y=100$ 得到：$y=25-7t$，$z=75+3t$。

因为 x、y、z 为非负整数，所以 $4t\geqslant0$，$25-7t\geqslant0$，$75+3t\geqslant0$。

解得 $0\leqslant t\leqslant25/7$，又因为 t 为整数，所以 t 可取值 0，1，2，3。

当 $t=0$ 时，$x=0$，$y=25$，$z=75$。

当 $t=1$ 时，$x=4$，$y=18$，$z=78$。

当 $t=2$ 时，$x=8$，$y=11$，$z=81$。

当 $t=3$ 时，$x=12$，$y=4$，$z=84$。

2. 用计算机解决问题的一般过程

用计算机解决问题的一般过程如下：

（1）分析问题、建立数学模型。

用计算机解决百钱买百鸡的问题，首先仍然需要分析问题，然后用数学的方法描述问题，上面的不定方程组就是解决该问题所抽象出来的数学模型。

（2）设计算法。

算法（algorithm）是对特定问题求解过程的描述。对百钱买百鸡问题的数学模型进一步分析后发现，如果一百钱全部买鸡翁，最多可以买 $100/50=20$ 只，显然 x 的取值范围是 0~20；如果全部买鸡母，最多可以买 $100/3\approx33$ 只，显然 x 的取值范围是 0~33；因为只能买 100 只鸡，因此 $z=100-x-y$，那么约束条件就是 $5x+3y+z=100$。因此采用穷举算法来解决该问题。根据约束条件将可能的情况一一列举出来，但如果情况很多，可以先排除一些明显不合理的情况，尽可能减少问题可能解的列举数目，然后找出满足问题条件的解。用传统流程图描述的算法如图 5-1 所示。

（3）编写程序，调试程序。

任何算法都需要使用一种高级语言才能编写出相应的代码程序，下面是采用 C 语言编写的代码：

```
#include <stdio.h>
void main()
```

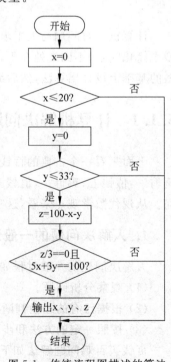

图 5-1　传统流程图描述的算法

```
{
    int x=0,y,z;
    while(x<=20)
    {
        y=0;
        while(y<=33)
        {
            z=100-x-y;
            if(5*x+3*y+z/3.0==100)
            printf("鸡翁%d只,鸡母%d只,鸡雏%d只\n",x,y,z);
            y++;
        }
        x++;
    }
}
```

（4）运行程序，得到结果。

在 Visual C++ 6.0 开发平台上运行该程序，得到结果如下：

```
鸡翁    0只,鸡母    25只,鸡雏    75只
鸡翁    4只,鸡母    18只,鸡雏    78只
鸡翁    8只,鸡母    11只,鸡雏    81只
鸡翁    12只,鸡母    4只,鸡雏    84只
```

由此看出，人和计算机两者解决问题都需要经过分析问题、建立数学模型、设计算法、得出结果等过程。与人解决问题相比，计算机解决问题速度快，具有一定的自动化。

5.1.2　数学建模

1．数学建模的概念

数学建模是运用数学的语言和方法，通过抽象、简化，建立对实际问题进行精确描述和定义的数学模型的过程。简单而言，数学建模就是用数学语言描述实际现象的过程，这里的实际现象既包括自然现象（如万有引力），也包括社会现象（如顾客对某种商品所取的价值倾向），这里的描述不但包括外在形态和内在机制，还包括对实际现象的预测、实验和解释等内容。

数学模型就是对实际问题的一种数学表述，它在某种意义上接近实际问题，但和实际问题有着本质的区别。数学模型的建立不仅需要对实际问题进行深入细微的观察和分析，而且需要灵活巧妙地利用各种数学知识。因此建立数学模型的过程是把错综复杂的实际问题简化、抽象为合理的数学结构的过程，在这个过程中就可能发现问题的本质及其能否求解，甚至找到求解该问题的方法和算法。

2．数学建模的一般步骤

图 5-2 是数学建模的一般步骤。

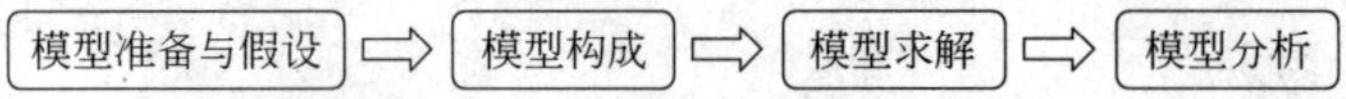

图 5-2　数学建模的一般步骤

（1）模型准备与假设。了解问题的实际背景及对象的特征，明确建模目的，对问题进行简化，用精确的语言做出假设。

（2）模型构成。根据假设分析对象的因果关系，利用对象的内在规律和适当的数学工具，构造各个量间的关系式。

（3）模型求解。采用解方程、画图形、证明假设、逻辑运算、数值运算等各种数学方法和计算机技术进行求解。

（4）模型分析。对模型进行误差分析和数据稳定性分析。

3. 数学建模举例

下面通过两个实例来看看如何对问题进行数学建模。

【例 5-1】　如果有 N 个人，其中每个人至多认识这群人中的 $n(n<N)$ 个人（不包括自己），则至少有两个人所认识的人数相等。

解：本问题可以采用抽屉原理进行数学建模。按每个认识人的个数，将 N 个人分别放入标有 $0,1,2,\cdots,n$ 的"抽屉"，将每个"抽屉"看作一个类，其中第 $k(0\leqslant k\leqslant n)$ 类表示认识 k 个人，这样形成 $n+1$ 个类。若 $n<N-1$，则 N 个人分成不超过 $N-1$ 个类，必有 2 个人属于同一类，也就是说有 2 个人所认识的人数相等；若 $n=N-1$，此时第 0 类和第 N 类必有一个为空集，所以不空的类至多为 $N-1$ 个，结论同样成立。

【例 5-2】　旅行商问题（简称 TSP 问题），也称货郎担问题或旅行推销员问题，大意是：有若干个城市，任意两个城市之间的距离已知，现有一个旅行商从某城市出发，必须经过每一个城市且每个城市只能去一次，最后回到原出发城市，问该旅行商应如何选择最短的路线使其旅行的费用最少。

解：TSP 问题可以被抽象为一个图，即由顶点和连接顶点的边构成的一种结构。首先给出一个定义：设 $v_1,v_2,\cdots,v_n$ 是图 G 中的 n 个顶点，若有一条从某一顶点 v_k 出发，经过各顶点一次且仅一次，最后返回出发点 v_k 的回路，则称此回路为哈密顿回路。

TSP 问题的数学模型为：假定有 n 个城市，记为 $V=\{v_1,v_2,\cdots,v_n\}$，假设 d_{ij} 表示从城市 v_i 到城市 v_j 的距离。问题的解是寻找城市的一个访问顺序 $T=\{t_1,t_2,\cdots,t_n\},t_i\in V$，使得 $\min\sum_{i=1}^{n}d_{t_it_j}$，这里假定 $t_{n+1}=t_1$。旅行问题的数学模型可表示为一个整数规划问题。

将 TSP 问题抽象为数学模型后，就可以列出每一条可供选择的路线（即对给定的城市进行排列组合），计算出每条路线的总距离，最后从中选出一条最短的路线。假设现在给定的 4 个城市分别为 A、B、C、D，已知各城市之间的距离，如图 5-3(a) 所示。假设出发城市为 A，则从 A 出发又回到 A 的所有可能的路线构成了一个状态空间图，如图 5-3(b) 所示，解状态空间 $\Omega=\{\{ABCDA\},\{ABDCA\},\{ACBDA\},\{ACDBA\},\{ADBCA\},$

{ADCBA}},从 Ω 中很快可以选出一条总距离最短的路线,即问题的解是{ABDCA}或者{ACDBA},最短距离是 19。TSP 问题的本质是:在所有可能的访问顺序 T 构成的解状态空间 Ω 上搜索使得 $\sum_{i=1}^{n} d_{t_i t_j}$ 最小的访问顺序。

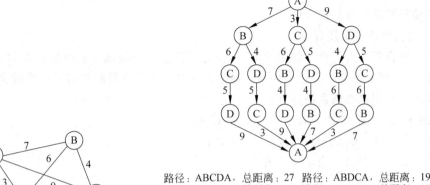

路径:ABCDA,总距离:27　路径:ABDCA,总距离:19
路径:ACBDA,总距离:22　路径:ACDBA,总距离:19
路径:ADBCA,总距离:22　路径:ADCBA,总距离:25

(a) TSP问题的一种抽象结构　　　　　　(b)TSP问题所有可能解

图 5-3　TSP 问题及其解状态空间

　　TSP 问题有着明显的实际意义,它的应用广泛渗透到各技术领域和人们的日常生活中,许多现实问题都可以归结为 TSP 问题。例如,邮递员到城市的各邮箱开箱取信的问题,各邮箱的位置相当于 TSP 问题中的城市,邮递员从一个邮箱到另一个邮箱所耗的时间相当于 TSP 问题中的旅行费用。再如,机器在电路板上钻孔的调度问题、集成电路布线规划问题、物流运输的路径规划问题等,都可以归结为 TSP 问题进行求解。实践证明,在大规模的生产过程中,寻找最短路径能有效地降低成本。

5.1.3　算法及描述方法

1. 算法的概念

　　在现实中做任何一件事情,无论其简单还是复杂,都要按照一定的步骤来完成,而且这些步骤有一定的先后顺序,只要合理地安排这些步骤,就会达到事半功倍的效果。用计算机解决问题也是如此,也需要事先设计出解决问题的方法及其对应的具体步骤,所有步骤就构成了计算机解决问题的算法。

　　因此,算法就是用为解决一个特定问题而采取的确定的、有限的操作指令,并且对于符合一定规范的输入,能够在有限的时间内获得要求的输出。例如,一首歌曲的乐谱也可以称为该歌曲的算法,因为它规定了歌唱者应该如何演唱(先唱什么、后唱什么、什么音节、什么音符、什么速度……),演奏者根据该歌曲的乐谱就能演奏出预定的乐曲;一件工艺品的加工流程、一道题的解题过程等都可以称为算法。

2. 算法的描述方法

算法的描述就是采用一定的方式将设计好的算法清楚、准确地记录下来。算法描述的方法没有统一的规定,计算机中常用的算法描述方法有自然语言、流程图、N-S流程图,伪代码等。无论哪种方式,基本要求都是能提供算法的无歧义的描述,以便能将描述的算法很容易地转换成计算机程序。

1) 用自然语言描述算法

自然语言就是人们日常使用的语言,描述的算法通俗易懂。但其缺点是含义往往不太严格,要根据上下文才能正确理解。特别是描述分支和循环时更容易产生歧义。因此,一般情况下不用自然语言描述算法。

【例 5-3】 用自然语言描述求解 6!的算法。

解:第 1 步   令 p＝1(p 代表乘积的变量)。

第 2 步   令 i＝1(i 表示要乘的变量)。

第 3 步   p＝p＊i。

第 4 步   i＝i＋1。

第 5 步   如果 i≤6,转向第 2 步并执行其后的各个步骤;否则执行第 5 步。

第 6 步   输出 p 的值(即输出所求之和)。

第 7 步   结束。

2) 用传统流程图描述算法

传统流程图是用几何图形来代表各种不同性质的操作,用流程线表示算法的执行方向,形象直观,简单方便,特别是在早期语言阶段,流程图成为程序员交流的重要手段。传统的流程图采用的符号是美国国家标准化协会(ANSI)规定的,如图 5-4 所示。

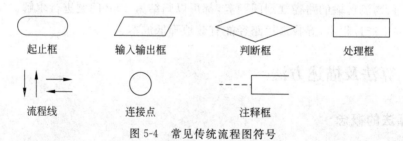

图 5-4   常见传统流程图符号

符号说明:

(1) 起止框:表示算法的开始和结束。一个算法只能有一个开始处,但可以有多个结束处。

(2) 输入输出框:表示数据的输入或计算结果的输出。

(3) 判断框:表示根据条件进行判断。

(4) 处理框:表示各种处理功能。

(5) 流程线:表示流程的执行方向。

(6) 连接点:用于连接因画不下而断开的流程线。

（7）注释框：用来对流程图中的操作做出必要的补充说明，以帮助阅读流程图的程序员更好地理解流程图的作用，注释框不是流程图中必要的部分。

【例 5-4】 用流程图描述求解 6! 的算法，结果如图 5-5 所示。

解： 流程图描述算法的不足之处是，随意地使用箭头控制算法的执行流程容易造成算法的层次结构混乱，降低了程序的可读性和可维护性，不适于自顶向下、逐步求精的程序开发方式。

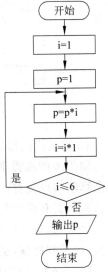

图 5-5　例 5-4 的传统流程图算法

3）用 N-S 流程图描述算法

为了解决传统流程图存在的不足，Bohra 和 Jacopini 提出了算法的 3 种基本结构：顺序结构、分支结构和循环结构。用这些基本结构按一定的规律组成的算法称为结构化算法。为了设计结构化算法，1973 年，美国学者 I. Nassi 和 B. Shneiderman 提出一种新的流程图，称为 N-S 流程图。N-S 流程图的基本符号如图 5-6 所示。用 3 种 N-S 流程图中的基本框，可以组成复杂的 N-S 流程图。可以看出，N-S 流程图完全去掉了带箭头的流程线，全部算法写在一个矩形框内。这种流程图又称 N-S 结构化流程图、盒图。N-S 流程图非常适合描述结构化程序或算法，能够较好地反映算法的层次结构，可读性好，具有自顶向下、逐步求精的特征。

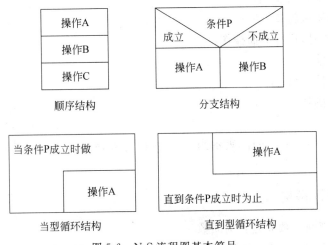

图 5-6　N-S 流程图基本符号

【例 5-5】 用 N-S 流程图描述求 6! 的算法，结果如图 5-7 所示。

解： N-S 流程图的优点是比文字描述直观形象、易于理解；比传统流程图紧凑易画，尤其是它废除了流程线，整个算法结构是由各个基本结构按顺序组成的，N-S 流程图中的上下顺序就是执行时的顺序。用 N-S 流程图表示的算法都是结构化的算法，因为它不可能出现流程无规律的跳转，而只能自上而下地顺序执行。

由此可知，一个结构化的算法是由一些基本结构按顺序组成的，每个基本结构可以包含其他的基本结构。基本结构之间是自上而下地顺序执行的。

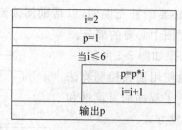

(a) 当型循环算法

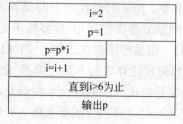

(b) 直到型循环算法

图 5-7　N-S 流程图

4）用伪代码描述算法

用传统的流程图和 N-S 流程图表示算法，虽然直观易懂，但画起来费时，在设计一个复杂算法时反复修改流程图是比较麻烦的。为了设计算法时方便，常采用伪代码，一种介于自然语言和计算机语言之间的文字和符号，来描述算法。它如同一篇文章一样，自上而下地写下来，每一行（或几行）表示一个基本操作。它不用图形符号，因此书写方便，格式紧凑，也比较好懂，适用于设计过程中需要反复修改的流程描述。

【例 5-6】 用伪代码表示求解 6! 的算法。

分析：

开始
　　置 t 的初值为 1
　　置 i 的初值为 2
　　当 i≤6 时，执行下面操作：
　　　　{ 使 t＝t＊i
　　　　　使 i＝i＋1}
　　输出 t 的值
结束

在本算法中采用当型循环，表示当 i≤6 时执行大括号内的循环体，这 3 行构成了一个循环结构。

3. 算法设计举例

【例 5-7】 判断整数 n 是否为质数。

分析：质数又称为素数，是只能被 1 或者自身整除的自然数。因此只需要用 n 依次去除以 $2\sim\sqrt{n}$，并判断每次相除后所得余数是否为零。如果某次相除后余数为零，则说明这个除数就是 n 的因数，则 n 不是质数；若余数始终不是零，则 n 就是素数。算法如图 5-8 所示，读者可自行转换成其他描述方式。

【例 5-8】 找出 n 个数中的最大数和最小数。

分析：对于具体的 n 个数，n 的大小是确定的，例如 $n＝100$，则表示在 100 个数中找出最大的数和最小的数。首先将这 100 个数输入到一个大小为 100 的数组 a 进行存储，则数组元素 $a[0]$，$a[1]$，$a[2]$，…，$a[99]$ 分别存放了数 1～100；然后用变量 max 存储当前找到的最大数，用变量 min 存储当前找到的最小数。

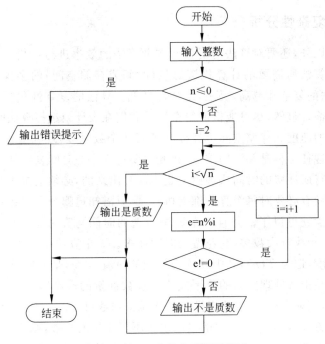

图 5-8　例 5-7 的传统流程图算法

　　采用"打擂"方式逐一判断最大数和最小数：先将 max＝a[0]，min＝a[0]，把 max 和

min 分别认为是最大数"擂主"和最小数"擂主"；

再将 a[1]与 max 比较，找出当前最大数"擂主"，

将 a[1]与 min 比较，找出当前最小数"擂主"；再

依次将 a[2]至 a[99]分别与 max 和 min 比较；

最后打印输出最大数 max 和最小数 min。

　　算法如图 5-9 所示，读者可自行转换成其他

描述方式。

输入100个数给a[0]~a[99]		
max=a[0], min=a[0]		
i=1		
当i≤99		
a[i]>max		
成立		不成立
	a[i]<min	
max=a[i]	成立	不成立
	min=a[i]	
i=i+1		
输出max和min		

图 5-9　例 5-8 的 N-S 流程图算法

5.1.4　算法分析

1. 算法的正确性分析

　　我们对设计出的算法自然会关心这些问题：该算法是正确的吗？算法的输出是否正

确？算法的输出是最优解还是可行解？如果是可行解，它与最优解的偏差还有多大？

　　解决上述问题的方法一般有两大类：一类是分析方法，即利用数学方法严格地证明

算法的正确性和算法的效果；另一类是仿真分析方法，即对于某一算法，例如 TSP 问题的

贪心算法，产生或选取大量的具有代表性的问题实例，利用该算法对这些问题实例进行求

解，并对算法产生的结果进行统计分析。不足的是，即使仿真分析方法对这些选取的问题

实例都能正确地求解，仍然也不能断定该算法对所有的问题实例均能正确求解，这也是仿

真分析方法的局限性。

2. 算法的复杂性分析

除了正确性以外,还要对算法的复杂性或者算法的效率进行分析。算法的复杂性主要体现在运行该算法所需要的计算机资源量(时间或存储空间)的多少上。所需资源越多,就认为该算法的复杂性越高;反之,复杂性越低。算法的复杂性包括时间复杂性和空间复杂性两个方面。显然,尽可能低的复杂性是我们在设计或选择算法时追求的目标。

由于计算机的速度和存储空间已经提高了好几个数量级,现在算法所需要的额外空间在一定意义上往往不再是关注的重点,在此主要对算法的时间复杂性进行分析。

一个算法执行所耗费的时间从理论上是不能算出来的,必须上机运行测试才能知道。但我们不可能也没有必要对每个算法都上机测试,只需知道哪个算法花费的时间多,哪个算法花费的时间少就可以了。并且一个算法花费的时间与算法中语句的执行次数成正比,哪个算法中语句执行次数多,它花费的时间就多。一个算法中的语句执行次数称为语句频度或时间频度,记为 $T(n)$,其中 n 称为问题的规模,$T(n)$ 是 n 的某个函数,这里所说的问题规模一般是指待处理问题的范围或待处理数据量的影响因素,通常用一些反映规模的参数来表达,例如 TSP 问题的规模就是指城市的数目。若有某个辅助函数 $f(n)$,使得当 n 趋近于无穷大时,$T(n)/f(n)$ 的极限值为不等于零的常数,则称 $f(n)$ 是 $T(n)$ 的同数量级函数。记作 $T(n)=O(f(n))$,称 $O(f(n))$ 为算法的渐进时间复杂度,简称时间复杂度。例如,$O(2n^2+n+1)=O(3n^2+n+3)=O(7n^2+n)=O(n^2)$,时间复杂度一般都只用 $O(n^2)$ 表示。

例如下面的程序段:

```
a=1;b=2;c=a+b;
```

3 条语句都只执行了一次,因此语句频度均为 1,该程序段的执行时间是一个与问题规模 n 无关的常数,因此算法的时间复杂度为常数阶,记作 $T(n)=O(1)$。

再如下面的程序段:

```
a=0;                        (频度 1 次)
b=1;                        (频度 1 次)
for(i=1;i<=n;i++)           (频度 n 次)
    for(j=1;j<=n;j++)       (频度 n 次)
        a=a+b;              (频度 n² 次)
```

该程序段的时间复杂度是 $T(n)=O(n^2+2n+2)=O(n^2)$。

一般情况下,对一个问题只需选择一种基本语句来讨论算法的时间复杂度即可,基本语句就是算法中执行次数最多的那条语句,通常是最内层循环的循环体。例如上面程序段中的 a=a+b;以及百钱买百鸡的程序中的 z=100－y－x;都是基本语句。

不难看出 TSP 问题的求解策略就是列出每一条可供选择的路线,计算出每条路线的总里程,最后从中选出一条最短的路线。对于具有 n 个城市的 TSP 问题,所有组合路径的数目是 $(n-1)!$,因此算法的时间复杂度是 $O((n-1)!)$。随着城市数目的不断增大,组合路径数将呈指数级急剧增长,以致达到无法计算的地步,这就是所谓的组合爆炸问题。

假设城市数目增加为 20 个,则组合路径数为 $(20-1)! \approx 1.216 \times 10^{17}$,若计算机以每秒检索 1000 万条路径的速度计算,也需要花上 386 年的时间。

按数量级递增排列,常见的时间复杂度有常数阶 $O(1)$,对数阶 $O(\log_2 n)$,线性阶 $O(n)$,线性对数阶 $O(n\log_2^n)$,平方阶 $O(n^2)$,立方阶 $O(n^3)$,……,k 次方阶 $O(n^k)$,指数阶 $O(2^n)$。随着问题规模 n 的不断增大,时间复杂度也不断增大,算法的执行效率越来越低。当算法的时间复杂度的表示函数是一个多项式,如 $O(n^2)$ 时,计算机对于大规模问题是可以求解的,但如果是指数阶 $O(2^n)$,计算机就无法求解了。

3. NP 问题

在计算复杂性理论中,将所有在多项式时间内可求解的问题称为 P 类问题,而将所有在多项式时间内可以验证的问题称为 NP 类问题。对于 NP 类问题,不能判定这个问题到底有没有解,而是首先找一个解,然后在多项式时间内证明这个解是否正确。常见的 NP 类问题有 TSP 问题、图的着色问题、哈密顿回路问题等,这些 NP 问题的求解算法非常复杂,要寻找一个最优算法需要花费很长的时间,但是解决这些 NP 问题又具有非常重要的现实意义。

5.2　数　据　结　构

问题求解算法设计时,还需要根据算法执行的操作来选择适合的数据结构进行数据的保存和处理,不同的数据结构设计会让算法的性能有所差异。通俗地讲,数据结构是由数据的逻辑结构、数据的存储结构及数据的运算等 3 部分组成。数据的逻辑结构描述数据之间的逻辑关系;数据的存储结构是指在反映数据逻辑关系的原则下,数据在存储器中的存储方式;数据的运算是指如何操作数据结构中的数据,例如如何插入、删除或查找一个数据元素等。

5.2.1　堆栈

我们在生活中都看到过摞盘子,如果需要把一堆盘子摞在一起,先放的盘子一定是在下面,后放的在上面,当取盘子用的时候要依次自上而下取盘子。假如把每个盘子看成是一个数据元素,则这些盘子有后放入先取出的特性,堆栈(stack)这种数据结构就具有类似于摞盘子的后进先出(Last In First Out,LIFO)的特性。

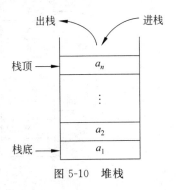

图 5-10　堆栈

1. 堆栈的定义

堆栈是一种特殊的线性数据结构,其特殊性在于只能在一端进行增加或删除元素的操作。这个所谓的"端"就是栈顶(top),如图 5-10 所示,栈顶元素是唯一可见元素。

2. 堆栈的基本操作

通常对一个堆栈进行的基本操作有以下几种:

(1) 新建一个堆栈并初始化。

(2) 判断是否是空栈。

(3) 判断堆栈是否满。

(4) 进栈(push):相当于插入,这时栈顶中会多出一个元素。

(5) 出栈(pop):相当于删除,这时堆栈中会少一个元素。

(6) 取栈顶元素:获取栈顶元素的值。

(7) 计算堆栈的大小:计算堆栈中元素的个数。

(8) 删除堆栈。

3. 堆栈的存储方式

堆栈有顺序存储和链式存储两种存储方式。顺序存储是指用一段地址连续的存储单元依次存储队列中的数据元素。链式存储是指用地址不连续的存储单元依次存储队列中的数据元素,这种存储方式除了存储数据元素之外,还要将相邻的数据元素的地址也存储下来。这两种存储结构的不同,则使得实现堆栈的基本运算的算法也有所不同。

我们要了解的是,在顺序栈中有上溢和下溢的概念。顺序栈好比一个盒子,我们在里面放了一摞书,当我们要用书时只能从最上面的一本开始拿。当我们把书放到这个栈中超过盒子的顶部时就放不下了,这时就是上溢,上溢也就是栈顶指针指出栈的外面,显然是出错。反之,当盒子中已没有书时,我们再去拿,就拿不到任何书,这就是下溢。下溢本身可以表示栈为空栈,因此可以用它来作为控制算法转移的条件。

链栈则没有上溢的限制,它就像是一条一头固定的链子,可以在活动的一头自由地增加链环(节点)而不会溢出。

下面通过一个简单的计算过程来看一下堆栈的用法。

给定一个算式 8+5*7−(9−3),首先可以利用堆栈将该计算式转换为后缀表达式(转换过程在此不作讲解,有兴趣的读者可参考其他教材):

$$8 \quad 5 \quad 7 \quad * \quad +9 \quad 3 \quad -\,-$$

该算式的计算过程如下(图 5-11):

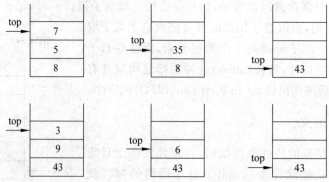

图 5-11　用堆栈计算表达式的值

（1）前3个字符放入栈中。

（2）接着读到一个"＊"号，所以7和5出栈，将计算的积35再压入栈中。

（3）接着读到一个"＋"号，所以35和8出栈，将计算的和43再压入栈中。

（4）再将9和3压入栈。

（5）接着读到一个"－"号，所以3和9出栈，将计算的差6再压入栈中。

（6）最后，又读到一个"－"号，所以6和43出栈，将计算的差37再压入栈中。

5.2.2　队列

1. 队列的定义

像堆栈一样，队列（queue）也是一种线性数据结构。然而，使用队列时只能在队列的一端进行插入操作，该端称为队尾（rear）；在队列的另一端进行删除操作，该端称为队头（front）。生活中的每次排队都是一个队列，例如去银行排队办理业务，去售票窗口排队买票，都是队列，因为服务的顺序是先来的先接受服务。如果把人看作数据，那么此时的人和人的位置关系便是线性的。

队列的操作原则是先进先出（First In First Out，FIFO），所以队列又称为FIFO表。

2. 队列的基本操作

队列的基本操作如下：

（1）把队列置为空。

（2）判断队列是否为空。

（3）判断队列是否已满。

（4）入队：相当于插入，这时队尾会多出一个元素。

（5）出队：相当于删除，这时队头会失去一个元素。

（6）取队头元素：获取队头元素的值。

3. 队列的存储方式

队列也有顺序存储和链式存储两种方式。对于顺序队列可以采用数组来实现，用两个变量记录队头和队尾的位置，再将实际存在于队列中的元素个数 size 记录下来。图 5-12(a)表示处于某个中间状态的一个队列。如果要将一个元素 x 入队，则使 rear 和 size 加1，然后让 queue[rear]$=x$，如图 5-12(b)所示。若使一个元素出队，则该出队元素一定是队头元素 queue[front]，只要使 size 减1，再使 front 加1，如图 5-12(c)所示。当然入队与出队都要考虑到队满和队空的特殊情况。

生活中队列的用途还有很多，例如在主机将数据输出到打印机时，会出现主机处理速度与打印机的打印速度不匹配的问题。这时主机就要停下来等待打印机。显然，这样会降低主机的使用效率。为此人们设想了一种办法：为打印机设置一个打印数据缓冲区，

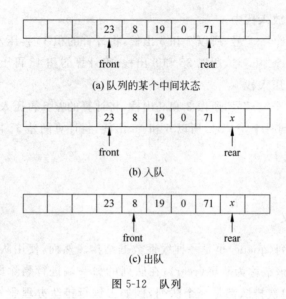

(a) 队列的某个中间状态

(b) 入队

(c) 出队

图 5-12　队列

当主机需要打印数据时,先将数据依次写入这个缓冲区,写满后主机转去做其他的事情,而打印机就从缓冲区中按照先进先出的原则依次读取数据并打印,这样做既保证了打印数据的正确性,又提高了主机的使用效率。由此可见,打印机缓冲区实际上就是一个队列。

5.2.3　树

对于大量的输入数据,线性数据结构访问速度太慢,可以采用一种更加简单的数据结构,这种数据结构称为树(tree),其大部分操作的平均运行时间为 $O(\log_2 n)$,在计算机科学领域中,树是非常有用的抽象概念。

1. 树的定义

树是 $n(n \geqslant 0)$ 个有限数据元素的集合,每个数据元素被称为节点。当 $n=0$ 时,称这棵树为空树。若 $n>0$,则在这棵非空的树 T 中:

- 有且仅有一个特殊的节点,称为根(root)节点。
- 当 $n>1$ 时,其余节点可以分为 k 个非空的子树 $T_1,T_2,\cdots,T_k$。

每一棵子树的根都被来自根节点的一条有向边(edge)所连接。每一棵子树的根叫做根节点的孩子(child)节点,而根节点是每一棵子树的根的父亲(parent)节点。图 5-13 是一棵树,节点 A 是根节点。

在这棵树中,节点 C 有一个父亲 A 并且有孩子 F 和 G。每一个节点可以有任意多个孩子节点,也可能没有孩子,没有孩子的节点称为叶(leaf)节点,如节点 D、E、G、H、M 和 N 都是叶节点。具有相同父亲的节点为兄弟(sibling)节点,如节点 B、C 和 D 是兄弟,F 和 G 是兄弟,H、M 和 N 是兄弟。

从节点 n_1 到 n_k 存在一条唯一路径(path),这条路径的长为该路径上的边的条数,即

$k-1$。从根节点到某个节点 n_i 的路径的长又称为节点 n_i 的深度(depth)；从节点 n_i 到一个叶节点的最长路径的长称为节点 n_i 的高度(height)。在图 5-13 中，节点 B 的深度为 1 而高为 1，节点 C 的深度为 1 而高为 2。

图 5-13　一棵树

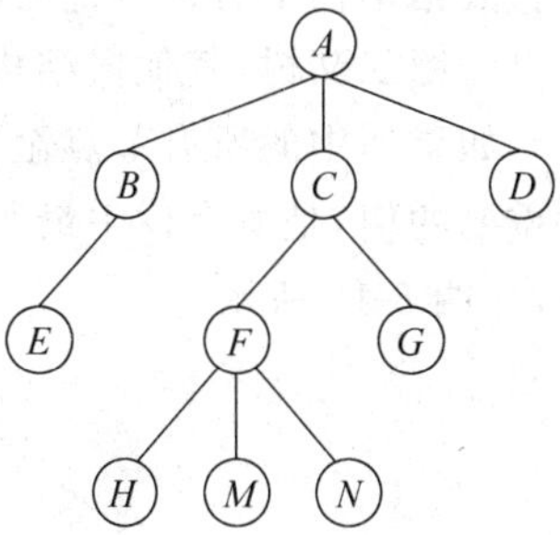

2. 树的基本操作

树的基本操作有以下几种：

(1) 初始化一棵空树 t。

(2) 求节点 x 所在树的根节点。

(3) 求树 t 中节点 x 的双亲节点。

(4) 求树 t 中节点 x 的第 i 个孩子节点。

(5) 求树 t 中节点 x 的第一个右边兄弟节点。

(6) 把以 s 为根节点的树插入到树 t 中作为节点 x 的第 i 棵子树。

(7) 在树 t 中删除节点 x 的第 i 棵子树。

(8) 树的遍历：按某种方式访问树 t 中的每个节点，且使每个节点只被访问一次。

3. 树的存储结构

由于树中某个节点的孩子可以有多个，这就意味着，无论用哪种顺序存储方式将树中所有的节点存储到一片连续的存储单元(如数组)中，节点的存储位置都无法直接反映谁是谁的父亲、谁是谁的孩子这样的逻辑关系。所以简单的顺序存储是不能满足树的实现要求的。利用顺序存储和链式存储结构的特点，完全可以实现对树的存储结构的表示。树中每个节点除了存储数据以外还会存储一些指向父亲或孩子的指针(指针即节点的地址)，这样便于访问其他节点信息。

树的表示法包括父亲表示法、孩子表示法、孩子兄弟表示法等，每种表示法都有其优点和不足。

例如孩子兄弟表示法是：声明树的节点时除了数据外，还存在一个指向第一孩子的指针和一个指向下一兄弟的指针，其节点结构如图 5-14 所示，从而图 5-13 中的树可以表示成图 5-15，其中符号"^"表示空指针。

data	firstchild	rightsib

图 5-14　节点结构

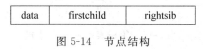

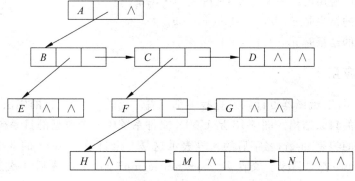

图 5-15　采用孩子兄弟表示法的存储形式

4. 二叉树

数据结构中有很多种树的结构,其中包括二叉树、二叉搜索树、2-3 树、红黑树等。本书只介绍二叉树,其他树结构可参考专门的数据结构教材。

如果树中的所有节点至多只能有两个孩子,这样的树称为二叉树。二叉树是一种非常重要的树,是所有树中最基础的结构。二叉树中包含满二叉树、完全二叉树两种特殊的树,如图 5-16 所示。

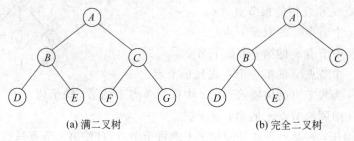

(a) 满二叉树   (b) 完全二叉树

图 5-16 二叉树

5. 树的遍历

遍历一棵树是指访问树的每个节点并对它们进行某种操作的过程。访问树的所有节点有 3 种方式:先序遍历、中序遍历和后序遍历。

(1) 先序遍历。若树为非空,则先访问根节点,再先序遍历左子树,最后先序遍历右子树。

(2) 中序遍历。若树为非空,则先中序遍历根节点的左子树,再访问根节点,最后中序遍历根节点的右子树。

(3) 后序遍历。若树为非空,则先后序遍历左子树,再后序遍历右子树,最后访问根节点。

图 5-17 所示的树表示的是一个表达式,叶节点是表达式的操作数,其他的节点是操作符。

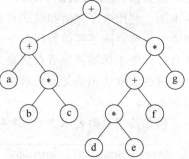

图 5-17 用树表示一个表达式

对该树先序遍历的结果是＋＋a＊bc＊＋＊defg。

中序遍历的结果是 a+b＊c+d＊e+f＊g。

后序遍历的结果是 abc＊＋de＊f+g＊＋。

6. 树的应用

树在操作系统、编译器设计以及查找中都有着广泛的应用,流行的用法之一是许多常用操作系统中的目录结构。图 5-18 是 UNIX 文件系统中一个典型的目录树。

这个目录的根是/user,名字后的 ＊ 号表示这是一个目录。/user 的 3 个孩子 music、document、picture 都是目录。文件名/user/music/mp3/s1.mp3 先后 3 次通过左边的孩子节点而得到。第一个"/"表示根目录,其余"/"都表示一条边。这个分级文件系统非常

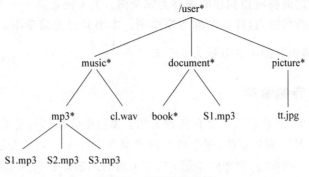

图 5-18   UNIX 目录树

流行,因为它不仅能够在逻辑上有效地组织数据,而且允许不同目录下的两个文件可以同名,因为它们的从根目录开始的路径不同。通过先序遍历,可以将目录中的各个文件的路径打印出来。

5.2.4   图

前面介绍的堆栈和队列都可看作特殊的线性表,线性表中的元素是一对一的关系,树中的元素是一对多的关系,本节介绍的图(graph)这种数据结构则是"多对多"的关系。图是一种复杂的非线性结构,在图中,每个元素都可以有零个或多个前驱,也可以有零个或多个后继,也就是说,元素之间的关系是任意的。

1. 图的定义

图由顶点的有穷非空集合和顶点之间边的集合组成,通常表示为 $G(V,E)$,其中,G 表示一个图,V 是图 G 中顶点的集合,E 是图 G 中边的集合。

2. 图的分类

按照图中所有的边有无方向可以把图分为无向图和有向图。图 5-19(a)为无向图,由顶点的集合 $V=\{A,B,C,D\}$ 和无向边的集合 $E=\{(A,B),(A,C),(A,D),(B,C),(C,D)\}$ 组成。图 5-19(b)是有向图,由顶点的集合 $V=\{A,B,C,D\}$ 和有向边的集合 $E=\{(A,B),(A,C),(B,C),(C,A),(D,A),(D,C)\}$ 组成,有向边又称为弧,每条弧有弧头和弧尾,如弧 (A,B) 的方向是从顶点 A 到顶点 B,其中 A 是弧尾,B 是弧头。

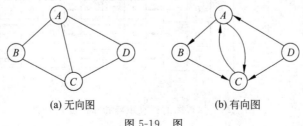

(a) 无向图   (b) 有向图

图 5-19   图

任意两个顶点之间都有边相连的图称为完全图。如果任意两个顶点之间无重复的边或者顶点没有到自身的边,这样的图称为简单图。本书只讨论简单图。对于 k 个顶点的简单无向图,它可能包含的边的数量为 $0 \leqslant |E| \leqslant \dfrac{k(k-1)}{2}$。

3. 图的主要存储结构

在计算机算法中,图的表示主要有两种方法:邻接矩阵或邻接链表。N 个顶点的邻接矩阵是一个 $N \times N$ 的布尔矩阵,图中每个顶点都由一行和一列来表示。如果从第 i 个顶点到第 j 个顶点之间有边,则矩阵中第 i 行第 j 列的元素等于 1;如果没有边,则等于 0。例如,图 5-19(a)所示无向图对应的邻接矩阵如图 5-20(a)所示。

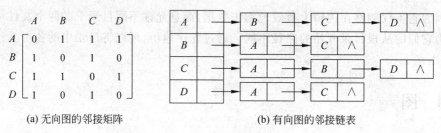

(a) 无向图的邻接矩阵　　　　　　　　　　(b) 有向图的邻接链表

图 5-20　图的两种存储形式

图或有向图的邻接链表采用数组和链表相结合的存储方法,其中每一个顶点用一个邻接链表表示,该链表包含了和该顶点邻接的所有顶点。图 5-19(b)所示的有向图对应的邻接链表如图 5-20(b)所示。

4. 加权图

加权图是一种给边赋了值的图,这些值称为边的权重或成本。之所以要研究这种图,是由于它有数目众多的现实应用,例如寻找交通网络或者通信网络两点间的最短路径,又如前面提到 TSP 问题,图 5-3(a)就是一个加权图。

邻接矩阵和邻接链表都可以很方便地表示加权图。如果用邻接矩阵表示加权图,当存在一条从第 i 个节点到第 j 个节点的边时,则矩阵中第 i 行第 j 列的元素就是这条边的权重;当不存在这条边时,则设置一个特殊的符号,例如 ∞,这样的矩阵就称为权重矩阵或成本矩阵。图 5-3(a)的加权图对应的权重矩阵如图 5-21(a)所示。加权图的邻接链表在节点中不仅包含邻接节点的名字,还必须包含相应边的权重,如图 5-21(b)所示。

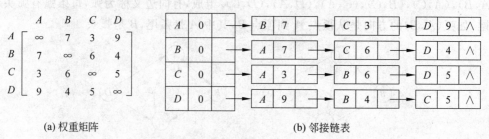

(a) 权重矩阵　　　　　　　　　　(b) 邻接链表

图 5-21　加权图的权重矩阵和邻接链表

5. 图的应用

图之所以成为一个令人感兴趣的对象,既有理论的原因,也有实践的原因。图可以对各种各样的实际应用进行建模,包括交通、通信、社会和经济网络,项目日程安排以及各种比赛。5.1.2 节中介绍的 TSP 问题就是一个经典的图问题。

5.3　算法设计的基本方法

在 5.1 节中提到,要使计算机能完成预定的工作,首先必须设计一个算法,然后再根据算法编写程序。然而,设计算法是一个非常困难的工作,计算机科学家在长期的算法研究过程中通过总结规律得出一些设计算法的基本方法,这些方法在解决实际问题中具有非常重要的意义。

5.3.1　穷举算法

1. 算法思想

穷举算法是针对问题可能解数量较少的算法,该算法的思想是:首先依据题目的部分条件确定答案的大致范围,然后在该范围内对所有可能的情况逐一验证,直到全部情况验证完为止。若某个情况验证符合题目的条件,则为该问题的一个解;若全部情况验证完后均不符合题目的条件,则该问题无解。穷举算法也称为枚举算法。

2. 算法举例

例如在 5.1.1 节中提出的百钱买百鸡问题就适合用穷举法求解。根据问题描述得出可买鸡翁的个数范围是 0～20,母鸡的个数范围是 0～33,可列出解这个问题的数学方程式:

$$\begin{cases} x+y+z=100 \\ 5x+3y+\dfrac{z}{3}=100 \end{cases}$$

这是一个不定方程组,适用于穷举法求解。求解的过程是:依次取 x 值域中的一个值,y 值域中的一个值,然后求 z 的值,满足条件的就是解。

5.3.2　回溯算法

1. 算法思想

回溯算法又称为试探法,是在搜索尝试过程中寻找问题解的方法。求解过程类似于"走迷宫"。回溯算法是一种选优搜索法,按选优条件向前搜索,以达到目标。但当探索到某一步时,发现原先的选择并不优或达不到目标,就退回一步重新选择,这种走不通就退回再走的技术为回溯算法,而满足回溯条件的某个状态的点称为回溯点。许多复杂的、规模较大的问题都可以使用回溯算法,它有通用解题方法的美称。回溯算法的思想是:通过对问题的归纳分析,找出求解问题的一个线索,沿着这一线索往前试探。若试探成功,即得到解;若试探失败,就逐步往回退,换其他路线再往前试探。因此,该算法又可以形象地描述为"向前走,碰壁就回头"。往往这种问题很难归纳出简单的数学模型。

2. 算法举例

【例 5-9】 N 皇后问题。

这个是一个比较经典的问题,将 N 个国际象棋中的皇后放在 $N \times N$ 的棋盘上,任何两个皇后都不能相互攻击,即它们不能同行,不能同列,也不能位于同一条对角线上。下面考虑 $N = 4$,即 4 皇后问题,并用回溯算法对它求解。

很显然,每个皇后只能单独放在一行、一列或一条对角线上。从空棋盘开始,然后把皇后 1 放在第一个可能位置上,即第一行第一列的格子,用(1,1)表示。对于皇后 2,在经过(2,1)和(2,2)的失败后,把它放在第一个可能的位置,就是(2,3),这被证明是一条无法继续的路径,因为皇后 3 将没有位置可放。所以该算法进行回溯,把皇后 2 放在下一个可能的位置(2,4),这样皇后 3 就可以放在(3,2),这又被证明是另一条无法继续的路径,因为皇后 4 将没有位置可放,所以该算法进行回溯,一直回溯到底,把皇后 1 移到第二个可能的位置(1,2),接着皇后 2 放到(2,4),皇后 3 放到(3,1),而皇后 4 放到(4,3),这就是该问题的一个解。图 5-22 给出了这个求解过程的状态空间树。其中×表示把皇后放在指定列的一次失败尝试,节点旁的数字指出了节点的生成次序。如果需要求另一个解,该算法只要从停下来的叶子开始,继续刚才的操作即可。

5.3.3 递归算法

1. 算法思想

递归是一种解决问题的特殊方法。其基本思想是:将要解决的复杂问题分解成比原问题规模小的类似子问题,而解决这个子问题时,又可以用原有问题的解决方法,按照这一原则,逐步分解转化下去,最终将原问题分解成较小且有已知解的子问题。这就是递归求解问题的方法。因此递归方法适用于一类特殊的问题,即分解后的子问题必须与原问题类似,并能用原来的方法解决子问题,且最简子问题是已知解的或易于求解的。

用递归求解问题的过程分为递推和回归两个阶段。递推阶段是将原问题不断地分解成子问题,逐渐从未知向已知推进,最终到达已知解的问题,递推阶段结束。回归阶段是从已知解的问题出发,按照递推的逆过程逐一求值,最后到达原问题,结束回归阶段,获得问题的解。

递归算法只需少量的代码就可描述出解题过程所需的多次重复计算,大大地减少了程序的代码量。

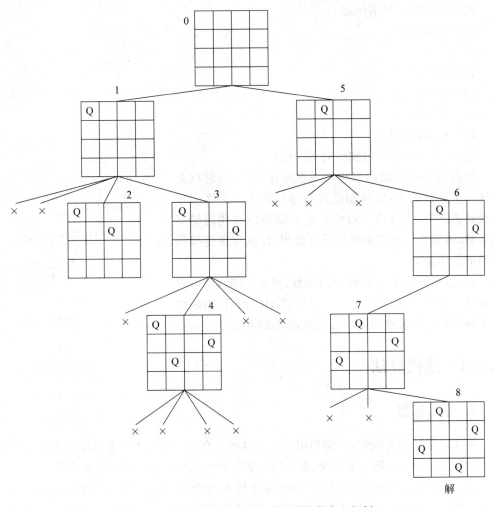

图 5-22 用回溯算法解 4 皇后问题的状态空间树

2. 算法举例

【例 5-10】 计算 5！的值。

分析：由于 4！的求解方法与 5！类似，所以如果能求出 4！，则 5×4！就能得到 5！，很明显，求解 4！比求解 5！的规模小，问题得到了简化。以此类推，直到把问题简化到 0！为止，0！是已知的，有已知解 1，这个不断简化的过程就是递推。

递推阶段如下：

5！＝5×4！

4！＝4×3！

3！＝3×2！

2！＝2×1！

1！＝1×0！

0！＝1（是已知解的问题）

回归阶段如下：

0！＝1

1！＝1×0！＝1

2！＝2×1！＝2

3！＝3×2！＝6

4！＝4×3！＝24

5！＝5×4！＝120（得到原问题的解）

用递归解决问题的思想体现在程序设计中，可以先定义一个递归函数，对该函数进行递归调用。在许多程序设计语言中，经常将一段常用的功能模块或代码编写成函数，函数可以在需要时被反复使用，以减少重复编写代码的工作量。

因此，可以定义一个求 n！的函数，当 $n＝5$ 时，就可以计算出 5！的值。假设函数 $f(n)$ 是计算 n！的函数，则函数在被调用执行时递推与回归过程如图 5-23 所示。

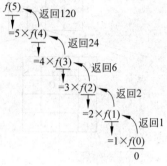

图 5-23　递归调用过程

5.3.4　迭代算法

1．算法思想

迭代算法又称为辗转法，是利用问题本身所具有的一种递推关系求解问题的方法，该算法的基本思想是：把一个复杂、庞大的计算过程转化为简单过程的多次重复，该算法充分利用了计算机运算速度快和适合做重复性操作的特点，让计算机重复执行一组指令或一定步骤，在每次执行这组指令或步骤时，都从变量的旧值推出它的一个新值，逐步推出问题最终的结果。

迭代是数值分析中通过从一个初始估计值出发寻找一系列近似解来解决问题（一般是解方程或者方程组）的过程。

利用迭代算法解决问题，需要做好以下 3 个方面的工作：

（1）确定迭代变量。在可以用迭代算法解决的问题中，至少存在一个直接或间接地不断由旧值递推出新值的变量，这个变量就是迭代变量。

（2）建立迭代关系式。所谓迭代关系式，指从变量的前一个值推出其下一个值的公式。迭代关系式的建立是解决迭代问题的关键，通常可以使用递推或倒推的方法来完成。

（3）对迭代过程进行控制。在什么时候结束迭代过程，这是编写迭代程序必须考虑的问题。不能让迭代过程无休止地重复执行下去。迭代过程的控制通常可分为两种情况：一种是所需的迭代次数是一个确定的值，可以计算出来，可以构建一个固定次数的循环来实现对迭代过程的控制；另一种是所需的迭代次数无法确定，需要进一步分析出用来结束迭代过程的条件。

2. 算法举例

【例 5-11】 一个饲养场引进一只刚出生后的新品种兔子,这种兔子从出生后的下一个月开始,每月新生一只兔子,新生的兔子也如此繁殖。如果所有的兔子都不死去,到第 12 个月时,该饲养场共有多少只兔子?

分析:

(1) 确定迭代变量。

假设第 1 个月时兔子的只数为 $Y(1)$,第 2 个月时兔子的只数为 $Y(2)$,第 3 个月时兔子的只数为 $Y(3)$……,根据题意,这种兔子从出生后的下一个月开始,每月新生一只兔子,则有:

$$Y(1) = 1$$
$$Y(2) = Y(1) + Y(1) \times 1 = 2$$
$$Y(3) = Y(2) + Y(2) \times 1 = 4$$

(2) 建立迭代关系式。

易得迭代关系式为 $Y(n) = Y(n-1) + Y(n-1) \times 1 = Y(n-1) \times 2$。

(3) 对迭代过程进行控制。

定义 n 为 2~12 的整数,当 n 大于 12 时,跳出循环。

一般情况下,对于一个复杂的问题,只要知道解的大致范围,再确定解区间,并且判断该区间收敛,然后选取近似初始值进行迭代计算,基本上就可以得到比较精确的解。

5.3.5　贪心算法

1. 算法思想

贪心算法主要是为解决在不回溯的前提下找出整体最优解或者接近最优解的问题而设计的。算法思想是:找出整体当中每个小的局部最优解,并且将所有的局部最优解合起来形成整体最优解。"眼下能够拿到的就拿"的策略是这类算法名称的由来。算法的具体思路是:从问题的某一个初始解出发一步一步地进行,每一步都要确保能获得局部最优解,当算法终止时,如果局部最优解就是全局最优解,那么算法就是正确的;否则,算法得到的是一个次最优解。贪心算法不是对所有问题都能得到整体最优解,关键是贪心策略的选择,选择的贪心策略必须具备无后效性,即某个状态以前的过程不会影响以后的状态,只与当前状态有关。

能够用贪心算法求解的问题必须满足两个性质:

(1) 整体最优解可以通过局部最优解求出。

(2) 一个整体能够被分为多个局部,并且这些局部都能够求出局部最优解。

用贪心算法求解问题时,首先需要建立描述问题的数据模型;然后把求解的问题分成若干个子问题;接着对每一个子问题求解,得到子问题的局部最优解;最后把子问题的局部最优解合成原问题的解。

2. 算法举例

【例 5-12】 活动安排问题。

这是一个适合用贪心算法求解的问题,假定包含 n 个活动的集合 $S=\{a_1,a_2,\cdots,a_n\}$,其中每个活动都要求使用同一资源,如演讲会场等,活动 a_i 的举办时间为 $[s_i,f_i]$,$0\leqslant s_i<f_i$,其中 s_i 和 f_i 分别为开始时间和结束时间。假定集合 S 中的活动都已经按照活动结束时间递增的顺序排列好。由于某些原因,这些活动在同一时刻只能有一个被举办,也就是说,任意的两个活动 a_i 与 a_j 在举办时间上都不能有交叉,这样的两个活动 a_i 与 a_j 就是相容的。因此,希望选出一个最大的时间相容活动集。

例如,给出如表 5-1 所列的活动集 S。

表 5-1　活动集 S

活动	a_1	a_2	a_3	a_4	a_5	a_6	a_7	a_8	a_9	a_{10}	a_{11}
s_i	1	3	0	5	3	5	6	8	8	2	12
f_i	4	5	6	7	9	9	10	11	12	14	16

其中,子集 $\{a_3,a_9,a_{11}\}$ 是相容活动集,但它不是一个最大集,因为子集 $\{a_1,a_4,a_8,a_{11}\}$ 和 $\{a_2,a_4,a_9,a_{11}\}$ 都是更大的相容活动集。

对于这个问题,直观上我们可以想象,要想举办的活动更多,每次在选择活动时,应尽量选择最早结束的活动,这样可以把更多的时间留给其他的活动。基于这种贪心策略,可以设计一个集合 A 来存储所选择的活动,用一个变量 j 来记录最近一次加入 A 中的活动,由于输入的活动都是按照其结束时间递增排序的,所以 f_j 总是当前集合 A 中所有活动的最晚结束时间,即 $f_j=\max\limits_{k\in A}f_k$。算法一开始选择活动 a_1,并将 j 初始化为 1,然后依次检查活动 a_i 是否与当前已选择的所有活动相容,若相容,则将活动 a_i 加入到已选择活动的集合 A 中,否则不选择该活动加入 A,接下来继续检查下一活动与集合 A 的相容性。由于 f_j 总是当前集合 A 中所有活动的最晚结束时间,故活动 a_i 与当前集合 A 中所有活动相容的充分且必要的条件是 $s_i\geqslant s_j$;若活动 a_i 与 A 中各活动相容,则 a_i 成为最近加入集合 A 中的活动,因而取代活动 a_j 的位置。由于输入的活动是以其结束时间递增排序的,所以每次都是选择具有最早完成时间的相容活动加入集合 A 中。贪心算法并不总能求得问题的整体最优解,但对于活动安排问题,上述贪心算法是可以找到整体最优解的。可见,如果贪心策略选择得正确,按照该选择方法,就能将所有选择的结果组合成原问题的最优解。

5.3.6　动态规划算法

1. 算法思想

动态规划算法的基本思想是:如果问题是由交叠的子问题构成的,就可以用动态规划技术来解决。一般来说,这样的子问题出现在对给定问题求解的递推关系中,这个递推关系中包含了相同类型的更小子问题的解。动态规划算法建议,与其对交叠的子问题一次又一次地求解,还不如对每个较小的子问题只求解一次,并把结果记录在表中,这样就可以从表中得到原始问题的解。著名的斐波那契数列的求解就是这样的一个问题。以下是斐波那契数列:

$$0,1,1,2,3,5,8,13,21,34,\cdots$$

很显然,这个数列可以用一个简单的递推式和两个初始条件来定义。

$$f_n = \begin{cases} f(n-1)+f(n-2) & n>1 \qquad (1) \\ 1 & n=0,1 \qquad (2) \end{cases}$$

斐波那契数列最初是为了解决"兔子繁殖问题"而提出的,从那以后不仅在自然界中发现了许多和这个数列相关的例子,而且人们还能用它来预测商品和证券的价格。在此简要叙述求解斐波那契数列第 n 项的算法。由于数列的第 n 项是第 $n-1$ 项与第 $n-2$ 项之和,根据这个特征,可以用递归算法来求解数列第 n 项。如果采用递归算法,从递推式中可以预测到该算法的效率并不高,因为递推式中含有两个递归调用,计算 $f(n)$ 转换为计算它的两个更小的交叠子问题 $f(n-1)$ 和 $f(n-2)$,而这两个子问题的规模仅比 n 略小一点,递归调用过程可以用图 5-24 的递归调用树来表示,其中给出了 $n=5$ 时的一个例子,可见,相同的项被一遍一遍地重复计算,例如 $f(3)$ 被计算了 2 次,$f(2)$ 被计算了 3 次,而随着 n 值的增大,这些重复计算的增长是爆炸性的,很明显这是一种效率低下的算法。

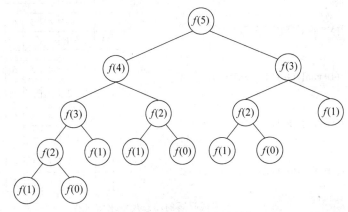

图 5-24　$f(6)$ 的递归调用树

如果只对斐波那契数列的连续元素进行迭代计算,可以得到一种更快的算法。例如,在一个一维数组中先存储数列的初始项 0 和 1,然后以式(1)作为运算规则计算出其他所有的项。显然最后一次计算就可以得到 $f(n)$,而只要进行 $n-1$ 次加法运算就可以。

动态规划算法的大多数应用都是求解最优化问题,对这样的问题大部分都存在一个最优化法则,该法则认为最优化问题任一实例的最优解都是由其子实例的最优解构成的。

2. 算法举例。

【例 5-13】 找零钱问题。

现存有一堆面值由小到大依次为 $v_1,v_2,\cdots,v_m$ 的硬币,其中 $v_1=1$,并且每种面值的硬币数量都是无限多的。最少需要多少个硬币才能凑成总金额为 n 的零钱？

用动态规划算法求解这个问题，首先要递归地定义最优值。

设 $Y(n)$ 为总金额为 n 的数量最少的硬币数目，则 $Y(0)=0$。那么获得 n 的途径是：在总金额为 $n-v_i$ 的一堆硬币上再放进一个面值为 v_i 的硬币，其中 $1 \leqslant i \leqslant m$，并且 $n > v_i$。因此只需要考虑满足上述要求的 v_i 并选择使得 $Y(n-v_i)+1$ 最小的 v_i 即可。因此可以得到如下的递归公式：

$$Y(n) = \begin{cases} \min\limits_{j:n \geqslant v_j}\{Y(n-v_i)\} & n > 1 \\ 0 & n = 0 \end{cases} \quad \begin{matrix}(3)\\(4)\end{matrix}$$

在图 5-25 中，用一张一维表格来模拟求 $Y(6)$ 的过程。假设有数量无限的面值为 1、3、4 元的硬币。

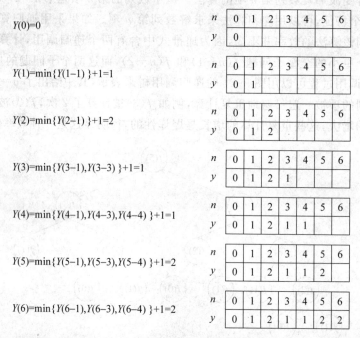

$Y(0)=0$

n	0	1	2	3	4	5	6
y	0						

$Y(1)=\min\{Y(1-1)\}+1=1$

n	0	1	2	3	4	5	6
y	0	1					

$Y(2)=\min\{Y(2-1)\}+1=2$

n	0	1	2	3	4	5	6
y	0	1	2				

$Y(3)=\min\{Y(3-1),Y(3-3)\}+1=1$

n	0	1	2	3	4	5	6
y	0	1	2	1			

$Y(4)=\min\{Y(4-1),Y(4-3),Y(4-4)\}+1=1$

n	0	1	2	3	4	5	6
y	0	1	2	1	1		

$Y(5)=\min\{Y(5-1),Y(5-3),Y(5-4)\}+1=2$

n	0	1	2	3	4	5	6
y	0	1	2	1	1	2	

$Y(6)=\min\{Y(6-1),Y(6-3),Y(6-4)\}+1=2$

n	0	1	2	3	4	5	6
y	0	1	2	1	1	2	2

图 5-25　找零钱问题的动态规划求解过程

图 5-25 中最后一次引用公式时，最小值是由 $v_2=3$ 产生的，因此，对于 $n=6$ 的最优硬币集合就是 2 个面值为 3 的硬币。

5.3.7　进化算法

1. 算法思想

进化算法是受生物进化过程中"优胜劣汰"的自然选择机制和遗传信息的传递规律的影响而产生的，该算法通过程序迭代模拟这一过程，把要解决的问题看作环境，在一些可能的解组成的种群中，通过自然演化寻求最优解。

2. 算法举例

【例5-14】 遗传算法。

遗传算法是进化算法中一个非常有代表性的算法,该算法是借鉴了生物界的进化规律演化而来的通用搜索方法,它是由美国的 Holland J. H. 教授在 1975 年提出的,借鉴了达尔文的生物进化论和孟德尔的遗传定律的基本思想,并对其进行提取、简化与抽象。遗传算法通过选择、交叉和变异来实现个体的更新和重组,强调交叉操作对产生新型基因的作用胜过变异操作。遗传算法已被人们广泛地应用于组合优化、机器学习、信号处理、自适应控制和人工智能等领域。它是现代智能计算中的关键技术。

遗传算法是从代表问题可能的潜在解集的一个种群开始的,而该种群是由经过基因编码的一定数目的个体组成的,每个个体的染色体带有一定特征。我们知道染色体作为遗传物质的主要载体决定了个体的形状的外部表现。从外部表现到仿照基因编码工作很复杂,因此往往对其简化成进行二进制编码。初代种群产生之后,按照适者生存和优胜劣汰的原理,逐代演化产生出越来越好的种群,也就是近似解。在每一代,根据问题域中个体的适应度大小选择个体,并借助于自然遗传学的遗传算子进行组合交叉和变异,产生出代表新的解集的种群,这个过程将导致种群像自然进化一样,后代种群比前代种群更加适应于环境。末代种群中的最优个体经过解码,可以作为问题近似最优解。可以通过图5-26所示的遗传算法的流程图对其有更进一步的理解。

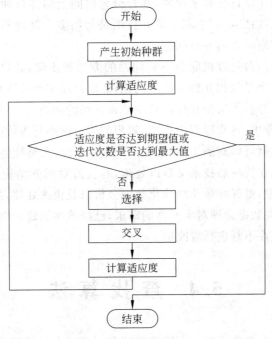

图 5-26 遗传算法流程

其中适应度是每个个体对环境的适应程度。为了体现染色体的适应能力,引入了对问题中的每一个染色体都能进行度量的函数,叫适应度函数。这个函数是计算个体在群体中被使用的概率。当最优个体的适应度达到给定的阈值,或者最优个体的适应度和群体适应度不再上升时,或者迭代次数达到预设的代数时,算法终止。

5.3.8 并行算法

1. 算法思想

要了解并行算法,首先要解并行计算。并行计算是指同时使用多种计算资源解决计算问题的过程。并行计算的主要目的是快速解决大型、复杂的计算问题,此外,其目的还包括:利用非本地资源,节约成本,使用多个"廉价"计算资源取代大型计算机,同时克服单个计算机上存在的存储器限制。传统上,串行计算是指在单个计算机(具有单个中央处理器)上执行软件写操作。CPU 使用一系列指令解决问题,但在任一时刻只能执行一条指令并行计算是在串行计算的基础上演变而来的,它模拟自然世界中的事务状态:一个序列中同时发生的、复杂且相关的事件。

通常并行计算解决的计算问题表现出以下特征:

(1) 将工作分离成离散部分,有助于同时解决。

(2) 及时地执行多个程序指令。

(3) 多计算资源下解决问题的耗时要少于单个计算资源下的耗时。

并行计算是相对于串行计算来说的,并行分为时间上的并行和空间上的并行。时间上的并行就是指流水线技术,而空间上的并行则是指用多个处理器并发地执行计算。并行计算科学主要研究空间上的并行问题。

并行算法就是用多台处理机联合求解问题的方法和步骤,其执行过程是:将给定的问题首先分解成若干个尽量相互独立的子问题,然后使用多台计算机同时求解它,从而最终求得原问题的解。并行算法是并行计算中非常重要的问题。

例如,互联网行业中,日常运营中生成、累积的用户网络行为数据规模日益剧增,互联网一天产生的全部数据可以刻满 1.68 亿张 DVD,可以说,人类社会已经步入了大数据时代。然而大数据用现在的一般技术又难以处理,并且海量的非结构化数据带来的并不仅仅是存储、传输的问题,做好海量非结构化数据分析以及快速处理,从而更好地服务客户,提高业务效率,满足大数据处理对实时性的需求,已经迫在眉睫。以并行计算为基础的大数据并行处理技术也在不断进行着改进。

5.4 查找算法

查找是在大量的信息中寻找一个特定的信息元素。在计算机应用中,查找是常用的基本运算,例如编译程序中符号表的查找。常见的查找算法有顺序查找、折半查找、分块查找及哈希查找等。每一种查找算法都有其局限性,可以根据具体问题选择合适的算法。本节概要地介绍几种常见的查找算法。

5.4.1　顺序查找

顺序查找适合存储结构为顺序存储或链接存储的线性数据结构。顺序查找也称为线性查找，属于无序查找算法。

1. 算法思想

顺序查找过程从线性结构的一端开始，向另一端逐个按给定值 k 与当前扫描到的节点数据进行比较。若两者相等，则表示查找成功，并给出数据元素在表中的位置；若直到扫描结束仍未找到与 k 相等的节点数据，则查找失败，并给出失败信息。简单地说，顺序查找就是从头到尾，逐个比较。

2. 算法举例

【例 5-15】 已知在数组 a 中存在 n 个互不相同的整数，现给定一个待查找的数据 x，要求用顺序查找法在数组 a 中查找 x。如果 x 存在，给出该数在数组中的位置；如果 x 不存在，则输出查找失败的提示信息。算法的 N-S 流程图如图 5-27 所示。

分析：假设 $n=100$，则 a 数组的 $a[0]\sim a[99]$ 中分别存放了这 100 个互不相同的整数，然后从数组元素 $a[0]$ 开始依次与查找的数据 x 进行比较。如果找到相同的数据，则输出该数在数组中的位置，并结束比较过程；如果比较结束时仍未找到，则输出查找失败的提示信息。

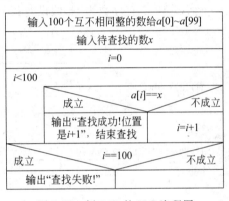

图 5-27　例 5-15 的 N-S 流程图

3. 算法时间复杂度

假设每个数据元素的查找概率相等，则查找成功时的平均查找长度为 $ASL=(1+2+\cdots+n)/n=(n+1)/2$；当查找不成功时，需要 $n+1$ 次比较。所以顺序查找的时间复杂度为 $O(n)$。顺序查找的优点是对表中的数据元素的存储没有要求。缺点是当 n 很大时，平均查找长度较大，效率低。

5.4.2　折半查找

1. 算法思想

折半查找是针对有序数据的一种查找方式，并且只适用于顺序存储结构的数据，一旦删除或插入了数据，就会影响查找效率。

对于给定的一组有序数,首先取中间数据元素作为比较对象。若给定值与中间数据元素正好相等,则查找成功;若给定值小于中间数据元素,则在中间数据元素的左半区开始查找;若给定值大于中间数据元素,则在中间数据元素的右半区继续查找。不断重复上述查找过程,直到查找成功,或者最终的查找范围为空,查找失败。

2. 算法举例

【例5-16】 已知在数组 a 中存在 n 个有序的整数,现给定一个待查找的数据 x,要求用折半查找法在数组 a 中查找 x,如果 x 存在,给出该数在数组中的位置;如果 x 不存在,则输出查找失败的提示信息。

分析:首先用数组存储给出的 n 个有序数据,本例中仍取 $n=100$,用数组 a 存储;用变量 x 存储要查找的数。首先比较数组的中间数据 $a[49]$ 与 x 的大小。如果 x 与 $a[49]$ 相等,则查找成功,输出该数的位置,查找结束;如果 $x<a[49]$,则新的查找范围变成 $a[0]\sim a[48]$;如果 $x>a[49]$,则新的查找范围变成 $a[50]\sim a[99]$;再比较新的查找范围中间的数据与 x 的大小,重复以上操作,直到找到 x 或者新的查找范围为空,查找结束。

下面以 10 个有序数为例,假设查找的数 $x=54$,折半查找的过程如图 5-28 所示。

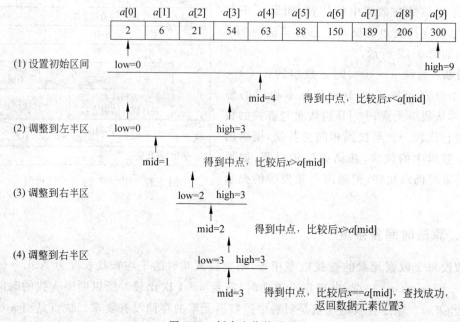

图 5-28 折半查找的过程

3. 算法时间复杂度

折半查找算法每一次都使搜索范围缩小一半,因此是一种效率较高的查找算法。折半查找的时间复杂度为 $O(\log_2 N)$。算法的 N-S 流程图如图 5-29 所示。

虽然折半查找效率高,但是要求所有数据有序,而排序本身是一种很费时的运算,所以折半查找适用于那些一经建立就很少改动而又经常需要查找的线性数据。

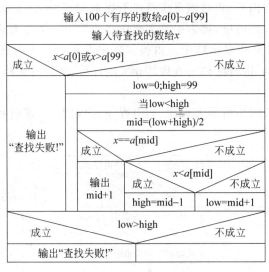

图 5-29 例 5-16 的 N-S 流程图

5.4.3 网络搜索引擎

浏览网页几乎已经成为每个人获取信息和知识最重要的途径。网络上的海量网页是通过一种简单的机制——超链接联系到一起的,当点击带有超链接的网页时,浏览器会将用户引导到另一个页面。面对 Internet 上海量的网页,用户必须借助于搜索引擎来获得想要寻找的页面。

1. 搜索引擎的定义

搜索引擎是指根据一定的策略,运用特定的计算机程序从互联网上搜集信息,在对信息进行组织和处理后,为用户提供检索服务,将与用户检索相关的信息展示给用户的系统。百度和谷歌是搜索引擎的代表。

2. 搜索引擎的工作原理

搜索引擎工作过程可以分为以下 3 步:

(1) 爬行和抓取。每个独立的搜索引擎都有自己的网页抓取程序,它通过一定的规则追踪网页中的超链接,从一个链接"爬"到另一个链接,连续地抓取网页,就像蜘蛛在网上爬行一样,所以也被称为"蜘蛛"或"机器人"。为了提高爬行和抓取速度,搜索引擎都是使用多个蜘蛛并发地爬行。由于互联网中超链接的应用很普遍,理论上,从一定范围的网页出发,就能搜集到绝大多数的网页。搜索引擎将抓取的数据存入原始页面数据库,其中的页面数据与用户浏览器得到的网页是完全一样的。蜘蛛在抓取页面时,也做一定的重复内容检测,一旦遇到有大量抄袭、采集或复制内容的网页,就可能不再抓取。

(2) 预处理。搜索引擎对抓取的页面要进行各种预处理,如提取文字、消除广告和版权声明文字等这些噪音内容,再对网页信息进行提取和组织,建立索引数据库;为了保证用户查找信息的精度和新鲜度,搜索引擎需要建立并维护一个庞大的索引数据库。

（3）对文档进行排名并显示结果。由检索器根据用户输入的查询关键字,在索引数据库中快速检索出文档,进行文档与查询的相关度评价,然后对文档进行排名并将结果显示给用户。

一般的搜索引擎由网络机器人程序、索引程序、搜索程序、索引数据库等部分组成,如图 5-30 所示。

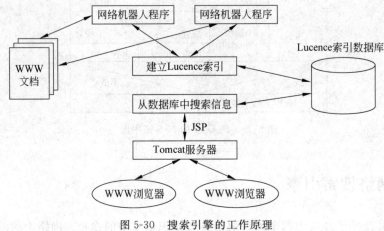

图 5-30　搜索引擎的工作原理

3. 搜索引擎的分类

搜索引擎主要分为以下三类。

1）全文搜索引擎

该类搜索引擎的自动信息搜集功能分两种。一种是定期搜索,即每隔一段时间(如Google 一般是 28 天),搜索引擎主动派出"蜘蛛"程序,对一定 IP 地址范围内的互联网网站进行检索,一旦发现新的网站,它会自动提取网站的信息和网址加入自己的数据库。另一种是提交网站搜索,即网站拥有者主动向搜索引擎提交网址,搜索引擎在一定时间内(两天到数月不等)定向对该网站派出"蜘蛛"程序,扫描网站并将有关信息存入数据库,以备用户查询。目前搜索引擎索引规则发生了很大变化,网站拥有者主动提交网址并不保证自己的网站能进入搜索引擎数据库。

当用户以关键词查找信息时,搜索引擎会在数据库中进行搜索,如果找到与用户要求内容相符的网站,便采用特殊的算法,即通常根据网页中关键词的匹配程度、出现的位置、频次、链接质量等方面计算出各网页的相关度及排名等级,然后根据关联度高低,按顺序将这些网页链接返回给用户。

2）目录索引

目录索引是因特网上最早的 WWW 资源查询服务,主要通过搜集和整理互联网的资源,根据搜索到的网页内容,将其网址分配到相关分类主题目录的不同层次的类目之下,形成像图书馆目录一样的分类树形结构索引。使用目录索引时,无须输入任何文字,只要根据网站提供的主题分类目录，层层点击进入，便可查到所需的网络信息资源。

虽然目录索引有搜索功能，但严格意义上不能称为真正的搜索引擎，只是按目录分类的网站链接列表。用户完全可以按照分类目录找到所需要的信息，不依靠关键词进行查询。并且目录索引完全依赖手工操作，不能实现自动网站检索。

3）元搜索引擎

元搜索引擎接受用户查询请求后，同时在多个搜索引擎上搜索，并将结果返回给用户。著名的元搜索引擎有 InfoSpace、Dogpile、Vivisimo 等，中文元搜索引擎中具代表性的是搜星搜索引擎。在搜索结果排列方面，有的直接按来源排列搜索结果，如 Dogpile；有的则按自定的规则将结果重新排列组合，如 Vivisimo。

综上所述，目前绝大部分搜索引擎是全文搜索引擎。

5.5　排　序　算　法

排序是现实世界中最常见的问题，其本质是对一组对象按照某种规则进行有序排列的过程，通常是把一组对象整理成按关键字递增或递减排列。所谓关键字是对象的某些用于排序的特性。例如对一个组人进行排序，可以按照年龄、身高或者体重等特性进行排序。在计算机科学中排序对象是多种多样的，从结构化数据的排列到非结构化数据的排列，从数值数据按大小关系排序到非数值数据按字典顺序排序等。排序是大规模数据处理算法的基础，在很多领域受到重视。

5.5.1　选择排序

1．算法思想

选择排序是一种简单直观的排序算法。它的工作原理很容易理解：初始时在序列中找到最小（或最大）元素，放到序列的起始位置作为已排序序列；然后，从剩余未排序元素中继续寻找最小（或最大）元素，放到已排序序列的末尾；以此类推，直到所有元素均排序完毕。

2．算法举例

【例 5-17】　用选择法对 a 数组的 5 个数组元素从小到大排序。

分析：首先选择 $a[0]$ 为对象，与它后面所有的元素依次比较，若后面的元素小，则与 $a[0]$ 交换，使 $a[0]$ 最小；其次将 $a[1]$ 与它后面所有的元素依次比较，使 $a[1]$ 为 $a[1]\sim a[4]$ 中最小的元素；以此类推，直到最后的 $a[3]$ 与它后面的 $a[4]$ 比较，使 $a[3]$ 为 $a[3]$ 和 $a[4]$ 中最小的元素。这样即实现了对元素由小到大排序。选择排序的过程如图 5-31 所示。

3．算法时间复杂度

选择排序的时间复杂度为 $O(n^2)$。选择排序是不稳定的排序算法，不稳定发生在最

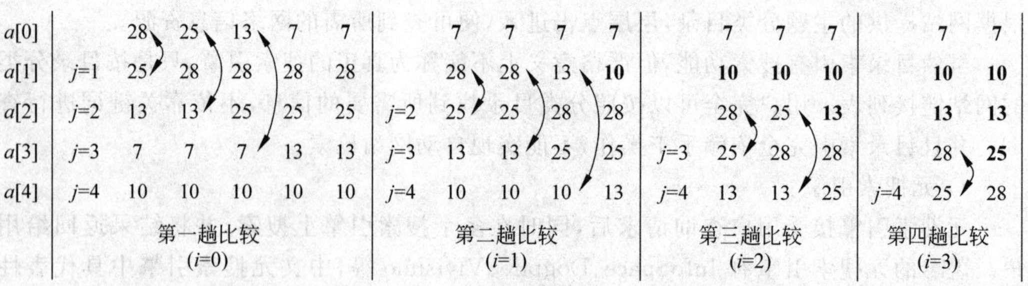

	第一趟比较 (i=0)					第二趟比较 (i=1)				第三趟比较 (i=2)			第四趟比较 (i=3)	
a[0]		28	25	13	7	7	7	7	7	7	7	7	7	7
a[1]	j=1	25	28	28	28	28	28	28	13	10	10	10	10	10	10
a[2]	j=2	13	13	25	25	25	25	25	28	28	28	25	13	13	13
a[3]	j=3	7	7	7	13	13	13	13	25	25	25	28	28	28	25
a[4]	j=4	10	10	10	10	10	10	10	10	13	13	13	25	25	28

图 5-31　选择排序过程

小元素与 $a[i]$ 交换的时刻。例如序列 $\{5,8,5,2,9\}$，一次选择的最小元素是 2，然后把 2 和第一个 5 进行交换，从而改变了两个元素 5 的前后相对次序。

5.5.2　交换排序

1. 算法思想

交换排序的代表算法是冒泡排序。其思想是：依次比较相邻两个元素，如果它们的顺序错误，就把两者交换过来，直到没有元素需要交换为止，则排序完成。由于这种排序算法会让最大（或最小）的数慢慢往下沉，而最小（或最大）的数慢慢往上浮，故称为冒泡排序。

2. 算法举例

【例 5-18】　用冒泡法对 a 数组的 5 个数组元素从小到大排序。

分析：首先将 $a[0]\sim a[4]$ 中的相邻元素进行两两比较，如果前一个元素大于后一个元素，则将两者交换，这样经过一趟比较之后最大的数沉到 $a[4]$ 中；然后在剩余的 $a[0]\sim a[3]$ 中进行第二趟比较，将次大的数沉入 $a[3]$ 中；以此类推，直到最后的 $a[0]$ 与 $a[1]$ 比较，$a[1]$ 中存放两数中较大的为止，算法结束。冒泡排序的过程如图 5-32 所示。

	第一趟比较 (i=0)					第二趟比较 (i=1)				第三趟比较 (i=2)			第四趟比较 (i=3)	
a[0]	j=0	28	25	25	25	25	j=0	25	13	13	13	j=0	13	7	7	j=0	7	7
a[1]	j=1	25	28	13	13	13	j=1	13	25	7	7	j=1	7	13	10	j=1	10	10
a[2]	j=2	13	13	28	7	7	j=2	7	7	25	10	j=2	10	10	13		13	13
a[3]	j=3	7	7	7	28	10	j=3	10	10	10	25		25	25	25		25	25
a[4]	j=4	10	10	10	10	28	j=4	28	28	28	28		28	28	28		28	28

图 5-32　冒泡排序过程

3. 算法时间复杂度

冒泡排序的时间复杂度为 $O(n^2)$。

5.5.3 插入排序

1. 算法思想

插入排序在实现上通常采用直接插入排序，因而在从后向前扫描过程中，需要反复把已排序元素逐步向后挪，为最新元素提供插入空间。

具体思想是：从第一个元素开始，该元素可以认为被排序，取出下一个元素，在已排序的元素序列中从后向前扫描，如果某个已排序序列中的元素大于新元素，将该元素移到下一位置，继续向前扫描，直到找到已排序的元素小于或者等于新元素的位置，将新元素插入该位置。重复以上过程，直到所有元素排好序。

2. 算法举例

【例 5-19】 用插入法对 a 数组的 5 个数组元素从小到大排序。

分析：首先认为 $a[0]$ 已排序，取出下一个元素 $a[1]$ 存入监视哨，与 $a[0]$ 比较，$a[1]>a[0]$，则将 $a[0]$ 移动到 $a[1]$ 的位置；然后将监视哨中的数存入 $a[0]$，使得 $a[0]$ 和 $a[1]$ 成为一个有序序列；重复以上过程，直到所有数完全有序，监视哨是一个变量，用于临时存储当前待插入的数。插入排序的过程如图 5-33 所示。

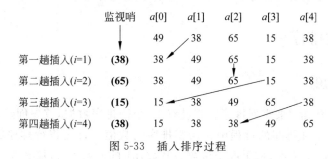

图 5-33　插入排序过程

3. 算法时间复杂度

插入排序的时间复杂度为 $O(n^2)$。由于插入排序会把待插入元素放在与其相等的元素的后面，使得相等元素的前后顺序没有改变，所以该排序算法是稳定的。

5.5.4 归并排序

1. 算法思想

假设初始序列含有 n 个无序的数据。首先将这 n 个数据看成 n 个有序子序列，每个子序列的长度为 1；然后两两归并，得到 $n/2$ 个长度为 2 的有序子序列；再对长度为 2 的有序子序列进行两两归并；以此类推，直到最后并为一个有序序列，排序结束。

对于两个有序序列的归并问题,只要先比较两个序列各自的第一个数,谁小就先取出谁,然后再取出另外一个,重复以上过程,直到两个序列的数据全部取出,如果有一个序列为空,则直接将另一个序列的数据依次取出即可。

2. 算法举例

【例 5-20】 用归并法对 a 数组中的 7 个数组元素从小到大排序。

分析:首先将这 7 个数据看成 7 个长度为 1 的有序子序列;然后两两归并,得到 3 个长度为 2 的有序子序列和 1 个长度为 1 的有序子序列;再重复对这些有序子序列进行两两归并,最后得到一个有序子序列。归并排序的过程如图 5-34 所示。

	(50)	(38)	(24)	(94)	(76)	(13)	(8)
第一趟归并(i=1)	(38	50)	(24	94)	(13	76)	(8)
第二趟归并(i=2)	(24	38	50	94)	(8	13	76)
第三趟归并(i=3)	(8	13	24	38	50	76	94)

图 5-34 归并排序过程

3. 算法时间复杂度

归并排序的时间复杂度是 $O(n\log_2 n)$,该算法也是稳定的。

5.5.5 基数排序

1. 算法思想

基数排序利用"桶"来实现排序。假设有 10 个待排序数据,首先创建 10 个桶,并编号为 0～9,这 10 个桶在排序的过程中存储要排序的数值。首先将待排序的数据放入与基数相应的桶中,以 51 为例,如果取个位数为基数,51 的基数为 1,那么 51 就进入编号为 1 的桶中。以个位数为基数入桶完毕后,再按照编号从小到大将桶中的数据依次取出,存入之前的数组中,在新生成的数组的基础上再以十位数为基数入桶。入桶完毕后,再次按照桶的编号从小到大将数值依次取出,存入之前的数组中。重复以上步骤,直到所有数据的位数取完后,排序终止。

2. 算法举例

【例 5-21】 用基数排序法对 a 数组中的 10 个数组元素从小到大排序。

分析:首先创建 10 个桶,定义一个 10 行 10 列的二维数组 b 来表示桶。然后以个位数为基数将 a 中的 10 个数入桶,再按照桶的编号从小到大将桶中的数据依次取出,存入数组 a 中。在新生成的数组的基础上再以十位数为基数入桶。入桶完毕后,再次按照桶的编号顺序将数值取出,存入之前的数组中。重复以上步骤,直到所有数据的位数取完后,排序终止。基数排序过程如图 5-35 所示。

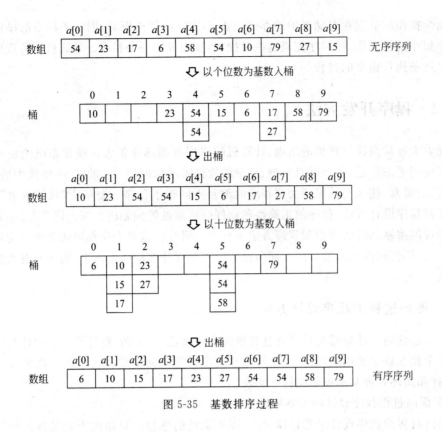

图 5-35 基数排序过程

3. 算法时间复杂度

该算法属于稳定性排序,其时间复杂度为 $O(n\log_r m)$,其中 r 为所采取的基数,而 m 为桶数。在某些时候,基数排序法的效率高于其他的稳定排序算法。

5.6 计算机程序

程序是计算机系统的核心概念,是为了使计算机按预定要求工作而编写的指令集合。

5.6.1 计算机程序的功能

计算机程序是指一组指示计算机或其他具有信息处理能力的装置执行动作或做出判断的指令,通常采用某种程序设计语言编写,运行于某种目标体系结构上。打个比方,用英语(程序设计语言)写的文章(程序)要让编辑(编译器)和读者(结构体系)能够阅读、理解。

计算机程序是一组特定的指令集合,告诉计算机按照什么步骤去做什么事情。指令是由操作码和操作数地址两部分组成的,操作码指出计算机应完成的操作,操作数地址指出该指令操作的数据在存储器中的存储位置。CPU 执行指令时，把一条指令的操作分成若干个更小的微操作，按顺序完成这些微操作，就完成了一条指令。计算机执行程序的过程就是逐条执行指令的过程。

5.6.2 程序开发方法

随着大容量高速计算机的出现，计算机的应用范围迅速扩大。操作系统的发展也使计算机应用更加广泛，各领域对大型、复杂的软件需求量剧增，20 世纪 60 年代中后期"软件危机"的爆发，使人们认识到大型程序的编制不同于小程序。要解决"软件危机"，一方面需要对程序设计方法、程序的正确性和软件的可靠性等问题进行深入研究，另一方面需要对软件的编制、测试、维护和管理方法进行深入研究。这些变化都迫切要求改变软件的开发方式，提高软件的开发效率。面向过程的程序设计方法应运而生，成为开发大型软件的方法。

1. 面向过程的程序设计方法

面向过程的设计思想就是将问题自顶向下分解，逐步求精，将待开发的软件系统划分为若干个相互独立的模块，使得大软件的开发变得明确而简单。任何程序都可以使用顺序、选择和循环 3 种基本控制结构来实现。

1）面向过程程序设计的基本原则

面向过程的程序设计采用自顶向下、逐步求精的思想。自顶向下就是将复杂的大问题分解为相对简单的小问题，找出每个问题的关键点，然后逐一解决。逐步求精是对复杂问题进行整理和细化的过程，从全局到局部，从整体到细节，从抽象到具体。编写程序时，应首先考虑程序的整体结构，忽略细节问题，不用一下写出所期望的程序，而是用较为自然的抽象语言语句来表示，从而得出抽象程序。对抽象程序进一步细化，进入下一层的抽象。这种细化过程一直继续，直至程序能被计算机接受为止。采用顺序结构、选择结构和循环结构作为程序的基本控制结构，并且程序一定是单入口单出口。

2）面向过程程序设计的主要特征

面向过程程序设计的主要特征是：程序中不存在死循环；程序设计阶段性强，易于控制；程序可读性、可理解性、可维护性强。

3）面向过程程序设计的一般步骤

面向过程程序设计的一般步骤如下：

（1）分解功能，逐步求精。待解决的问题比较复杂时，可以将其逐步分解成若干子任务，直到这些子任务容易解决为止。

（2）分析算法，设计数据结构。进一步分析每个子任务，找出解决问题的算法，并对相关数据结构进行设计。

（3）绘制流程图。绘制流程图也遵循逐步细化的方法，根据设计好的算法，绘制出各个子任务的流程图。

（4）代码编写。根据流程图编写各部分的程序代码。在实际应用中，熟悉、短小的程序段可以不绘制流程图,直接编写代码。

(5) 编译与调试程序。代码编写完毕,对编写好的代码进行编译,生成可执行程序。

2. 面向对象的程序设计方法

随着程序设计的复杂性不断提高,面向过程的程序设计方法出现了一些缺点,如代码的可重用性差、可维护性差、稳定性差、难以实现等。另外,面向过程的程序是流水线式执行的,在一个模块被执行前,不能干别的事,这和人们日常认识、处理事物的方式不同。人们认为客观世界是由各种各样的对象(或称实体、事物)组成的,每个对象都有自己的内部状态和运动规律,不同对象相互联系和相互作用,构成了各种不同的系统,进而构成整个客观世界。计算机软件主要就是为了模拟现实世界中的不同系统,如物流系统、银行系统、图书管理系统、教学管理系统等。因此,可以认为计算机软件是现实世界中相互联系的对象所组成的系统在计算机中的模拟实现。

20世纪70年代出现的面向对象的程序设计语言将问题中的对象抽象为具体的软件对象,通过一系列的软件对象以及它们之间的相互操作来实现用户要求的功能。面向对象的程序设计方法也应运而生,并且得到了迅速的发展。

1) 面向对象程序设计的基本概念

以下是面向对象程序设计的几个重要的基本概念:

(1) 对象。现实世界的任何个体都可以抽象为对象,对象可以是有形的,也可以是无形的。例如,某个学生、一间教室、一台计算机、一个账户都可以看成对象。

(2) 属性。对象都是有属性的,这些属性用来描述对象的静态特征,例如某个学生的属性有:姓名、年龄、学号、身份证号等。

(3) 方法。除了属性以外,对象还有建立在属性之上的方法,也称为行为。一个对象通过方法可以接收来自其他对象的信息以及向其他对象发送信息。

(4) 类。类是对具有相同类型对象的抽象。在现实世界中,任何对象都是某一类事物的实例,因此可以将对象的共性抽取出来,形成一类。一类对象具有共同的属性和行为。例如,学生是一个类,而具体到某个学生则是该类的一个实例。

2) 面向对象程序设计的主要特征

面向对象程序设计有以下主要特征:

(1) 封装性。将某些数据和操作这些数据的代码隐藏起来,以防止其他代码任意访问,对封装内部代码与数据的访问通过一个明确定义的接口来控制。封装代码的好处是每个人都知道如何访问代码,而无须考虑实现细节就能直接使用它,从而简化用户的使用,避免外界的干扰和不确定性。

(2) 继承性。指一个对象从另一个对象中获得属性的过程。子类可以接收父类具有的特性,包括属性和方法。例如,金丝猴是猴子的一种,猴子又是哺乳动物的一种,哺乳动物又是动物的一种。由于有了层次分类的概念,一个对象只需要在它的类中定义使它具有唯一性的各个属性,而其他通用属性则可以从它的父类中继承。通过继承可以实现代码的重用,从已存在的类派生出的一个新类将自动具有原来那个类的特性,还可以拥有自己的新特性。

（3）多态性。指一个方法（行为）只有一个名称，但不同的对象接收到同一消息时可能会产生不同的结果。例如，同样是"吃"这个行为，对于牛表现出的就是"吃草"，对于鸟表现出的就是"吃虫"，对于老虎表现出的就是"吃肉"。多态使具有不同内部结构的对象可以共享相同的外部接口，通过这种方式可以减小代码的复杂度。

5.6.3　软件与软件工程

1. 软件

在计算机系统中，软件与硬件相互依存，软件是包括程序、数据及其相关文档的完整集合。其中，程序是按事先设计的功能和性能要求执行的指令序列，数据是程序访问和处理的对象，文档是与程序开发、维护和使用有关的图文材料。

2. 软件的分类

1）按软件功能划分

（1）系统软件。计算机管理自身资源（如 CPU、存储器、外部设备等），提高计算机使用效率并为计算机用户提供各种服务的基础软件，例如操作系统、数据库管理系统、设备驱动程序以及通信处理程序等。

（2）应用软件。是在特定领域内开发，为特定目的服务的软件。

2）按软件工作方式划分

（1）实时处理软件。监视、分析和控制现实发生的事件，并能够迅速地对输入信息进行处理并在规定时间内作出反应的软件。

（2）分时软件。允许多个联机用户同时使用计算机的软件。

（3）交互式软件。能实现人机通信的软件。

（4）批处理软件。把一组输入作业或一批数据以成批处理的方式一次运行，按顺序逐个处理的软件。

（5）嵌入式软件。嵌入在硬件中的操作系统和开发工具软件，为嵌入式系统服务。

3）按软件服务对象的范围划分

（1）项目软件。受特定客户（或少数客户）的委托，由一个或多个软件开发机构在合同的约束下开发的软件，例如军用防空指挥系统、卫星控制系统。

（2）产品软件。由软件开发机构开发的，直接提供给市场或为大量用户服务的软件，例如文字处理软件、财务软件、人事管理软件等。

3. 软件工程

1）软件工程的定义

1990 年，CMU 对软件工程的定义是：软件工程是以工程的形式应用计算机科学和数学原理，从而经济有效地解决软件问题。1993 年，IEEE 对软件工程的定义是：软件工程是将系统化的、严格约束的、可量化的方法应用于软件开发、运行和维护中去。后来尽管又有一些人提出了许多更为完善的定义,但主要思想都是强调在软件开发过程中需要应用工程化原则的重要性。

软件工程包括三个要素:方法、工具和过程。软件工程方法为软件开发提供了"如何做"的技术。它包括了多方面的任务,如项目计划与估算、软件系统需求分析、数据结构、系统总体结构的设计、算法过程的设计、编码、测试以及维护等。软件工程工具为软件工程方法提供了自动的或半自动的软件支撑环境。软件工程的过程则是将软件工程的方法和工具综合起来以达到合理、及时地进行计算机软件开发的目的。

2)软件工程的目标

在给定成本、进度的前提下,开发出具有适用性、有效性、可修改性、可靠性、可理解性、可维护性、可重用性、可移植性、可追踪性、可互操作性和满足用户需求的软件产品。

3)软件的生存周期

一般情况下,软件的生存周期包括软件定义、软件开发、软件使用与维护3个阶段。可更详细地将软件生存周期划分为软件系统的可行性研究、需求分析、概要设计、详细设计、实现、组装测试、确认测试、使用、维护、退役10个阶段。

5.6.4 高级计算机语言

1. 高级计算机语言的发展

高级语言摈弃了低级语言的可读性差、不易修改和移植性差等缺点,更加接近自然语言,程序中使用的运算符号和运算式都和人们日常书写的数学表达式差不多,一般用户可以完全不了解机器指令,不懂计算机内部结构和工作原理,也能编写计算机程序。高级语言容易学习,通用性强,其编写的程序便于推广和交流。

高级计算机语言发展于 20 世纪 50 年代,至今已经有 2000 多种不同的语言,如BASIC、C、C++、Java、Python 等,有些流行的高级语言已经被计算机厂家采用,固化在计算机的内存里。例如,现在已经有 128 种不同的 BASIC 语言,当然其基本特征是相同的。

高级计算机语言可分为面向过程的语言和面向对象的语言两大类,面向过程的语言有 BASIC、C 等,面向对象的语言有 C++、Java 和 C♯ 等。

2. 编译器与解释器

由于计算机只能识别二进制,所以高级计算机语言编写的程序无法被计算机直接执行,必须编译成特定机器上的目标代码才能执行。高级语言独立于机器的特性是靠编译器为不同机器生成不同的目标代码来实现的。高级语言的编译与使用的编译技术有关,既可以编译成直接可执行的目标代码,也可以编译成一种中间代码,然后拿到不同的机器和系统上执行,这种情况通常又需要支撑环境,如解释器或虚拟机的支持。例如 Java 程序被编译成字节码后,再由不同平台上的虚拟机执行。所以说高级语言不依赖于机器,是指在不同的机器或平台上的高级语言程序本身不变,而是通过编译器编译得到的目标代码去适应不同的机器。

编译器把源程序代码编译成可执行的目标代码,保存成二进制文件,然后再执行;而解释器是在执行程序时才把源程序代码一条一条地解释成指令让计算机执行,即一边翻译一边执行,不生成二进制文件。

由编译型语言编写的源程序需要经过编译、汇编和链接才能输出目标代码,然后再执行目标代码,得到运行结果。源程序一般无法独立运行,因为源程序代码中可能引用了库函数,而某些编译程序不能解释,这些库函数代码又不在源程序中,因此需要链接程序完成外部引用和目标模块调用的链接任务,最后才能输出可执行代码。C、C++、FORTRAN、Pascal、Ada 等都是编译型语言。

解释型语言编写的程序是由可以理解中间代码的解释程序执行的。例如解释型BASIC 语言,需要一个专门的解释器解释执行 BASIC 程序,每行代码只有在执行时才被翻译。这种解释型语言编写的程序每执行一次就翻译一次,因而效率低下。

Java 程序很特殊,虽然也需要编译,但是没有直接编译成二进制目标代码,而是编译成字节码,然后在 Java 虚拟机上用解释方式执行字节码。Python 语言也采用了类似Java 的编译模式,先将 Python 程序编译成 Python 字节码,然后由一个专门的 Python 字节码解释器负责解释执行字节码。

3. 常用高级语言简介

1) C 语言

C 语言是面向过程的程序设计语言的代表,是一门编译型语言,广泛用于系统软件与应用软件的开发。例如,UNIX 操作系统就是用 C 语言编写的。C 语言具有简洁紧凑、高效、灵活、功能丰富、表达力强和可移植性较高等特点。虽然它是开发于 20 世纪 60 年代的高级语言,但是由于其具有诸多优点,至今还在被广泛使用,在程序员中备受青睐,成为最近 25 年使用最广泛的编程语言。由于可以直接访问硬件寄存器和内存物理地址,可以对硬件进行直接操作,以及生成的目标代码质量高,所以 C 语言成为嵌入式系统开发、硬件驱动程序设计的最佳选择。

C 语言作为面向过程的结构化程序设计语言,更强调算法,为了更好地解决大型程序设计问题,其采用了自顶向下的设计原则,将大型程序分解为小型的、易于编写的程序单元(即函数)来表示各个任务模块,尽管如此,C 语言在编写大型程序时仍面临很大的挑战,特别是在企业级开发中,它几乎无用武之地。

C 语言的设计影响了众多后来的编程语言,如 C++ 、Java、C♯ 等。

2) C++ 语言

C++ 是 20 世纪 80 年代初诞生的,它在 C 语言的基础上增加了对面向对象程序设计的支持。它既可以进行 C 语言的过程化程序设计,又可以进行以抽象数据类型为特点的基于对象的程序设计,还可以进行以继承和多态为特点的面向对象的程序设计。C++ 最初是作为 C 语言的扩展出现的,最初的名字就叫"带类的 C",后来逐渐演化成一门独立的语言,但还是和 C 语言兼容。C++ 不仅拥有高效运行的实用性特征,同时还致力于提高大规模程序的编程质量,发展程序设计语言的问题描述能力。C++ 的主要应用领域是桌面程序和游戏后台开发。

3) Java 语言

1995 年，美国 Sun Microsystems 公司正式向 IT 业界推出了 Java 语言，该语言具有安全、跨平台、面向对象、简单、适用于网络等显著特点，当时以 Web 为主要形式的互联网正在迅猛发展，Java 语言立即引起所有程序员和软件公司的极大关注，程序员纷纷尝试用 Java 语言编写网络应用程序，并利用网络把程序发布到世界各地运行。微软公司总裁比尔·盖茨在经过研究后认为 Java 语言是很长时间以来最卓越的程序设计语言。目前，Java 语言已经成为最流行的网络编程语言，许多大学开设了 Java 课程，Java 正逐步成为世界上程序员最多的编程语言。

Java 语言作为一门纯正的面向对象编程语言，不仅吸收了 C++ 语言的各种优点，还摒弃了 C++ 语言里难以理解的多继承、指针等概念，因此 Java 语言具有功能强大、简单易用和跨平台的特性，近年来非常流行且地位稳定。Java 的语言风格接近 C++，在计算机的各种平台、操作系统以及手机、移动设备、智能卡、消费家电领域均已迈入成熟的应用阶段。使用 Java 可以编写桌面应用程序、Web 应用程序、分布式系统和嵌入式系统应用程序等。

4) Python 语言

Python 语言是一种新兴的面向对象的脚本语言，公开发行于 1991 年，是一门纯粹的自由软件，具有丰富和强大的库，它常被昵称为"胶水语言"，能够把用其他语言（尤其是 C/C++）制作的各种模块很轻松地联结在一起。常见的一种应用情形是，使用 Python 快速生成程序的原型（有时甚至是程序的最终界面），然后对其中有特别要求的部分用更合适的语言改写。例如 3D 游戏中的图形渲染模块的性能要求特别高，就可以用 C/C++ 重写，而后封装为 Python 可以调用的扩展类库。2017 年 7 月，IEEE（国际电气和电子工程师协会）发布编程语言排行榜，Python 高居首位。Python 的跨平台性非常好，几乎在所有操作系统中都可以使用，适用于桌面程序开发、动态网页开发和数据运算等。

5) PHP 语言

PHP(Hypertext Preprocessor，超文本预处理器)是一种通用的开源脚本语言，主要适用于 Web 开发。现在的门户网站、博客和论坛，除去华丽的外部界面，网页内部的程序与数据处理都离不开动态网页技术，而 PHP 正是目前最流行、强大、稳健的动态网页开发脚本语言。它的语言风格类似 C、Java 和 Perl，可以将 PHP 程序嵌入 HTML 网页代码中。它也遵循面向对象程序设计的方法，与其他语言相比，PHP 编程简单，实用性强，易于学习。另外，PHP 还可以开发桌面应用程序。

本 章 小 结

计算机广泛的应用要求我们必须熟练掌握利用计算机解决问题的方法。通过本章的学习，应当了解计算机求解问题的一般步骤，了解数学建模的概念，掌握数据结构的相关数据类型，理解算法的基本思想，掌握常用的查找算法与排序算法的基本原理，理解计算机程序设计的概念及程序设计的一般过程。

第**6**章

数 据 管 理

近年来,随着信息技术的迅速发展,海量的数据成为最有价值的财富。信息的快速传播使得各种数据以指数级的速度增长,并且渗透到人们的生活中。各行各业的多种数据影响着人们的工作、学习、生活以及社会的发展,成为重要的生产因素。本章对数据、数据库、数据模型、数据的检索方法及数据模型等方面做简要介绍,旨在让读者对数据管理的相关知识有更加深入的了解。

6.1 数据与数据库

6.1.1 数据的收集方法

数据的来源可以是通过直接方式获得的,称为第一手数据;也可以是通过间接方式获得的、已经存在的,称为二手数据。前者为数据的直接来源,后者为数据的间接来源。

1. 第一手数据

对于研究对象没有现成数据,或者现成数据的可靠性存在问题不能使用时,需要通过观测、调查或者实验来获得研究对象的数据,以这种方式获得的数据被称为第一手数据,也称为原始数据。观测和实验是取得自然现象数据的主要手段;调查是获得社会数据的重要手段,例如客户满意度调查、电视节目收视率调查、大学生心理健康状况调查等。常见的数据调查方式有普查、典型调查、重点调查和抽样调查等。

1)普查

普查是为了某种特定目的而专门组织的一次性全面调查。普查是基于特定目的、特定对象而进行的,用于收集对象在某一时点状态下的数据。由于普查涉及面广、调查单位多,需要耗费相当大的人力、物力、财力和时间,通常间隔较长时间进行一次。对于关系国情、国力的基本数据,世界各国通常定期进行普查,以掌握特定社会经济现象的基本全貌。

我国目前已开展的全国普查有人口普查、经济普查和农业普查。自 1990 年第四次人口普查起,每 10 年进行一次;自 1996 年第一次农业普查起,每 10 年进行一次;自 2004 年第一次经济普查起,每 5 年进行一次。

2）典型调查

典型调查是根据调查目的和要求，在对总体进行全面分析的基础上，从全部单位中选取少数有代表性的单位进行深入调查的一种非全面调查方式。例如研究资源在促进县域经济发展中的作用时，可以从全国经济百强县中挑选具有资源优势的县作为典型县进行典型调查，搜集数据。

典型调查具有如下特点：第一，典型调查是选取少数具有代表性的单位进行调查，由于调查单位少，因此省时省力；第二，典型调查适用于对现象进行深入细致的调查，既可以搜集反映研究对象属性和特征的数字资料，分析现象的数量属性，也可以搜集不能用数字表示的文字资料，以深入分析数量关系形成的原因，并提出解决问题的思路和办法。

3）重点调查

重点调查是从研究对象中选取部分重点单位进行调查以获得数据的一种非全面调查方式。重点单位是指对于所要研究的属性特征而言在总体中具有重要地位的单位。例如，要想了解我国房地产业当前的生产经营状况，重点单位是销售额、开工竣工面积在全国排名靠前的房地产企业，它们在全国近十万家房地产企业中可能只占百分之一，但房地产销售额可能占到全国的一半以上，选取排名靠前的房地产企业进行调查能够反映整个行业的基本情况。

重点调查省时、省力，当研究任务是为了了解研究对象的基本情况，并且总体存在重点单位时，才适合采用重点调查收集数据。

4）抽样调查

抽样调查是按照随机性原则，从研究对象中抽选一部分单位（或个体）进行调查，并据以对研究对象做出估计和推断的调查方式。在抽样调查中，研究对象是由许多单位组成的整体，称为总体或母体，抽出的部分单位组成的整体称为样本，样本包含的单位数称为样本容量。显然，抽样调查属于非全面调查。

抽样调查用于某些不能进行全面调查的事物，或者理论可行但实际上不能进行全面调查的事物，例如存在破坏性实验的灯泡使用寿命调查、海洋渔业资源调查等。此外，许多研究虽然可以进行全面调查，但限于时间、成本等因素，采用抽样调查可能更好。

典型调查和重点调查虽然也属于利用样本数据反映总体特征的非全面调查，但其样本的产生属于非概率抽样，这与抽样调查中按随机性原则产生的样本完全不同。为了对两者加以区别，通常所说的抽样调查为随机抽样。

2. 二手数据

对原始数据进行加工整理而得的数据或者别人调查的数据称为二手数据。所有间接得到的数据都由原始数据而来，来源包括：公开的出版物，如期刊、著作、报纸和报告等；官方统计部门、政府、组织、学校、科研机构等通过媒体公开的数据，如政府统计部门定期通过网站公布的各种统计数据。

使用二手数据时应注意了解间接数据中变量的含义、计算口径、计算方法，以防止误用、错用他人的数据。引用间接数据时要注明数据的来源或出处。

6.1.2 数据库及数据库管理系统

1. 数据库

数据库(Database,DB)一词源于 20 世纪 50 年代,当时美国为了战争的需要,把各种情报收集在一起并存储在计算机里,称为数据库。随着计算机在数据处理领域应用的不断扩大,为了有效地组织与存储数据,高效地获取和处理数据,20 世纪 70 年代初出现了数据库技术。数据库是存储在计算机内的有组织、可共享的数据集合。数据是数据库中存储的基本对象。数据是描述事物的符号记录,描述事物的符号有数字、文字、图形、图像、声音、视频等多种形式,这些形式的数据都可以经过数字化存入计算机。

数据库技术是因数据管理的需要而产生的。计算机数据管理技术大致经历了 3 个发展阶段,如表 6-1 所示。

表 6-1　计算机数据管理技术发展阶段

发 展 阶 段	说　　　明
自由管理阶段	用户以文件形式将数据组织起来,并附在各自的应用程序下
文件管理阶段	操作系统中的文件系统给出了统一的文件结构和共同存取的方法,用户可以把数据和信息作为文件查询和处理
数据库管理阶段	适应大量数据的集中存储并提供给多个用户共享的要求,使数据与程序完全独立,最大限度地减小数据的冗余度

数据库中的数据具有集成性和共享性两大特点。集成是指数据库中的数据集中了各种应用的数据,可进行统一构造和存储,数据冗余度小,独立性强,数据操作容易。共享是指数据库中的数据可以供多个不同的用户或应用程序使用,即多个不同的用户或应用程序可使用多种不同的语言,为了不同的应用目的而同时访问数据库,甚至同时访问同一数据库。

由于数据库具有数据结构化、数据冗余度小、共享性好、数据独立性强等优点,其产品一进入市场就受到广大用户的欢迎。当今最流行的是关系数据库,它产生于 20 世纪 70 年代末,从 20 世纪 80 年代起流行至今,已经盛行了 30 多年,在数据库领域中占据主导地位。

2. 数据库管理系统

数据库管理系统(Database Management System,DBMS)是一种操纵和管理数据库的大型软件,是用于建立、使用和维护数据库的软件。它位于用户与操作系统之间,对数据库进行统一的管理和控制,以保证数据库的安全性和完整性。用户通过 DBMS 访问数据库中的数据,数据库管理员也通过 DBMS 进行数据库的维护工作。它提供多种功能,可使多个应用程序和用户用不同的方法同时或在不同时刻建立、修改和查询数据库。数据库管理系统就是从图书馆的管理方法改进而来的。图书管理员在查找一本书时,首先要通过目录找到那本书的分类号和书号,然后在书库找到那一类书的书架,并在那个书架上按照书号的次序查找,这样很快就能找到读者需要的书。数据库里的数据像图书馆里的图书一样,也要让人能够很方便地找到才行。如果所有的书都不按规则胡乱堆在各个书架上,那么借书的人就根本没有办法找到他们想要的书。同样,如果把很多数据胡乱地堆放在一起,让人无法查找,这种数据的集合也不能称为"数据库"。

人们将越来越多的数据存入计算机中,并通过一些编制好的计算机程序对这些数据进行管理,这些程序后来就被称为数据库管理系统,它们可以帮助人们管理输入到计算机中的大量数据。

数据库管理系统按功能大致可分为 6 个部分:

(1) 模式翻译。提供数据定义语言(DDL)。用它书写的数据库模式被翻译为内部表示。数据库的逻辑结构、完整性约束和物理存储结构保存在内部的数据字典中。数据库的各种数据操作(如查找、修改、插入和删除等)和数据库的维护管理都是以数据库模式为依据的。

(2) 应用程序编译。把包含访问数据库语句的应用程序编译成在 DBMS 支持下可运行的目标程序。

(3) 交互式查询。提供易使用的交互式查询语言,如 SQL。DBMS 负责执行查询命令,并将查询结果显示在屏幕上。

(4) 数据的组织与存取。提供数据在外部存储设备上的物理组织与存取方法。

(5) 事务运行管理。提供事务运行管理及运行日志、事务运行的安全性监控和数据完整性检查、事务的并发控制及系统恢复等功能。

(6) 数据库的维护。为数据库管理员提供软件支持,包括数据安全控制、完整性保障、数据库备份、数据库重组以及性能监控等维护工具。

基于关系模型的数据库管理系统已日臻完善,并已作为商品化软件广泛应用于各行各业。它在各户服务器结构的分布式多用户环境中广为应用,使数据库系统的应用进一步扩展。随着新的数据模型及数据管理的实现技术的推进,DBMS 软件的性能还将不断更新和完善,应用领域也将进一步地拓宽。

常见的数据库管理系统有 Microsoft SQL Server、Sybase、DB2、Oracle、MySQL、Access 等。各产品以自己特有的功能在数据库市场上占有一席之地。

Oracle 是最早商品化的关系型数据库管理系统,也是应用广泛、功能强大的数据库管理系统。Oracle 作为一个通用的数据库管理系统,不仅具有完整的数据管理功能,还支持各种分布式功能,特别是支持 Internet 应用。作为一个应用开发环境,Oracle 提供了一套界面友好、功能齐全的数据库开发工具。Oracle 使用 PL/SQL 语言执行各种操作,具有可开放性、可移植性、可伸缩性等功能。

Microsoft SQL Server 是典型的关系型数据库管理系统,可以在多种操作系统上运行,它使用 Transact-SQL 语言完成数据操作。Microsoft SQL Server 是开放式的系统,可以与其他系统进行完好的交互操作。

Access 是 Microsoft Office 的组件之一,是 Windows 环境下非常流行的桌面型数据库管理系统。使用 Access 无须编写任何代码,只需通过直观的可视化操作就可以完成大部分数据管理任务。Access 数据库包括许多组成数据库的基本要素。这些要素是存储信息的表、显示人机交互界面的窗体、有效检索数据的查询、信息输出载体的报表、提高应用效率的宏、功能强大的模块工具等。它不仅可以通过 ODBC 与其他数据库相连，实现数据交换和共享，还可以与 Word、Excel 等办公软件进行数据交换和共享，并且通过对象链接与嵌入技术在数据库中嵌入和链接声音、图像等多媒体数据。

选择数据库管理系统时应从以下几个方面予以考虑：

(1) 构造数据库的难易程度。需要分析以下问题：数据库管理系统有没有范式的要求，即是否必须按照系统所规定的数据模型分析现实世界，建立相应的模型；数据库管理语句是否符合国际标准，以便于系统的维护、开发、移植；有没有面向用户的易用的开发工具；所支持的数据库容量是多大，数据库的容量特性决定了数据库管理系统的使用范围。

(2) 程序开发的难易程度。有无计算机辅助软件工程工具，它可以帮助开发者根据软件工程的方法提供各开发阶段的维护、编码环境，便于复杂软件的开发、维护；有无第四代语言的开发平台，第四代语言具有非过程语言的设计方法，用户不需编写复杂的过程性代码，易学、易懂、易维护；有无面向对象的设计平台，面向对象的设计思想十分接近人类的逻辑思维方式，便于开发和维护；有无对多媒体数据类型的支持，多媒体数据是今后发展的趋势，支持多媒体数据类型的数据库管理系统必将减少应用程序的开发和维护工作。

(3) 数据库管理系统的性能分析。包括性能评估（响应时间、数据单位时间吞吐量）、性能监控（内外存使用情况、系统输入输出速率、SQL 语句的执行、数据库元组控制）、性能管理（参数设定与调整）。

(4) 对分布式应用的支持。包括数据透明与网络透明程度。数据透明是指用户在应用管理系统可以自动搜索网络，提取所需数据；网络透明是指用户在应用中无须指出网络所采用的协议，数据库管理系统自动将数据包转换成相应的协议数据。

(5) 并行处理能力。包括是否为支持多 CPU 模式的系统（SMP、CLUSTER、MPP）、负载的分配形式、并行处理的颗粒度和范围。

(6) 可扩展性。可扩展性指垂直扩展和水平扩展能力。垂直扩展要求新平台能够支持低版本的平台，数据库客户机/服务器机制支持集中式管理模式，这样保证用户以前的投资和系统；水平扩展要求满足硬件上的扩展，支持从单 CPU 模式转换成多 CPU 并行机模式。

(7) 数据完整性约束。数据完整性指数据的正确性和一致性，包括实体完整性、参照完整性、复杂的事务规则。

(8) 并发控制功能。对于分布式数据库管理系统，并发控制功能是必不可少的。因为它面临的是多任务分布式环境，可能会有多个用户在同一时刻对同一数据进行读或写操作，为了保证数据的一致性，需要数据库管理系统具有并发控制功能。评价并发控制的标准主要有保证查询结果一致性方法、数据锁的颗粒度（数据锁的控制范围——表、页、元组等）、数据锁的升级管理功能、死锁的检测和解决方法。

(9) 容错能力。指异常情况下对数据的容错处理。

（10）安全性控制。包括账户管理、用户权限、网络安全控制、数据约束。

（11）支持汉字处理能力。包括数据库描述语言的汉字处理能力（表名、域名、数据）和数据库开发工具对汉字的支持能力。

6.1.3　大数据

世界已进入数据信息大发展的时代，移动互联、社交网络、电子商务等极大地拓展了互联网的边界和应用范围，各种数据正在迅速膨胀并变大。信息爆炸已经积累到了开始引发变革的程度。它不仅使世界充斥着比以往更多的信息，而且其增长速度也在加快，产生了大数据（big data）的概念。如今，这个概念几乎应用到了所有人类智力与发展的领域中。大数据是近来的一个技术热点，历史上的数据库、数据仓库、数据集市等信息管理领域的技术，很大程度上也是为了解决大规模数据的问题。2011 年 5 月，在 EMC World 2011 会议中，人们提出了大数据概念。

根据估测，数据一直都在以每年 50％ 的速度增长，也就是说每两年就增长一倍，无所不在的移动设备、RFID、无线传感器每分每秒都在产生数据，数以亿计用户的互联网服务时时刻刻在产生巨量的交互。大量新数据源的出现则导致了非结构化、半结构化数据爆发式的增长，这意味着人类在最近两年产生的数据量相当于之前产生的全部数据量。预计到 2020 年，全球将总共拥有 3.5×10^9 GB 的数据量，相较于 2010 年，数据量将增长近 30 倍。这不是简单的数据增多的问题，而是全新的问题。

1. 大数据的特征

大数据有以下特征：

（1）数据量大。大数据的计量单位是 PB（2^{10} TB）、EB（2^{10} PB）或 ZB（2^{10} EB）。非结构化数据的增长速度是结构化数据的 10～50 倍，数据规模是传统数据仓库的 10～50 倍。

（2）类型繁多。大数据的类型包括网络日志、音频、视频、图片、地理位置信息等，具有异构性和多样性的特点，没有明显的模式，也没有连贯的语法和句义。多类型的数据对数据的处理能力提出了更高的要求。

（3）价值密度低。大数据价值密度较低。例如，随着物联网的广泛应用，信息感知无处不在，但存在大量不相关信息。因此需要对未来趋势与模式做可预测分析，利用机器学习、人工智能等进行深度分析。而如何通过强大的机器学习算法更迅速地完成数据的价值提炼，是大数据时代亟待解决的难题。

（4）处理速度快，时效高。大数据要求处理速度快，对时效性要求高，需要实时分析而非批量式分析，数据的输入、处理和分析要连贯地处理，这是大数据区别于传统数据挖掘最显著的特征。

面对大数据的全新特征，既有的技术架构和路线已经无法高效地处理如此海量的数据，而对于相关组织来说，如果采集的信息无法通过及时处理获得有效信息，那将是得不偿失的。可以说,大数据时代对人类的数据驾驭能力提出了新的挑战,也为人们获得更为深刻、全面的洞察能力提供了前所未有的空间与潜力。

2. 大数据的相关技术

随着大数据时代的到来,涌现了一批新技术,主要包括分布式缓存、基于 MPP 的分布式数据库、分布式文件系统、各种 NoSQL 分布式存储方案等。充分地利用这些技术,加上企业全面的数据,可更好地提高分析结果的真实性。大数据分析意味着企业能够从这些新的数据中获取新的洞察力,并将其与已知业务的各个细节相融合。

常见的大数据技术如下:

(1) 数据采集。ETL 工具负责将分布式、异构数据源中的数据(如关系数据、平面数据文件等)抽取到临时中间层后进行清洗、转换、集成,最后加载到数据仓库或数据集市中,成为联机分析处理、数据挖掘的基础。

(2) 数据存取,包括关系数据库、NoSQL、SQL 等。

(3) 基础架构,包括云存储、分布式文件存储等。

(4) 数据处理。自然语言处理(Natural Language Processing,NLP)是研究人与计算机交互的语言问题的一门学科。处理自然语言的关键是要让计算机理解自然语言,所以自然语言处理又叫做自然语言理解(Natural Language Understanding,NLU),也称为计算语言学。一方面它是语言信息处理的一个分支,另一方面它是人工智能(Artificial Intelligence,AI)的核心课题之一。

(5) 统计分析,包括假设检验、显著性检验、差异分析、相关分析、T 检验、方差分析、卡方分析、偏相关分析、距离分析、回归分析、简单回归分析、多元回归分析、逐步回归、回归预测与残差分析、Logistic 回归分析、曲线估计、因子分析、聚类分析、主成分分析、因子分析、聚类法、判别分析、对应分析、多元对应分析(最优尺度分析)、bootstrap 技术等。

(6) 数据挖掘,包括分类、估计、预测、相关性分组或关联规则、聚类、描述和可视化、复杂数据类型挖掘(文本、网页、图形图像、视频、音频等)。

(7) 模型预测,包括预测模型、机器学习、建模仿真。

(8) 结果呈现,包括云计算、标签云、关系图等。

大数据处理技术正在改变目前计算机的运行模式,正在改变着这个世界。它能处理几乎各种类型的海量数据,无论是微博、文章、电子邮件、文档、音频、视频还是其他形态的数据。它的工作速度非常快,实际上几乎是实时的。它具有普及性,因为它所用的都是最普通的、低成本的硬件,而云计算将计算任务分布在大量计算机构成的资源池上,使用户能够按需获取计算力、存储空间和信息服务。云计算及其技术给了人们廉价获取巨量计算和存储的能力,云计算分布式架构能够很好地支持大数据存储和处理需求。这样的低成本硬件+低成本软件+低成本运维的模式更加经济和实用,使得大数据处理和利用成为可能。

6.2 数 据 模 型

6.2.1 数据模型简介

由于计算机无法直接处理现实世界中的各种对象,因此人们首先要将现实生活中的对象数字化,用数据模型这个工具来抽象和表示,转换成计算机能够处理的数据。数据模型(data model)是对数据特征的抽象。数据模型从抽象层次上描述、组织和操作数据。数据模型是数据库系统的核心和基础,数据模型的设计方法决定着数据库的设计方法,当前的数据库系统都是基于某种数据模型的,因此数据模型的好坏直接影响数据库的性能。

数据模型所描述的内容包括 3 个部分:数据结构、数据操作、数据约束。

(1)数据结构。数据模型中的数据结构主要描述数据的类型、内容、性质以及数据间的联系等,如网状模型中的数据项、记录、系型,关系模型中的域、属性、关系等。数据结构是数据模型的基础,数据操作和数据约束都建立在数据结构上。不同的数据结构具有不同的数据操作和数据约束。

(2)数据操作。数据模型中的数据操作主要描述在相应的数据结构上的操作类型和操作方式。数据库中主要有查询和更新两类操作,数据模型用来定义这些操作的含义、确切符号、操作规则和实现操作的语言。

(3)数据约束。数据模型中的数据约束主要描述数据结构内数据间的语法和词义联系、它们之间的制约和依存关系以及数据动态变化的规则,以保证数据的正确、有效和相容。例如,在关系模型中,任何关系都必须满足实体完整性和参照完整性两个条件。

数据结构、数据操作和数据约束完整地描述了一个数据模型,其中数据结构是描述模型性质的最基本的方面。

数据模型按应用层次分成 3 种类型,分别是概念模型、逻辑模型、物理模型。

1. 概念模型

概念模型是面向用户和客观世界的模型,按用户的观点对数据和信息进行建模。数据库的设计人员在设计的初始阶段,摆脱计算机系统及数据库管理系统的具体技术问题,集中精力分析数据以及数据之间的联系等,与具体的数据库管理系统无关。在概念数据模型中最常用的是 E-R(实体-关系)模型、扩充的 E-R 模型、面向对象模型及谓词模型。目前较为常见的是 E-R 模型。

2. 逻辑模型

概念模型必须换成逻辑模型,才能在数据库管理系统中实现。将概念模型转化为具体的数据模型的过程是：按照概念结构设计阶段建立的基本 E-R 图，按选定的管理系统软件支持的数据模型（层次模型、网状模型、关系模型、面向对象模型）进行转换即可得到相应的逻辑模型。这种转换要符合关系数据模型的原则。在逻辑模型中最常用的是层次模型、网状模型、关系模型。目前最流行就是关系模型，其对应的是关系数据库。

1）层次模型

层次模型（hierarchical model）是用树状结构来表示实体类型和实体间联系的数据模型，如家族关系。1968 年，IBM 公司推出的第一个大型商用数据库管理系统——IMS（Information Management System，信息管理系统）即为层次模型。

层次模型将树的节点分为两类：根节点有且只有一个节点，没有双亲节点；根以外的其他节点有且只有一个双亲节点。每个节点表示一个记录类型，对应实体的概念，记录类型的各个字段对应实体的各个属性。以系部组织结构为例，一个系由若干个教研室组成，其层次模型如图 6-1 所示。

图 6-1　系部组织结构的层次模型

层次模型的优点是：结构简单、清晰、明朗，很容易看出各个实体之间的联系；操作层次模型的数据库语句比较简单，只需要几条语句就可以完成数据库的操作；查询效率较高，在层次模型中，节点的有向边表示节点之间的联系，在数据库管理系统中，如果有向边借助指针实现，那么依据路径就能很容易找到待查的记录。层次模型的缺点是只能表示实体之间的一对多的关系，不能表示多对多的复杂关系，因此现实世界中的很多对象不能通过层次模型方便地表示。

2）网状模型

现实世界中的很多事物之间的联系并非层次关系，无法用层次模型来表示，网状模型（network model）可以解决此类问题。采用网状模型作为数据的组织形式的数据库为网状数据库。网状模型满足以下两个条件：一个节点可以有多于一个的双亲节点；允许一个以上的节点无双亲节点。与层次模型一样，网状模型中每个节点表示一个记录类型，对应实体的概念，记录类型的各个字段对应实体的各个属性。网状模型与层次模型的区别在于：层次模型中的子女节点与双亲节点的联系是唯一的，而在网状模型中是不唯一的，因此节点之间的对应关系不再是一对多，而是多对多的关系，这样就克服了层次模型的缺点。以学生选修课程模式为例，一个学生能够选修多门课程，一门课程也可以被多个学生同时选修，其网状模型如图 6-2 所示。

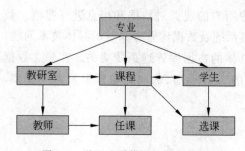

图 6-2　学生选课模式的网状模型

网状模型的优点是：现实世界中很多复杂的关系可以用网状模型方便地描述；与层次模型相比，修改网状模型时可以删除一个节点的父节点而依旧保留该节点,也允许插入一个没有任何父节点的节点,这样的操作是不允许在层次模型中进行的;实体之间的关系在底层中可以借由指针实现,因此在这种数据库中执行操作的效率较高。其缺点是:结构复杂,难以应用;数据之间的关联比较大,网状模型其实是一种导航式的数据模型结构,不仅要说明对数据做什么,还说明操作的记录的路径,因此用户需要了解系统结构的细节,这样就增加了编写应用程序的困难。

3) 关系模型

关系模型(relational model)对应的数据库是关系型数据库,也是目前应用最广泛的数据库。20 世纪 80 年代以来,各计算机厂商推出的数据库管理系统几乎都支持关系模型,数据库领域当前的研究工作也都是以关系方法为基础的,因此关系型数据库是目前最主流的数据库。关系模型是建立在严格的数学概念基础上的,以人们经常使用的二维表格形式来表示实体本身及其相互之间的关联。把数据看成二维表格,每个二维表格就是一个关系,由多列和多行组成,每列描述实体的一个属性,每行描述一个具体实体。对于一个表示关系的二维表格,其最基本的要求是不允许表中再有表。例如,常见的学生信息表即为关系模型,如表 6-2 所示。

表 6-2 学生信息表

学号	姓名	性别	年龄	所在院系	年级
2017001	张红	女	18	英语	2017 级
2017002	王亚楠	男	17	社会学	2017 级
2017003	李丽萍	女	18	计算机	2017 级
⋮	⋮	⋮	⋮	⋮	⋮

关系模型的优点是:结构简单明了,关系模型是二维表,实体的属性是表格中列的条目,实体之间的关系也是通过表格的公共属性表示的;关系模型中的存取路径对用户而言是完全隐蔽的,使程序和数据具有高度的独立性;操作方便,在关系模型中操作的基本对象是集合而不是某一个元组;有坚实的数学理论基础,包括逻辑计算、数学计算等。其缺点是:查询效率低,关系模型提供了较高的数据独立性和非过程化的查询功能,因此增加了系统的负担;由于查询效率较低,因此需要数据库管理系统对查询进行优化,加大了数据库管理系统的负担。

3. 物理模型

物理模型是对真实数据库的描述。它在逻辑模型的基础上,考虑各种具体的技术实现因素,进行数据库体系结构设计,真正实现数据在数据库中的存放。物理模型要确定所有的表和列,定义外键用于确定表之间的关系。不同的物理实现,可能会导致物理模型和逻辑模型有较大的不同。

6.2.2　实体-关系模型

1．基本元素

概念模型的表示方法有很多,其中最为常用的是 P. P. S. Chen 于 1976 年提出的实体-联系(Entity-Relationship,E-R)方法,该方法用 E-R 图来描述现实世界的概念模型,因此 E-R 方法也称为 E-R 模型。

(1) 实体(entity):现实世界中客观存在的具体事物称为实体。例如一个学生、一只猴子、一门课程、一次选课都可以称为实体。

(2) 属性(attribute):实体具有的某个特性称为属性。一个实体可以有若干个属性。例如一个学生的学号、姓名、性别、出生年月、所在院系都是该学生实体的属性。

(3) 联系(relationship):现实世界中事物之间的各种联系在信息世界中反映为实体之间的联系。实体之间的联系有一对一、一对多、多对多等类型。

(4) 键(key)。键的特点是不允许重复,必须能唯一地标识实体的特征,例如教师实体中的教师编号。

如果对于实体集 A 中的每一个实体,实体集 B 中至多有一个实体与之联系,反之亦然,那么实体集 A 和实体集 B 的联系为一对一。例如,每个人有唯一的身份证号。如果对于实体集 A 中的每个实体,实体集 B 中有 n 个实体与之联系,对于实体集 B 中的每一个实体,实体集 A 中至多有一个实体与之联系,那么实体集 A 和实体集 B 的联系为一对多。例如,一个班级有多个学生,一个学生只属于一个班。如果对于实体集 A 中的每个实体,实体集 B 中有 n 个实体与之联系,对于实体集 B 中的每个实体,实体集 A 中有 m 个实体与之联系,那么实体集 A 和实体集 B 的联系为多对多。例如,一个学生可以选择多门课程,一门课程允许多个学生选择。

2．E-R 图

E-R 图的基本元素包括实体、联系和属性。实体在 E-R 图中用矩形表示;属性在 E-R 图中用椭圆表示(对于多值属性用双椭圆表示),并将属性的名称写于其中;联系在 E-R 图中用菱形表示,并将联系的名称写于菱形内。E-R 图的图形符号如图 6-3 所示。

图 6-3　E-R 图基本元素的图形符号

图 6-4 为表示车间和车间主任之间联系的 E-R 图。其中,加下画线的属性(或属性组)表示实体的键,"车间编号"是"车间"实体的键,"人员编号"是"车间主任"实体的键,用无向边将属性与相应的实体或联系连接起来,并在无向边旁标注联系的类型(1∶1,1∶n 或 $m∶n$)。

【例 6-1】　现有图书馆借阅系统的信息如下:

图书信息包括书号、书名、作者、出版社、所属类别、单价。

出版社信息包括社号、社名、地址、电话。

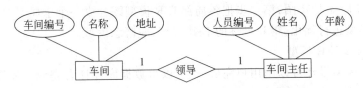

图 6-4　车间和车间主任之间联系的 E-R 图

读者信息包括借书证号、姓名、性别、所属院系。

一个出版社可以出版多种图书，但一本图书只能在一个出版社出版。出版信息包括出版日期和责任编辑。

一个读者可以借阅多本图书，一本图书可以有多个人借阅。借阅信息包括借书日期、还书日期。

根据以上信息，要求完成以下任务：

(1) 确定实体及其包含的属性以及各实体的键。

(2) 确定各实体之间的联系，并设计图书管理情况的 E-R 图。

实体以及实体之间的联系如下：

(1) 本例包括图书、出版社、读者 3 个实体。图书实体包含书号、书名、作者、出版社、所属类别、单价 6 个属性，其中书号为键；出版社实体包含社号、社名、地址、电话 4 个属性，其中社号为键；读者实体包含借书证号、姓名、性别、所属院系 4 个属性，其中借书证号为键。

(2) 出版社与图书两个实体之间为 $1:n$ 联系，联系的名称为"出版"，该联系含有出版日期和责任编辑两个属性；读者与图书两个实体之间为 $m:n$ 联系，联系的名称为"借阅"，该联系含有借书日期、还书日期两个属性。

图书管理情况的 E-R 图如图 6-5 所示。

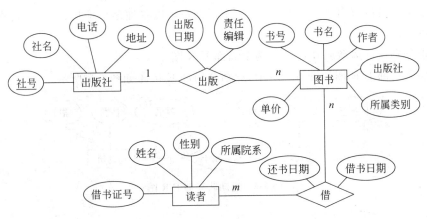

图 6-5　图书管理情况的 E-R 图

3. 数据库概念设计

利用 E-R 模型对数据库进行概念设计，可以分成 3 步进行：第一步设计局部 E-R 模型,即逐一设计局部 E-R 图;第二步把各局部 E-R 模型综合成一个全局 E-R 模型;第三步对全局 E-R 模型进行优化,得到最终的 E-R 模型,即概念模型。

1) 设计局部 E-R 模型

局部 E-R 模型设计可以由用户完成,也可以由数据库设计者完成。如果是由用户完成,则局部结构的划分就可以依据用户业务进行自然划分,也就是以企业组织结构来划分,因为不同组织结构的用户对信息内容和处理的要求会有较大的不同,各部分用户信息需求的表现就是局部 E-R 模型。如果由以数据库设计者完成,则可以按照数据库提供的服务来划分局部结构,每一类应用可以对应一类局部 E-R 模型。

确定了局部结构之后要定义实体和联系。实体定义的任务就是从信息需求和局部结构定义出发,确定每一个实体类型的属性和键,确定实体之间的联系。局部实体的键必须唯一地确定其他属性,局部实体之间的联系要准确地描述局部应用领域中各对象之间的关系。

实体与联系确定下来后,局部结构中的其他语义信息大部分可用属性描述。确定属性时要遵循两条原则:第一,属性必须是不可分的,不能包含其他属性;第二,虽然实体间可以有联系,但是一个实体的属性与其他实体不能有联系。

【例 6-2】 设有如下运动队和运动会两个方面的实体集。

运动队方面有以下实体:

- 运动队:属性包括队编号、队名、教练名。
- 运动员:属性包括姓名、性别、项目。

一个运动队有多个运动员,一个运动员仅属于一个运动队,一个队一般有一个教练。

运动会方面有以下实体:

- 运动员:属性包括编号、姓名、性别。
- 项目:属性包括项目名、比赛场地。

一个项目可以有多个运动员参加,一个运动员可以参加多个项目,一个项目在一个比赛场地进行。

要求分别设计运动队和运动会两个局部 E-R 图。

运动队局部 E-R 图如图 6-6 所示,运动会局部 E-R 图如图 6-7 所示。

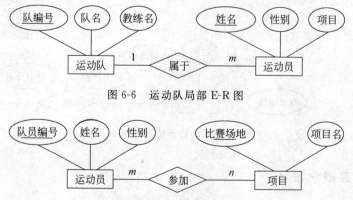

图 6-6 运动队局部 E-R 图

图 6-7 运动会局部 E-R 图

2）集成全局 E-R 模型

全局 E-R 模型不仅要支持所有局部 E-R 模型,而且必须合理地表示一个完整、一致的数据库概念结构。经过了上一个步骤,虽然所有局部 E-R 模型都已设计好,但是因为局部 E-R 模型是由不同的设计者独立设计的,而且不同的局部 E-R 模型的应用也不同,所以局部 E-R 模型之间可能存在很多冲突和重复,主要有属性冲突、结构冲突、命名冲突和约束冲突。集成全局 E-R 模型的第一步就是要修改局部 E-R 模型,解决这些冲突,主要是解决前两个冲突。

（1）属性冲突。属性冲突又包括属性域冲突和属性取值单位冲突。属性域冲突主要指属性值的类型、取值范围或取值集合不同。例如,学号有的定义为字符型,有的定义为整型。属性取值单位冲突主要指相同属性的度量单位不一致。例如,重量有的用千克为单位,有的用克为单位。

（2）命名冲突。主要指属性名、实体名、联系名之间的冲突。包括两类:同名异义,即不同意义的对象具有相同的名字;异名同义,即同一意义的对象具有不同的名字。例如,例 6-2 中两个局部 E-R 图中,项目名这一相同属性具有不同的属性名。

3）优化全局 E-R 模型

优化全局 E-R 模型有助于提高数据库系统的效率。可从以下两个方面考虑进行优化:

（1）合并相关实体,尽可能减少实体个数。

（2）消除冗余。在合并后的 E-R 模型中,可能存在冗余属性与冗余联系,这些冗余属性与冗余联系容易破坏数据库的完整性,增加存储空间,增加数据库的维护代价,除非因为特殊需要,一般要尽量消除。例如,例 6-2 优化后的 E-R 图如图 6-8 所示。消除冗余主要采用分析方法,以数据字典和数据流图为依据,根据数据字典中关于数据项之间逻辑关系的说明来消除冗余。此外,还可利用规范化理论中函数依赖的概念来消除冗余。

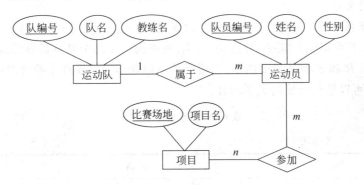

图 6-8　优化后的全局 E-R 图

需要说明的是,并不是所有的冗余属性与冗余联系都必须消除,有时为了提高效率,要以冗余信息作为代价。因此,在设计数据库概念结构时,哪些冗余信息必须消除,哪些冗余信息允许存在,需要根据用户的整体需求来确定。

6.2.3 关系数据库

关系数据库是以关系模型为基础的数据库系统。在关系模型中,数据结构以二维表的形式呈现,因此关系数据库系统中数据的逻辑形式都是表。

1. 基本概念

下面是关系数据库涉及的基本概念:

(1) 关系模式:即记录类型,包括模式名、属性名、值域名以及模式的主键。关系模式仅是对数据特性的描述。

(2) 元组:在关系模型中,记录称为元组,即二维表中的行。

(3) 属性:在关系模型中,字段称为属性,即二维表中的列。

(4) 值域:在关系中,每一个属性都有一个取值范围,称为属性的值域。

(6) 候选键:在关系中能唯一标识元组的属性集称为关系模式的候选键。

(7) 主键:选作元组标识的一个候选键为主键。

(8) 外键:某个关系的主键相应的属性在另一关系中出现,此时该主键就是另一关系的外键。例如,有两个关系 s 和 SC,其中属性 s 是关系 S 的主键,属性 S 在关系 SC 中也出现,此时属性 s 就是关系 SC 的外键。

2. 关系运算

关系模型的操作对象和结果都是关系,关系模型中的运算有选择、投影、连接、除、并、交、差、查询、插入、删除、修改等。关系模型有实体完整性、参照完整性和用户自定义完整性 3 种完整性约束条件。实体完整性规定一个关系的主键不能为空;参照完整性规定外键必须是另一个关系的主键的有效取值,或者为空;用户完整性是根据应用需求而要求数据必须满足语义要求。

关系运算有两类:一类是传统的集合运算,包括并、差、交等;另一类是专门的关系运算,包括选择、投影、连接、除法、外连接等。有些查询需要几个基本运算的组合才能完成。设有两个关系 R 和 S,如表 6-3 所示,当两个关系包含相同的属性个数且对应的属性域也相同的时候,可以进行传统的关系运算。

表 6-3　关系集合 R 和 S

关系 R			关系 S		
A	B	C	A	B	C
a_1	b_1	c_1	a_1	b_1	c_2
a_2	b_2	c_2	a_2	b_1	c_1
a_1	b_2	c_1	a_1	b_2	c_1

1）并运算

并运算记为 $R \cup S$，结果是由属于 R 或属于 S 的元组组成的集合，如表6-4所示。

表6-4　并运算结果

A	B	C
a_1	b_1	c_1
a_2	b_2	c_2
a_1	b_2	c_1
a_1	b_1	c_2
a_2	b_1	c_1

2）交运算

交运算记为 $R \cap S$，结果是由既属于 R 又属于 S 的元组组成的集合，如表6-5所示。

表6-5　交运算结果

A	B	C
a_1	b_2	c_1

3）差运算

差运算记为 $R - S$，结果是由属于 R 但不属于 S 的元组组成的集合，如表6-6所示。

表6-6　差运算结果

A	B	C
a_1	b_1	c_1
a_2	b_2	c_2

4）选择运算

选择运算是对行进行运算，即从给出的表中选取满足给定条件的元组。例如，对于表6-7所示的学生表进行选择运算，查询所有计算机专业学生的信息，结果如表6-8所示。

表6-7　学生表

学号	姓名	性别	所在院系	年级
2017001	张红	女	英语	2017级
2017002	王亚楠	男	社会学	2017级
2017003	李丽萍	女	计算机	2017级
2017004	戴亮	男	计算机	2017级

表6-8　选择运算结果

学号	姓名	性别	所在院系	年级
2017003	李丽萍	女	计算机	2017级
2017004	戴亮	男	计算机	2017级

5）投影运算

投影运算是对列进行运算，即从给出的表中选出一个或多个属性。例如，对于表 6-7 所示的学生表进行投影运算，查询学生的学号、姓名和所在院系，结果如表 6-9 所示。

表 6-9　投影运算结果

学号	姓名	所在院系
2017001	张红	英语
2017002	王亚楠	社会学
2017003	李丽萍	计算机
2017004	戴亮	计算机

6）连接运算

连接运算是通过共有的属性名将两个关系拼接成一个具有更多属性的关系。连接运算有多种，常见的自然连接运算要求两个关系进行比较的分量必须是相同的属性组，并且在结果集中将重复属性去掉。例如，已知表 6-7 所示的学生表和表 6-10 所示的成绩表，进行自然连接以后的结果如表 6-11 所示。

表 6-10　成绩表

学号	课程编号	成绩
2007001	001	87
2007001	002	92
2007004	002	89
2007004	003	85

表 6-11　连接运算结果

学号	姓名	性别	所在院系	年级	课程编号	成绩
2017001	张红	女	英语	2017 级	001	87
2017001	张红	女	英语	2017 级	002	92
2017004	戴亮	男	计算机	2017 级	002	89
2017004	戴亮	男	计算机	2017 级	003	85

6.3　数据检索

6.3.1　数据检索方法

信息检索（information retrieval）是当今人们进行信息查询和获取的主要方式。信息检索是指将信息按一定的方式进行加工、整理、组织并存储起来,再根据用户特定的信息需求将相关信息准确地查找出来的过程。按检索对象划分,信息检索可以分为文献检索、事实检索和数据检索。

文献检索是以文献的题名、作者、摘要、来源出处、专利号、标准号、收藏处所等信息为检索对象。检索的结果是与检索课题相关的一系列文献信息(相关文献线索),检索结果不直接解答课题用户提出的技术问题,只提供与之相关的文献线索供参考。

事实检索是以事实为检索对象。事实包括各种事件及其发生的时间、地点、起因、经过、结局和预后,也包括对事物或事项本原的检索。检索的结果是有关某一检索课题的具体答案,因此,事实检索是一种确定性检索。但是对事实信息检索过程中所得到的事实、概念、思想、知识等非数值性信息和一些数值性信息须进行分析、推理,才能得到最终的答案,因此要求检索系统必须具有一定的逻辑推理能力和自然语言理解功能。目前,较为复杂的事实检索课题仍需人工才能完成。

数据检索是以具有数量性质并以数值形式表示的数据为检索对象。这些数据都是经过有关学科领域的专家学者仔细挑选、反复验证的,准确可靠,可以直接使用,因此这些数据也可以看作是浓缩型的信息。数据信息检索是一种确定性检索。

数据检索的方法有以下 3 种。

1. 顺序检索

顺序检索的基本思想是遍历整个表,逐个将记录的关键字与给定值比较。若某个记录的关键字和给定值相等,则查找成功,找到所查的记录;如果所有记录的关键字和给定值都不相等,则表中没有要查的记录,查找失败。

2. 二分检索

二分检索的基本思想是:在有序表中取中间记录作为比较对象。若给定值与中间记录的关键字相等,则查找成功;若给定值小于中间记录的关键字,则在中间记录的左半区继续查找;若给定值大于中间记录的关键字,则在中间记录的右半区继续查找。不断重复上述过程,直到找到为止。

从二分检索的定义可以看出,使用二分检索有两个条件:

(1) 待检索的表必须有序(通常是从小到大的顺序)。

(2) 必须使用线性表的顺序存储结构来存储数据。

3. 索引检索

索引检索是介于顺序检索和二分检索之间的一种检索方法,又称为分块检索。它的基本思想是:首先检索索引表,可用二分检索或顺序检索(因为索引表是有序的,可以用二分检索),然后根据块首指针找到相应的块,并在确定的块中进行顺序查找。

索引检索必须满足两个条件:

(1) 块内无序,每一块内的记录不要求有序。

(2) 块间有序,如第二块记录的所有关键字要大于第一块,第三块的要大于第二块。

索引检索有以下 3 个术语：

（1）主表，即要检索的对象。

（2）索引项。一般将主表分成几个子表，即块，每个子表建立一个索引，这个索引就叫索引项。索引项包括：最大关键码，即块中的最大关键字；块长，即每一块的元素个数；块首指针，即每一块第一个元素的指针。

（3）索引表，即索引项的集合。

6.3.2 SQL 语言简介

结构化查询语言（Structured Query Language,SQL）自 1974 年被提出后，经过不断修改完善，已成为关系数据库的标准语言。第一个 SQL 标准是 1986 年 10 月由美国国家标准局（ANSI）公布的，称为 SQL-86。1989 年 ANSI 第二次公布 SQL 标准（SQL-89），1992 年又公布了 SQL-92,1999 年公布了 SQL-99。ANSI 在每次修订 SQL 标准时都会在 SQL 中添加一些新特征并加入新命令。

1. SQL 的特点

SQL 集数据查询、数据操纵、数据定义和数据控制功能于一体，充分体现了关系数据的特点和优点。

（1）综合统一。SQL 中的数据定义语言、数据操纵语言、数据控制语言风格统一。SQL 可以独立完成数据库生命周期中的全部活动，包括定义关系模式、录入数据、查询、更新、维护、数据库重构、数据库安全性控制等一系列操作。

（2）高度非过程化。用 SQL 操作数据库时用户无须了解存取路径，存取路径的选择以及 SQL 语句的操作过程由系统自动完成。

（3）面向集合的操作方式。SQL 语言采用集合操作方式，不仅查询结果可以是元组的集合，插入、删除、更新操作的对象也可以是元组的集合。

（4）以同一种语法结构提供两种使用方式。SQL 语言作为自含式语言和嵌入式语言两种方式使用时，其语法结构基本上一致。

（5）语言简洁，易学易用。SQL 语言完成数据定义、数据操纵、数据控制的核心功能只用了 9 个动词。

2. SQL 语言的分类

SQL 语言共分为四大类，分别是数据定义语言（Data Definition Language,DDL）、数据查询语言（Data Query Language,DQL）、数据操纵语言（Data Manipulation Language,DML）和数据控制语言（Data Control Language,DCL）。

数据定义语言用于定义 SQL 模式、基本表、视图和索引的创建和撤销操作。主要操作如下：

（1）定义表：

create table<表名>(<列名字><数据类型>[列级完整性约束条件]…);

（2）定义视图：

create view <视图名>[(列名),(列名)…] as <子查询>[with check option];

视图是从一个或者几个基表或者视图导出的表（结果集），是一个逻辑上的虚表。数据库中只存放视图的定义，不存放视图的数据。所以基表的数据变化时，视图的数据也会跟着变化。

（3）定义索引：

create[unque][cluster] index <索引名>on <表名>[次序] (<列名>…);

（4）修改表：

alter table <表名>
　　[add <新列名><数据类型>[完整性约束]]
　　[drop <完整性约束名>]
　　[modify <列名><数据类型>];

<表名>表示要修改的基表，add 子句用于增加新列和完整性约束条件，drop 子句用于删除指定的完整性约束，modify 子句用于修改原有的列定义（列名和数据类型）。

（5）删除表：

drop table <表名>;

（6）删除视图：

drop view <视图名>;

数据查询语言用于对数据库中的数据对象进行查询。具体命令如下：

select [all|distinct] 列…
from 表…
[where 条件表达式]
[group by 分组表达式 [having 分组条件表达式]]
[order by 列[asc|desc]]

说明：使用 select 指定列，用户可以指定查询表中的某些列，属于投影操作。列名跟在 select 关键词后面，多个列名之间用逗号隔开；使用 distinct 去除重复行；from 子句指定查询中包含的行和列所在的表；where 子句基于指定的条件对记录行进行筛选；group by 子句将数据划分为多个分组；使用 having 子句筛选分组；使用 order by 子句对结果集进行排序。

SQL 的数据操纵语言用于改变数据库中的数据，包括插入、删除、修改。主要命令如下：

（1）插入语句：

insert into <表名> values(值);

（2）删除语句：

dalete from 表名 [where 条件表达式];

（3）删除表中所有数据：

```
truncate 语句；
```

（4）修改语句：

```
update 表名 set 列名=值 where 列名=某值
```

数据控制语言完成数据库的安全性和完整性控制。SQL 的数据控制语言包括对表和视图的授权、完整性规则的描述以及事务开始和结束等控制语句。主要命令如下：

（1）授权，将指定操作对象的指定操作权限授予指定的用户。

```
grant <权限> …
[on <对象类型><对象名>]
to <用户> …
[with grant option];
```

（2）收回权限。

```
revoke <权限> …
[on <对象类型><对象名>]
from <用户> …;
```

6.3.3　搜索引擎原理

搜索引擎是对互联网信息资源进行搜索、整理和分类，并存储在网络数据库中供用户查询的系统，包括信息搜集、信息分类、用户查询 3 部分。国外的搜索引擎代表是 Google，国内则有最大的中文搜索引擎百度。搜索引擎提供一个包含搜索框的页面，在搜索框中输入词语，通过浏览器提交给搜索引擎后，搜索引擎就会返回与用户输入的内容相关的信息列表。搜索引擎涉及多领域的理论和技术，其核心原理为 PageRank 算法。

PageRank 于 2001 年 9 月被授予美国专利，专利人是谷歌公司创始人之一的拉里·佩奇（Larry Page）。PageRank 算法是谷歌公司排名运算法则（排名公式）的一个非常重要的组成部分，是用于衡量一个网站好坏的标准。谷歌公司利用 PageRank 来调整网页的排名，使得等级或重要性高的网页排在前面。PageRank 将网页重要性的级别分为 1～10 级，称为 PR 值，10 级最高。PR 值越高，说明该网页越受欢迎，即越重要。一个 PR 值为 1 的网站表明该网站不具备流行度，而 PR 值为 7～10 的网站则表明该网站非常受欢迎，或者说极其重要。一般 PR 值达到 4 就是相当不错的网站了。谷歌公司把自己网站的 PR 值设置为 10。PageRank 级别并不是线性增长的，而是按照一种指数增长，例如，PR 值 4 比 PR 值 3 虽然只高了一级，但在影响力上高六七倍，因此，一个 PR 值 5 的网页和一个 PR 值 8 的网页之间的差距非常大。

谷歌公司通过以下 4 个步骤来实现网页在其搜索结果页面中的排名：

（1）找到所有与搜索关键词匹配的网页。

（2）根据页面因素（如标题、关键词密度等）排列等级。

（3）计算导入链接的锚文本中的关键词（链至某网站的链接均叫作该网站的导入链接；而当某网站链至某个站外链接时，这个站外链接就是某网站的导出链接）。

（4）通过 PR 值调整网站排名结果。

例如，一篇论文被其他论文引述的次数越多就越重要，如果被权威的论文引用，那么被引论文也很重要。PageRank 就是借鉴了这一思路，根据网站的外部链接和内部链接的数量与质量来衡量这个网站的价值，相当于每个到该网站的链接都是对该网站的一次投票，链接越多，就意味着其他网站为其投票越多，这就是网站的链接流行度。

用户可以从 http://toolbar.google.com 上下载安装谷歌工具栏，这样就能显示浏览网页的 PR 值了。

一般来说，网站排名因素包括网页的标题、网页正文中的关键词密度、链接文本和 PR 值。事实上，单靠 PR 值是无法获得比较理想的网站排名的。PR 值只是网站排名算法中的一个因子，若网站的其他排名因子的得分很低，最后得分还是很低。

如果在谷歌上进行广泛搜索，看起来好像有大量结果，但实际最多显示前 1000 项结果。例如搜索"car rental"，显示搜索结果为 5 110 000，但实际显示结果只有 826 个。搜索引擎选取与查询条件最相关的那些网页形成一个子集来加快搜索的速度。假设子集中包含 2000 个元素，搜索引擎所做的就是使用两三个排名因子对整个数据库进行查询，找到针对这两三个排名因子得分较高的前 2000 个网页（虽然可能有 500 多万个搜索结果，但最终实际显示的 1000 项搜索结果却是从这个 2000 页的子集中提炼出来的）。然后搜索引擎再把所有排名因子整合进这 2000 项搜索结果组成的子集中并进行相应的网站排名。由于按相关性进行排序，子集中越靠后的搜索结果（不是指网页）相关性（质量）也就越低，所以搜索引擎只向用户显示与查询条件最相关的前 1000 项搜索结果。

在搜索引擎生成这 2000 项网页的子集主要考虑相关性，即搜索引擎寻找的是与查询条件有共同主题的网页。如果这时候把 PR 值考虑进去，就很可能得到一些 PR 值很高，但主题只是略微相关的搜索结果，显然这有违搜索引擎为用户提供最相关和精准的搜索结果的原则。

因此，网站必须首先在页面因素和链接文本上下足工夫，使这些排名因子能够获得足够的得分，从而使网站能够按目标关键词进入 2000 项搜索结果的子集中，否则 PR 值再高也于事无补。尽管如此，PR 值还是一个用来了解谷歌对网站页面如何评价的相当好的指标，网站设计者要充分认识 PR 值在谷歌判断网站质量上的重要作用，从设计前的考虑到后期网站更新都要对 PR 值进行足够的分析，很好地利用 PR 值。

6.4　数 据 分 析

6.4.1　科学数据的分析方法

用户在获得所需数据后，需要进一步对数据进行科学的分析和整理。科学的数据分析是基于科学的数学统计理论对采集的数据进行分析处理,目的是找出有用的信息或找出数据的规律。完整的数据分析过程包括数据整理、数据显示、科学分析、结果评价等步骤。

1. 数据整理

数据整理是将获得的数据进行汇总和再加工,使其规整、有条理的过程,一般包括审核修正、分类、汇总等操作。

(1) 数据审核修正。数据审核的目的是检查数据是否完整和准确。数据的完整性检查是检查数据是否有遗漏的部分,如果有遗漏,要想办法补齐。数据的错误性检查一般通过逻辑常识来判断。当数据存在不符合常理和逻辑、数据存在异常值、数据中包含错误的计算关系时,都需要核实和修正。

(2) 数据分类。数据分类是按照某些标准将数据分成几组。对于已分类的数据一般不需要再进行划分,对于某些数值型数据有时候需要进行分组。

(3) 数据汇总。数据汇总是建立在数据分类基础上的,某些数据分类后需要按不同类别进行归纳汇总。例如,已知全校所有大一学生期末信息技术课程的考试成绩,按不同系别统计各分数段的学生人数。

2. 数据显示

数据显示也称为数据可视化,经过整理的数据一般以表格和图片的形式显示。通过表格可以准确地显示数据本身,也可以进一步对数据进行科学分析;利用图形显示数据更加直观生动,且能够生动地表示数据的特征和数据之间的关系。

3. 科学分析

对数据进行科学分析一般可采用量化分析、描述分析和推断分析等方法。量化分析可以快速地对数据进行计算汇总和处理,从数据中得到本质特征和规律;描述分析是按照数据的规模、水平、分布状况、发展趋势等特点进行一般性分析,可以采用图、表等方法实现;推断分析是运用特定的数量方法,对某些假设、现象变化的规律、现象之间的关系进行分析来得出结论。科学分析的具体方法有假设检验法、主成分分析法、方差分析法、因子分析法、回归分析法、聚类分析法等。用户要根据数据的类型和范围以及研究目的来确定具体科学分析的方法。

4. 结果评价

通过数据分析方法得到结果以后,需要对结果进行分析评价。主要是对分析所得结果的特征、规律进行评价,对存在的问题及原因进行分析,提出建议或解决办法。

6.4.2 常用数据分析工具介绍

对数据进行科学分析,尤其是量化分析时,可以运用量化分析工具来实现。目前运用较为广泛的数据分析工具有以下 5 种。

1. Excel 软件

Excel 是 Microsoft 公司在 1985 年推出的 Office 办公软件组件之一,以 Windows 平台为基础,具有 Windows 环境软件的所有优点。其具体特点如下:

(1) 图形用户界面。Excel 的图形用户界面是标准的 Windows 窗口形式,有控制菜单、最大化按钮、最小化按钮、标题栏、菜单栏等内容。为了方便用户使用工作表和建立公式,Excel 的图形用户界面还有编辑栏和工作表标签。

(2) 表格处理。Excel 采用表格方式管理数据,所有的数据、信息都以二维表格形式管理,表格中数据间的相互关系一目了然。从而使数据的处理和管理更直观、更方便、更易于理解。除了常用的表格处理操作以外,Excel 还提供了数据和公式的自动填充、表格格式的自动套用、自动求和、自动计算、记忆式输入、选择列表、自动更正、拼写检查、审核、排序和筛选等众多功能,可以帮助用户快速高效地建立、编辑、编排和管理各种表格。

(3) 数据分析。Excel 具有强大的数据处理和数据分析功能。它提供了包括财务、日期与时间、数学与三角函数、统计、查找与引用、数据库、文本、逻辑和信息九大类几百个内置函数,可以满足许多领域的数据处理与分析的要求。除了具有一般数据库软件所提供的数据排序、筛选、查询、统计汇总等数据处理功能以外,Excel 还提供了许多数据分析与辅助决策工具,例如数据透视表、模拟运算表、假设检验、方差分析、移动平均、指数平滑、回归分析、规划求解、多方案管理分析等。

(4) 图表制作。Excel 具有很强的图表处理功能,可以方便地将工作表中的有关数据制作成专业化的图表。通过图表,可以直观地显示出数据的众多特征、变化趋势等信息。Excel 提供的图表类型有条形图、柱形图、折线图、散点图、股价图以及多种复合图表和三维图表,且对每一种图表类型还提供了几种不同的自动套用图表格式,用户可以根据需要选择最有效的图表来展现数据。如果 Excel 提供的标准图表类型不能满足需要,用户还可以自定义图表类型。

2. SPSS

SPSS(Statistical Product and Service Solutions,统计产品与服务解决方案)是美国斯坦福大学的三位研究生研制开发的最早的统计分析软件,他们成立了 SPSS 公司,并于 1975 年在芝加哥组建了 SPSS 总部。20 世纪 80 年代以前,SPSS 统计软件主要应用于企事业单位。1984 年,SPSS 推出了世界第一套统计分析软件微机版本 SPSS/PC+,开创了 SPSS 微机系列产品的先河,从而确立了个人用户市场第一的地位。

SPSS 公司推行本土化策略,目前已推出 9 个语种版本。SPSS/PC+的推出极大地扩充了它的应用范围,使其能很快地应用于自然科学、技术科学、社会科学的各个领域。目前 SPSS 已经在国内广泛流行起来。它使用 Windows 的窗口方式展示各种管理和分析数据方法的功能,使用对话框展示出各种功能选择项,用户只要掌握一定的 Windows 操作技能,粗通统计分析原理,就可以使用该软件进行各种数据分析,为实际工作服务。其具体特点如下:

（1）操作简便。SPSS界面友好，易操作，大多数操作可通过鼠标拖曳、菜单和对话框来完成。只要了解统计分析的原理，不需要详细掌握统计方法的各种算法，即可得到需要的统计分析结果。

（2）功能强大。SPSS具有完整的数据输入、编辑、统计分析、报表、图形制作等功能，自带11种、136个函数。SPSS提供了从简单的统计描述到复杂的多因素统计分析的方法，如数据的探索性分析、统计描述、列联表分析、二维相关分析、秩相关分析、偏相关分析、方差分析、非参数检验分析、多元回归分析、生存分析、协方差分析、判别分析、因子分析、聚类分析、非线性回归分析、Logistic回归分析等。

（3）数据接口。SPSS能够读取及输出多种格式的文件。例如，由Visual FoxPro产生的文件、Excel的文件等均可转换成可供分析的SPSS数据文件。输出结果可保存为文本及网页格式的文件。

（4）模块化。SPSS软件分为若干功能模块。用户可以根据自己的分析需要和计算机的实际配置情况灵活选择。

3. SAS

SAS(Statistical Analysis System，统计分析系统)是由美国北卡罗来纳州立大学的两名研究生研制的，他们于1976年创立SAS公司。SAS具有十分完备的数据访问、数据管理、数据分析功能。在国际上，SAS被视为数据统计分析的标准软件。SAS系统是一个模块组合式结构的软件系统，共有30多个功能模块。SAS是用汇编语言编写而成的，通常使用SAS需要编写程序，比较适合统计专业人员使，而非统计专业人员学习SAS比较困难。其具体特点如下：

（1）统计方法齐全，功能强大。SAS提供了从基本统计数的计算到各种试验设计的方差分析、相关回归分析以及多变数分析的多种统计分析过程，几乎囊括了所有最新分析方法，其分析技术先进可靠。分析方法的实现通过过程调用完成。许多过程同时提供了多种算法和选项。例如，方差分析中的多重比较提供了包括LSD、DUNCAN、TUKEY测验在内的十余种方法；回归分析提供了9种自变量选择的方法（如STEPWISE、BACKWARD、FORWARD、RSQUARE等）。

（2）使用简便，操作灵活。SAS以一个通用的DATA（数据）步产生数据集，然后以不同的过程调用完成各种数据分析。其编程语句简洁、短小，通常只需几个语句即可完成复杂的运算，得到满意的结果。结果输出以简明的英文给出提示，统计术语规范易懂，使用者具有初步英语和统计基础即可。使用者只要告诉SAS"做什么"，而不必告诉其"怎么做"。

（3）提供联机帮助功能。使用过程中按下功能键F1，可随时获得帮助信息，得到简明的操作指导。

4. MATLAB

MATLAB是美国MathWorks公司出品的商业数学软件，是用于算法开发、数据可视化、数据分析以及数值计算的高级技术计算语言和交互式环境，主要包括MATLAB和

Simulink 两大部分。

MATLAB 将数值分析、矩阵计算、科学数据可视化以及非线性动态系统的建模和仿真等诸多强大功能集成在一个易于使用的视窗环境中,为科学研究、工程设计以及必须进行有效数值计算的众多科学领域提供了一种全面的解决方案,并在很大程度上摆脱了传统非交互式程序设计语言(如 C 语言等)的编辑模式。MATLAB 可以进行矩阵运算、绘制函数和数据、实现算法、创建用户界面、连接其他编程语言的程序等,主要应用于工程计算、控制设计、信号处理与通信、图像处理、信号检测、金融建模设计与分析等领域。其具体特点如下:

(1) 简单,易操作。MATLAB 是一个高级的矩阵/阵列语言,它包含控制语句、函数、数据结构、输入输出和面向对象编程特点。用户可以在命令窗口中将输入语句与执行命令同步,也可以先编写一个较大的复杂的应用程序(M 文件)再一起运行。新版本的 MATLAB 语言是基于 C++ 语言的,因此语法特征与 C++ 语言极为相似,而且更加简单,更加符合科技人员的数学表达式书写格式,使之更便于非计算机专业的科技人员使用。而且这种语言可移植性好,可拓展性极强,这也是 MATLAB 能够深入到科学研究及工程计算各个领域的重要原因。

(2) 功能强大。MATLAB 拥有 600 多个工程中要用到的数学运算函数,可以方便地实现用户所需的各种计算功能。MATLAB 的这些函数集既包括最简单、最基本的函数,也包括诸如矩阵、特征向量、快速傅里叶变换等复杂函数。MATLAB 的函数所能解决的问题大致包括矩阵运算和线性方程组的求解、微分方程及偏微分方程的组的求解、符号运算、傅里叶变换、数据的统计分析、工程中的优化问题、稀疏矩阵运算、复数的各种运算、三角函数和其他初等数学运算、多维数组操作以及建模动态仿真等。

(3) 编程平台易用。MATLAB 由一系列工具组成。这些工具方便用户使用 MATLAB 的函数和文件,其中许多工具采用图形用户界面。包括 MATLAB 桌面和命令窗口、历史命令窗口、编辑器和调试器、路径搜索和用于用户浏览帮助、工作空间、文件的浏览器。随着 MATLAB 的商业化以及软件本身的不断升级,MATLAB 的用户界面也越来越精致,更加接近 Windows 的标准界面,人机交互性更强,操作更简单。

(4) 图形处理功能完善。MATLAB 具有方便的数据可视化功能,可以将向量和矩阵用图形表现出来,并且可以对图形进行标注和打印。高层次的作图包括二维和三维的可视化、图像处理、动画和表达式作图,可用于科学计算和工程绘图。新版本的 MATLAB 对整个图形处理功能作了很大的改进和完善,使它不仅在一般数据可视化软件都具有的功能(例如二维曲线和三维曲面的绘制和处理等)方面更加完善,而且在其他软件所没有的一些功能(例如图形的光照处理、色度处理以及四维数据的表现等)上同样表现了出色的处理能力。

(5) 模块工具丰富。MATLAB 为许多专门的领域开发了功能强大的模块集和工具箱。一般来说,它们都是由特定领域的专家开发的,用户可以直接使用工具箱学习、应用和评估不同的方法,而不需要自己编写代码。诸如数据采集、数据库接口、概率统计、样条拟合、优化算法、偏微分方程求解、神经网络、小波分析、信号处理、图像处理、系统辨识、控制系统设计、LMI 控制、鲁棒控制、模型预测、模糊逻辑、金融分析、地图工具、非线性控制设计、实时快速原型及半物理仿真、嵌入式系统开发、定点仿真、DSP 与通信、电力系统仿真等，都可以在工具箱中找到。

5. R 语言

R 语言诞生于 1980 年，是 S 语言的一个分支，是统计领域广泛使用的一种软件。S 语言是由 AT&T 贝尔实验室开发的一种用来进行数据探索、统计分析和作图的解释型语言。最初 S 语言的实现版本主要是 S-PLUS。S-PLUS 是一个商业软件，它基于 S 语言，并由 MathSoft 公司的统计科学部进一步完善。后来新西兰奥克兰大学的 Robert Gentleman 和 Ross Ihaka 等人开发了 R 系统。R 语言作为一种统计分析软件，集统计分析与图形显示于一体。它可以运行于 UNIX、Windows 和 Macintosh 操作系统上，而且嵌入了一个非常方便、实用的帮助系统。相比于其他统计分析软件，R 有以下特点：

（1）R 语言是自由软件。R 语言免费开源，用户可以在它的网站及镜像中下载有关的安装程序、源代码、程序包及其源代码、文档资料。标准的安装文件身自身就带有许多模块和内嵌统计函数，安装好后可以直接实现许多常用的统计功能。

（2）R 语言是一种可编程的语言。R 语言有一个开放的统计编程环境，语法通俗易懂，很容易掌握。用户可以编制自己的函数来扩展现有的语言。这也就是它的更新速度比一般统计软件（如 SPSS、SAS 等）快得多的原因。大多数最新的统计方法和技术都可以在 R 语言中直接得到。

（3）程序包的使用。所有 R 语言的函数和数据集都保存在程序包中。只有当一个包被载入时，它的内容才可以被访问。一些常用、基本的程序包已经被收入了标准安装文件中，随着新的统计分析方法的出现，标准安装文件中所包含的程序包也随着版本的更新而不断变化。

（4）互动性强。R 语言具有很强的互动性。除了图形输出是在单独的窗口以外，它的输入和输出都是在同一个窗口进行的，输入语法中如果出现错误，会马上在窗口中给出提示。对以前输入过的命令有记忆功能，可以随时再现、编辑修改。输出的图形可以直接保存为 JPG、BMP、PNG 等图片格式，还可以直接保存为 PDF 文件。另外，R 语言和其他编程语言以及数据库之间有很好的接口。

6.4.3　数据挖掘知识简介

1989 年，在第 11 届国际联合人工智能学术会议上，人们首先提出了基于数据库的知识发现技术。在 1995 年美国计算机年会上，数据挖掘的概念首次被提出。数据挖掘（data mining）是指从大量结构化和非结构化的数据中提取出有用的信息和知识的过程。目前，数据挖掘作为一个多学科交叉的新兴应用领域，正在各行业、各领域广泛应用。

1. 数据挖掘的起源

近年来，数据挖掘引起了信息产业界的极大关注，其主要原因是存在大量数据，可以广泛使用，激增的数据背后隐藏着许多重要的信息，人们希望能够对其进行更高层次的分析,以便更好地利用这些数据。目前的数据库系统可以高效地实现数据的录入、查询、统计等功能,但无法发现数据中存在的关系和规则,无法根据现有的数据预测未来的发展趋势。缺乏挖掘数据背后隐藏的知识的手段,导致了"数据爆炸但知识贫乏"的现象。数据挖掘技术是人们长期对数据库技术进行研究和开发的结果。起初各种商业数据是存储在计算机的数据库中的,然后发展到可对数据库进行查询和访问,进而发展到对数据库的即时遍历。数据挖掘使数据库技术进入了一个更高级的阶段,它不仅能对过去的数据进行查询和遍历,并且能够找出过去数据之间的潜在联系,从而促进信息的传递。由于有了强大的多处理器计算机和数据挖掘算法,现在数据挖掘技术在商业应用中已经可以投入使用了。

2. 数据挖掘的定义

从技术上来说,数据挖掘就是从大量的、不完全的、有噪声的、模糊的、随机的实际应用数据中提取隐含在其中的,人们事先不知道的,但又是潜在有用的信息和知识的过程。数据挖掘要求数据源必须是真实的、大量的、含噪声的,发现的是用户感兴趣的知识,发现的知识要可接受、可理解、可运用,发现的是特定领域的特定问题。

从商业角度来说,数据挖掘是一种新的商业信息处理技术,其主要特点是对商业数据库中的大量业务数据进行抽取、转换、分析和其他模型化处理,从中提取辅助商业决策的关键性数据。现在,由于各行业业务自动化的实现,商业领域产生了大量的业务数据,这些数据是由于商业运作而产生的。分析这些数据也不再是单纯为了研究的需要,更主要是为商业决策提供真正有价值的信息,进而获得利润。但商业领域里各企业数据量非常大,而其中真正有价值的信息却很少,只有对大量的数据进行深层分析,才能获得有利于商业运作、提高竞争力的信息。因此,数据挖掘的定义为:按企业既定业务目标,对大量的企业数据进行探索和分析,揭示隐藏的、未知的或验证已知的规律性,并进一步将其模型化的先进、有效的方法。

3. 数据挖掘的功能

数据挖掘通过预测未来趋势及行为,做出超前的、基于知识的决策。数据挖掘的目标是从数据库中发现隐含的、有意义的知识。数据挖掘主要有以下五类功能:

(1) 预测。数据挖掘自动在大型数据库中寻找预测性信息,以往需要进行大量手工分析的问题如今可以迅速地直接由数据本身得出结论。一个典型的例子是市场预测问题,数据挖掘使用过去有关促销的数据来寻找未来投资中回报最大的用户,其他可预测的问题包括预报破产以及认定对指定事件最可能作出反应的群体。

(2) 关联分析。数据关联是数据库中存在的一类重要的可被发现的知识。若两个或多个变量的取值之间存在某种规律性,就称为关联。关联可分为简单关联、时序关联、因果关联。关联分析的目的是找出数据库中隐藏的关联网。有时并不知道数据库中数据的关联函数,即使知道,也是不确定的,因此关联分析生成的规则带有可信度。

(3) 聚类。数据库中的记录可被划分为一系列有意义的子集,即聚类。聚类增强了人们对客观现实的认识,是概念描述和偏差分析的先决条件。聚类技术主要包括传统的模式识别方法和数学分类学。

(4) 概念描述。概念描述就是对某类对象的内涵进行描述,并概括这类对象的有关特征。概念描述分为特征性描述和区别性描述,前者描述某类对象的共同特征,后者描述不同类对象之间的区别。生成一个类的特征性描述只涉及该类对象中所有对象的共性。生成区别性描述的方法很多,如决策树方法、遗传算法等。

(5) 偏差检测。数据库中的数据常有一些异常记录,从数据库中检测这些偏差很有意义。偏差包括很多潜在的知识,如分类中的反常实例、不满足规则的特例、观测结果与模型预测值的偏差、量值随时间的变化等。偏差检测的基本方法是寻找观测结果与参照值之间有意义的差别。

4. 数据挖掘的经典算法

1) C4.5

C4.5 是机器学习算法中的一个分类决策树算法,它是决策树核心算法 ID3 的改进算法,所以,了解了一般决策树的构造方法就能构造它。分类决策树算法其实就是每次选择一个好的特征以及分裂点作为当前节点的分类条件。

2) k-Means 算法

k-Means 算法是一个聚类算法,把 n 人对象根据属性分为 k 个分割($k<n$)。它与处理混合正态分布的最大期望算法很相似,因为它们都试图找到数据中自然聚类的中心。它假设对象属性来自空间向量,并且目标是使各个群组内部的均方误差总和最小。

3) 支持向量机

支持向量机(Support Vector Machine,SVM)是一种监督式学习方法,它广泛应用于统计分类以及回归分析中。支持向量机将向量映射到一个更高维的空间里,在这个空间里建立一个最大间隔超平面。在分开数据的超平面的两边建立两个互相平行的超平面,分隔超平面使两个平行超平面的距离最大化。

4) Apriori 算法

Apriori 算法是一种极有影响的挖掘布尔关联规则频繁项集的算法。其核心是基于两阶段频集思想的递推算法。该关联规则在分类上属于单维、单层、布尔关联规则。在这里,所有支持度大于最小支持度的项集称为频繁项集,简称频集。

5) 最大期望算法

在统计计算中,最大期望(Expectation-Maximization,EM)算法是在概率模型中寻找参数最大似然估计的算法,其中概率模型依赖于无法观测的隐藏变量。最大期望算法经常用在机器学习和计算机视觉的数据集聚领域。

6) PageRank

PageRank 是 Google 算法的重要内容。PageRank 根据网站的外部链接和内部链接的数量和质量衡量网站的价值。PageRank 背后的概念是,每个到页面的链接都是对该页面的一次投票,被链接的次数越多,就意味着被其他网站投票越多。

7) AdaBoost

AdaBoost 是一种迭代算法,其核心思想是:针对同一个训练集训练不同的分类器

（弱分类器），然后把这些弱分类器集合起来，构成一个更强的最终分类器（强分类器）。其算法本身是通过改变数据分布来实现的，它根据每次训练集中每个样本的分类是否正确以及上次的总体分类的准确率来确定每个样本的权值。将修改过权值的新数据集送给下层分类器进行训练，然后将每次训练得到的分类器融合起来，作为最后的决策分类器。

8）KNN 算法

K 最近邻（K-Nearest Neighbor，KNN）算法是一个理论上比较成熟的方法，也是最简单的机器学习算法之一。该方法的思路是：如果一个样本在特征空间中的 k 个最相似（即特征空间中最邻近）的样本中的大多数属于某一个类别，则该样本也属于这个类别。

9）Naive Bayes

在众多的分类模型中，应用最为广泛的两种分类模型是决策树模型（Decision Tree Model）和朴素贝叶斯模型（Naive Bayesian Model，NBC）。朴素贝叶斯模型发源于古典数学理论，有着坚实的数学基础以及稳定的分类效率。同时，NBC 模型需要估计的参数很少，对缺失数据不太敏感，算法也比较简单。理论上，NBC 模型与其他分类方法相比具有最小的误差率。但是实际上并非总是如此，这是因为 NBC 模型假设属性之间相互独立，这个假设在实际应用中往往是不成立的，这给 NBC 模型的正确分类带来了一定影响。在属性个数比较多或者属性之间相关性较大时，NBC 模型的分类效率比不上决策树模型；而在属性相关性较小时，NBC 模型的性能最好。

本 章 小 结

数据管理技术是专门用来管理数据和信息资源的重要技术，是建立信息系统的核心和基础。随着信息技术在各行各业的广泛应用，数据管理技术已成为应用最广泛的技术之一，是信息管理的重要工具之一。对于一个国家来说，数据库的建设规模、数据库信息量和使用频率也成为衡量这个国家信息化程度的重要标志。

本章从数据与数据库的基本概念入手，介绍了 3 种数据基本模型、数据的检索方法以及科学数据的分析方法，阐述了 E-R 模型、SQL 语言基础知识和关系数据库的相关知识，并对数据挖掘的基本概念和相关经典算法进行了介绍。

第7章

网 络 技 术

21世纪是信息技术的时代,信息已成为人类赖以生存的重要资源。信息技术迅猛发展和普及,不断改变人们的生产、生活方式。信息的处理离不开计算机,信息的流通离不开通信,而计算机网络正是将计算机技术与通信技术密切结合的产物。计算机网络技术是20世纪对人类社会产生最深远影响的科技成就之一。随着Internet技术的迅速发展和现代信息基础设施的逐步完善,网络已经成为人们工作和生活不可分割的一部分,使人类的工作方式、学习方式乃至思维方式发生了深刻的变革。Internet网络技术是当代计算机领域最为重要的基础知识之一,这已成为当今世界人们的共识。

7.1 计算机网络基础知识

7.1.1 计算机网络的形成与发展

计算机网络出现的历史不长,但发展速度很快。从20世纪50年代至今,它经历了从简单到复杂、从单机到多机的演变过程,其演变过程大致可概括为以下4个阶段。

1. 第一阶段:面向终端的计算机通信网络

第一代计算机网络产生于20世纪50年代初,此阶段的计算机价格昂贵,远程用户只能通过价格相对比较便宜的终端与一台中心计算机(一般称作主机)经通信线路相连,利用主机进行信息处理,并将处理的结果通过通信线路输出到用户终端上,如图7-1所示。这种连接不受地理位置的限制,主机可以在千里之外连接远程终端,其典型代表是美国的半自动地面防空系统(Semi-Automatic Ground Environment,SAGE),它把远距离的雷达和其他测控设备探测到的信息通过总

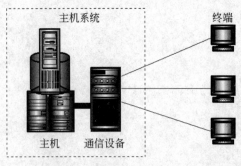

图7-1 面向终端的计算机通信网络

长度达 2 410 000km 的通信线路汇集到某个基地的一台 IBM 计算机上,进行集中的防空信息处理和控制。

但是在这种通信系统中,主机负担较重,既要进行数据处理,又要承担通信控制,当终端数量较多时,主机负荷过重,实际工作效率下降;而且主机与每一台远程终端都用一条专用通信线路连接,线路的利用率低,费用也较高。

为了解决这个问题,面向终端的计算机通信网络有了新的发展,出现了把数据处理和数据通信分开的工作方式,主机专门进行数据处理,而在主机和通信线路之间设置了通信控制处理机,专门负责数据通信控制,减轻主机负担。此外,在终端聚集处设置了集中器,用多条低速线路将各个终端汇集到集中器,集中器再通过高速线路与主机相连,降低了通信线路的负担,如图 7-2 所示。这种结构的典型代表是美国航空公司在 20 世纪 60 年代初建成的航空订票系统 SABRE,这一系统通过电话线,将位于纽约的一台 IBM 计算机与分布在全美国的 2000 多个终端连接在一起,处理飞机座位预订和乘客记录。

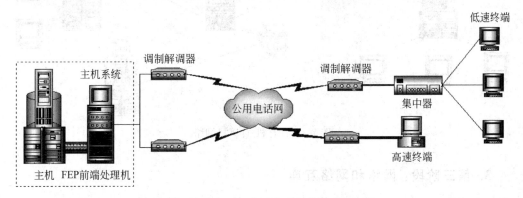

图 7-2　具有远程通信功能的计算机通信网络

面向终端的计算机通信网络是一种主从式结构,主机处于主控地位,而终端处于从属地位,一般也称为面向终端的联机系统,它与现在所说的计算机网络的概念不同,可以说只是现代计算机网络的雏形。

2. 第二阶段:计算机-计算机网络

20 世纪 60 年代后期,随着计算机技术和通信技术的进步,出现了将多台计算机通过通信线路连接起来为用户提供服务的网络,实现了计算机之间的通信,以达到资源共享的目的,这就是计算机-计算机网络,至此计算机网络的发展进入第二个阶段。它与面向终端的联机系统的区别是:这里的多台计算机都具有自主处理能力,它们之间不存在主从关系,如图 7-3 所示。第二阶段计算机网络的典型代表是由美国国防部高级研究计划署(Advanced Research Projects Agency,ARPA)研制的 ARPANET(通常称为 ARPA 网)。

ARPANET 实际上是 20 世纪 60 年代冷战时期的产物。在与苏联的军事力量竞争中,为了防止美国军事指挥中心被苏联摧毁后军事指挥出现瘫痪,美国军方认为需要一个专门用于传输军事命令与控制信息的网络,新的网络必须具有很强的生存能力,而且能够适应现代战争的需要。1969 年,ARPA 把 4 台军事及研究用计算机主机连接起来,于是

ARPANET 诞生了。ARPANET 采取分组交换技术,该技术是将传输的数据加以分块,并在每块数据的前面加上一个信息发送目的地的地址标识,从而实现信息数据传递的一种通信技术。

　　ARPANET 是计算机网络技术发展的一个重要的里程碑,它对计算机网络理论与技术发展起到了重大的奠基作用。ARPANET 的研究成果证明了分组交换理论的正确性,也展现出计算机网络广阔的应用前景。

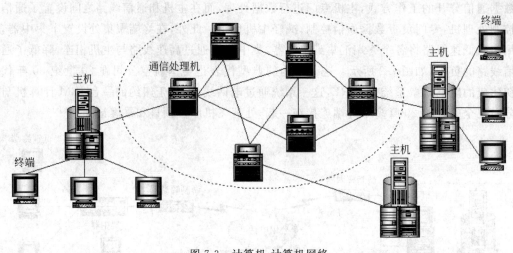

图 7-3　计算机-计算机网络

3. 第三阶段:网络和网络互连

　　20 世纪七八十年代,计算机网络发展十分迅速,出现了大量的计算机网络,一些大的计算机公司开展了计算机网络研究与产品开发工作,同时也提出了各种网络体系结构与网络协议,例如 IBM 公司的 SNA、DEC 公司的 DNA 与 UNIVAC 公司的 DCA 等。同时,局域网技术理论首次被提出,20 世纪 80 年代,微型机的广泛应用推动了局域网技术的迅速发展。在局域网领域中,采用以太网(Ethernet)、令牌总线(token bus)、令牌环(token ring)的局域网产品形成三足鼎立之势。

　　随着局域网的广泛应用,网络互连需求也应运而生,各种不同体系结构的网络需要互连,但是由于不同体系的网络采用不同的标准,这样就对网络互连形成了障碍,最终促成了网络体系结构国际标准的制定。

　　国际标准化组织(International Organization for Standardization,ISO)在 1977 年设立了一个分委员会,专门研究网络体系结构与网络协议国际标准化问题。1983 年,ISO 正式制订了开放系统互连参考模型(Open System Interconnect/Reference Model,OSI/RM),即 ISO/IEC 7498 国际标准,为网络的发展提供了一个可共同遵守的规则,从此计算机网络的发展走上了标准化的道路。

4. 第四阶段:Internet 的应用与三网融合

　　进入 20 世纪 90 年代,Internet 将分散在世界各地的计算机和各种网络连接起来,形成了覆盖世界的大型网络。Internet 的中文名为因特网,它通过路由器实现多个广域网和局域网的互连,是全球性的、最具影响力的计算机互联网,也是世界范围的信息资源宝库,它对推动世界科学、文化、经济和社会的发展起着不可估量的作用。

1993 年 9 月,美国宣布了国家信息基础设施(National Information Infrastructure, NII)建设计划,NII 的建设目标是在全国范围内建立为民众普遍服务的信息基础设施,被形象地称为信息高速公路。人们开始认识到信息技术的应用与信息产业发展将对各国经济发展产生重要的作用,因此很多国家都规划和实施了信息高速公路建设计划。1995 年 2 月,全球信息基础设施委员会(GIIC)成立,它的目的是推动与协调各国信息技术与信息服务的发展与应用,全球信息化的发展趋势已经不可逆转。

新一代计算机网络在技术上最重要的特点是高速化、综合化。高速化就是指网络的数据传输速率可达几十到几百兆比特/秒(Mb/s),甚至能达到几到几十吉比特/秒(Gb/s)的量级。综合化是指将多种业务、多种信息综合到一个网络中传送。传统的电信网、有线电视网和计算机网络在网络资源、信息资源和接入技术方面虽然各有特点与优势,但建设之初均是面向特定业务的,在宽带环境下,可以将传统电信网、有线电视网和计算机网络这 3 种采用不同信道实现不同功能的网络整合到一个信息平台,以提供文字、图像、声音、视频等多媒体的宽带服务业务,实现"三网融合"。

7.1.2　计算机网络的定义和功能

1. 计算机网络的定义

计算机网络发展至今,相关领域的研究者提出了网络的多种定义,其中一个普遍采用的定义是:计算机网络是指将分布在不同地理位置上的、功能独立的多个计算机系统通过通信设备和通信线路相互连接起来,在网络软件的支持下实现数据传输和资源共享的计算机群体系统。

2. 计算机网络的功能

计算机网络可提供各种信息和服务,具体来说有以下主要功能:

(1) 信息交换。也称数据通信,是计算机网络最基本的功能之一。计算机网络能够使分布在不同地区的计算机方便、及时、迅速地传递各种信息,包括文字、图形图像、声音、视频、动画等。随着 Internet 的发展及广泛应用,传统电话、电报、邮递等通信方式受到很大冲击,电子邮件已被人们广泛接受,网上电话、视频会议等各种新型通信方式正在迅速发展。

(2) 资源共享。计算机网络的主要目的是资源共享。计算机网络中的资源有硬件资源、软件资源和数据资源 3 类,由于受经济和其他因素的制约,并不是所有用户都能够独立拥有这些资源,而计算机网络的资源共享功能,使得网络中的用户可以在许可的权限内使用其中的资源,来解决自己的问题,如使用大型数据库信息,下载使用各种网络软件,共享网络服务器中的海量存储器等。资源共享可以最大程度地利用网络中的各种资源,极大地提高了计算机软硬件的利用率。

（3）分布式处理。对于综合性的大型科学计算和信息处理问题，当一台计算机难以解决时，可以采用一定的算法，将任务分给网络中不同的计算机进行分布式处理，由网络中各计算机分别承担其中一部分任务，同时运作，共同完成，均衡使用网络资源，从而使整个系统的效能大为提高。

（4）提高系统的可靠性和可用性。计算机网络一般都采用分布式控制方式，相同的资源可分布在不同的计算机上，因此计算机网络中的各台计算机可以通过网络互为后备机。当网络中的通信线路发生故障时，可利用其他路径完成数据传输；当某台计算机出现故障，网络中其他计算机可代为继续执行，以保证用户的正常操作，避免整个系统瘫痪，从而提高系统的可靠性和可用性。

7.1.3　计算机网络的分类

从不同的角度可以将计算机网络分成不同的种类。一般有以下几种常见的分类方式。

1. 按网络的覆盖范围进行分类

按计算机网络覆盖的地理范围及规模大小可以分为局域网（Local Area Network，LAN）、城域网（Metropolitan Area Network，MAN）、广域网（Wide Area Network，WAN）。

（1）局域网。指距离较近的多台计算机、外部设备通过通信设备和传输介质互连在一起的通信网络，一般在一个单位、企业内部使用。局域网的地理范围一般在几百米到10km 范围内，在一个房间内、一座大楼内、一个校园内、几栋大楼之间或一个工厂的厂区内等。局域网的典型特点是距离短，通信时延小，传输速率高，可靠性好和误码率低，建设成本低。

（2）城域网。其作用范围一般是一个城市，其连接距离可以是 10~100km。与 LAN相比，MAN 扩展的距离更长，连接的计算机数量更多，在地理范围上可以说是 LAN 网络的延伸。城域网通常作为城市骨干网，互连大量企业、机构和校园网。一个 MAN 网络通常连接着多个 LAN，如连接政府机构的 LAN、医院的 LAN、电信的 LAN、公司企业的LAN 等。

（3）广域网。这种网络也称为远程网，其覆盖的范围比城域网更广，一般是将不同城市的 LAN 或者 MAN 互连，地理范围可从几百公里到几千公里。广域网是因特网的核心部分，其任务是为核心路由器提供远距离高速连接，互连分布在不同地区的城域网和局域网，它的通信传输装置和媒体一般由电信部门提供。

2. 按网络的拓扑结构进行分类

计算机网络的拓扑结构，是指网上计算机或设备与传输介质形成的节点与线的物理构成模式。计算机网络中常见的拓扑结构有总线型、星形、环形、树形和网状等，如图 7-4

所示。

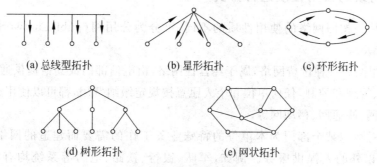

图 7-4　网络拓扑结构

（1）总线型拓扑结构。总线型拓扑采用单一信道作为传输介质，所有站点通过相应的硬件接口连到这一称为总线的公共信道上。任一个节点发送的信号都沿着总线进行传播，而且能被总线上的所有其他节点接收。因为所有站点共享一条公用的传输信道，所以一次只能由一个站点传输信号。这种结构的优点是结构简单，建网容易，站点扩展灵活方便，可靠性高。其缺点是主干线对网络起决定性作用，总线故障将影响整个网络，且网络上信息的延迟时间是不确定的，不适用于实时通信。

（2）星形拓扑结构。星形结构是以中央节点为中心，把若干外围节点连接起来的辐射式互连结构。中央节点是充当整个网络控制的主控计算机，各工作站之间的数据通信必须通过中央节点进行转发，而各个站点的通信处理负担都很小。星形结构的优点是传输速度快，扩充比较方便，易于管理和维护，故障的检测和隔离也很方便。其缺点是中央节点是整个网络的瓶颈，必须具有很高的可靠性，一旦中央节点发生故障，整个网络就会瘫痪。另外，每个节点都要和中央节点相连，需要耗费大量的电缆。

（3）环形拓扑结构。环形结构是由站点和连接站点的链路组成的一个闭合环，每个节点只与相邻的两个节点相连。在环形拓扑中，信息沿着环路按同一个方向传输，依次通过每一台主机。各主机识别信息中的目的地址，如与本机地址相符，则信息被接收下来。信息环绕一周后由发送主机将其从环上删除。环形结构的优点是结构简单，建网容易，传输最大延迟时间是固定的，传输控制机制简单。其缺点是网络中任何一台计算机的故障都会影响整个网络的正常工作，故障检测比较困难，且当节点过多时会影响传输效率。

（4）树形拓扑结构。树形结构是一种分层结构，是从总线拓扑演变而来的，与总线结构相比，主要区别在于树形结构中有"根"，树根下有多个分支，每个分支还可以有子分支，树叶是站点。当站点发送数据时，由根接收信号，然后再重新广播到全网。树形结构的优点是容易扩展、故障也容易分离和处理，适用于分主次或分等级的层次型管理系统。其缺点是整个网络对根的依赖性很大，一旦根发生故障，整个系统就不能正常工作。

（5）网状拓扑结构。网状拓扑结构主要用于广域网，每一个节点至少与其他两个节点相连。网状拓扑结构的优点是具有较高的可靠性，节点间路径多，局部的故障不会影响整个网络的正常工作。其缺点是结构和协议比较复杂，建网成本较高，不易管理和维护。

3. 按网络的使用性质进行分类

计算机网络按照网络的使用性质的不同,可分为公用网(public network)和专用网(private network)。

(1)公用网。一种付费网络,属于经营性网络,由电信部门或其他提供通信服务的经营部门组建、管理和控制,任何单位和个人愿意按规定缴纳费用,都可以使用这种网络,如我国的电信网、联通网、移动网等。

(2)专用网。某个部门为本单位的特殊业务工作的需要而建造的网络,这种网络不向本单位以外的人提供服务。例如,军队、银行、铁路、电力等系统均有本系统的专用网。

7.2 计算机网络的组成

计算机网络系统由网络硬件和网络软件两部分组成。网络硬件主要包括主体设备、传输介质和互连设备3部分,对网络性能起到决定性作用;而网络软件包括网络操作系统、通信协议、网络服务软件和网络应用软件等,是支持网络运行、提高效率和开发网络资源的工具。

7.2.1 主体设备

网络硬件中的主体设备主要是服务器、工作站和其他相关外设。

1. 服务器

服务器是一台速度快、存储量大、性能较高的计算机,它是网络系统的核心设备,可以将其CPU、内存、磁盘、数据等资源提供给网络用户使用。服务器可分为WWW服务器、文件服务器、远程访问服务器、邮件服务器、打印服务器等,是一台专用或多用途的计算机。在互联网中,服务器之间互通信息,相互提供服务,每台服务器的地位是同等的。服务器需要专门的技术人员对其进行管理和维护,以保证整个网络的正常运行。

2. 工作站

工作站是具有独立处理能力的计算机,它是用户向服务器申请服务的终端设备。用户可以在工作站上处理日常工作,并随时向服务器索取各种信息及数据,请求服务器提供各种服务(如传输文件,打印文件等)。

3. 外设

外设是指网络上可供用户共享的外部设备,通常包括打印机、绘图仪、扫描仪等。

7.2.2 网络传输介质

传输介质是数据传输系统中发送装置和接收装置间的物理介质,是数据在网络上传输的通路。常用的传输介质可分为有线介质和无线介质,有线介质包括双绞线、同轴电缆和光纤,常用的无线介质有无线电波、微波、红外线和蓝牙等。

1. 双绞线

双绞线是由两根绝缘金属线按螺旋状扭合在一起而成的,以螺旋状扭合在一起的目的是为了减少线对之间的电磁干扰。双绞线既可以传输模拟信号,也可以传输数字信号。双绞线点到点的通信距离一般不能超出100m。双绞线价格低廉,比同轴电缆或光纤便宜得多。双绞线的结构如图7-5所示。

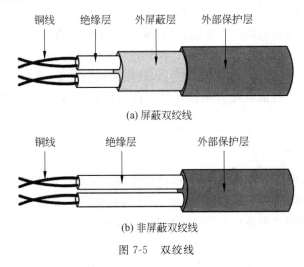

图 7-5　双绞线

1) 双绞线的分类

按照频率和信噪比进行分类,计算机网络上用的双绞线有三类线(最高传输速率为10Mb/s)、五类线(最高传输速率为 100Mb/s)、超五类线和六类线(传输速率至少为250Mb/s)、七类线(传输速率至少 600Mb/s)。

根据有无屏蔽层,双绞线分为屏蔽双绞线(Shielded Twisted Pair,STP)与非屏蔽双绞线(Unshielded Twisted Pair,UTP)。

2) 双绞线的优缺点

使用双绞线作为传输介质的优越性在于其技术和标准非常成熟,价格低廉,而且安装也相对简单。缺点是双绞线对电磁干扰比较敏感,并且容易被窃听。双绞线目前主要在室内环境中使用。

2. 同轴电缆

同轴电缆由内、外两个导体组成,内导体可以由单股或多股线组成,外导体一般由金属编织网组成。内、外导体之间有绝缘材料。在较高频率时,其抗干扰性比双绞线优越。其每米价格和安装费用比双绞线高。同轴电缆的结构如图 7-6 所示。

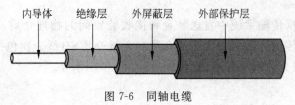

图 7-6　同轴电缆

1) 同轴电缆分类

广泛使用的同轴电缆有两种:一种为基带同轴电缆,阻抗为 50Ω,用来直接传输数字信号,传输速率最高可达到 10Mb/s;另一种为宽带同轴电缆,阻抗为 75Ω,用来直接传输模拟信号,公用有线电视 CATV 电缆就是宽带同轴电缆。

2) 同轴电缆的特点

与双绞线相比,同轴电缆抗干扰能力强,屏蔽性能好,传输数据稳定,价格也便宜,它不用连接在集线器或交换机上即可使用。同轴电缆的带宽取决于电缆长度,1km 的电缆的数据传输速率可以达到 $1\sim2$Gb/s。它可以使用更长的电缆,但是传输速率要降低或使用中间放大器。目前,同轴电缆大量被光纤取代,但仍广泛应用于有线电视和某些局域网中。

3. 光纤

如图 7-7 所示,光纤由纤芯、包层和保护层组成。光纤中心是光传播的玻璃芯,芯外面包围着一层折射率比纤芯低的玻璃封套,再外面的是一层薄的塑料保护套。利用光纤传输信号时,在发送端要先将电信号转换成光信号,在接收端再用光检测器将光信号还原成电信号。

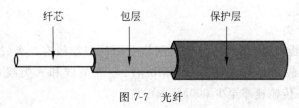

图 7-7　光纤

1) 光纤分类

按照光纤传输的模式数量,可以将光纤的种类分为多模光纤和单模光纤。多模光纤是指在光纤内部有多条光线以不同的角度发生全反射,向前传播,传送距离为几公里。单模光纤指光线在其中以直线传播而不发生反射,减小了损耗,因而可传播更长的距离,为几十公里。单模光纤和多模光纤如图 7-8 所示。

2) 光纤通信的特点

光纤通信有以下优点:通信容量大,传输距离远;信号干扰小,保密性能好;抗电磁干扰,传输质量佳;光纤尺寸小、重量轻,便于敷设和运输;材料来源丰富,环境保护好;无辐射,难以窃听;光缆适应性强,寿命长。但光纤价格比较昂贵,主要用于高速、大容量的通信干线等。

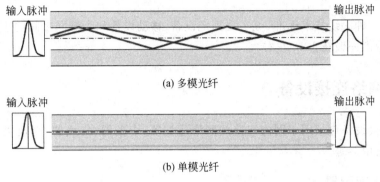

(a) 多模光纤

(b) 单模光纤

图 7-8　多模光纤和单模光纤

4. 微波

微波是频率为 $1 \sim 10GHz$ 的电波,微波通信是一种无线电通信,不需要架设明线或铺设电缆,借助频率很高的无线电波,可同时传送大量信息,如图 7-9 所示。微波通信距离在 50km 左右。

微波通信的优点是容量大,受外界干扰影响小,传输质量高,建设费用低,一次性投资从长远看比较经济,尤其适合在城市中网络互连布线困难时使用。其缺点是保密性能差,通信双方之间不能有建筑物等物体的阻挡。

图 7-9　微波通信

5. 卫星通信

卫星通信利用人造地球卫星作为中继站转发微波信号,使各地之间互相通信,如图 7-10 所示,因此卫星通信系统是一种特殊的微波中继系统。一颗同步地球卫星可以覆盖地球 1/3 以上的表面,3 颗卫星就可以覆盖地球的全部表面,这样,地球各地面站之间就可以任意通信了。

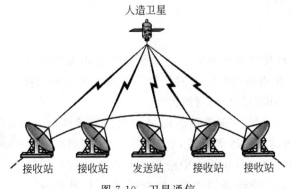

图 7-10　卫星通信

卫星通信的优点是容量大,距离远,可靠性高;缺点是通信延迟时间,易受气候影响。

6. 蓝牙

蓝牙是一种无线技术标准,可实现固定设备、移动设备和个域网之间的短距离数据交换,其通信距离一般在 10m 左右。

7.2.3 网络连接设备

网络连接设备包括用于网内连接的网络适配器、中继器、集线器、交换机等和网间连接的网桥、路由器等。

1. 网络适配器

网络适配器又称为网卡或网络接口卡(Network Interface Card,NIC),在局域网中用于将用户计算机与网络相连,如图 7-11 所示。网卡通常插在计算机的扩展槽中或集成在计算机主板上。一般情况下,无论是服务器还是工作站都应安装网卡。

图 7-11　网卡

在网卡上有一定数目的缓冲存储器,当网上传来的数据到达本工作站时,首先被暂时存放在网卡的缓存中,由网卡通知 CPU 在某个时候处理新来的数据。网卡的基本功能包括:实现局域网中传输介质的物理连接和电气连接;对发送和接收的信号进行转换,执行网络控制命令;实现 OSI 模型中的数据链路层的功能;对传送和接收的数据进行缓存;按照 OSI 协议物理层传输的接口标准,实现规定的接口功能。

每一块网卡都有唯一的卡号,它在网络上向其他设备表明自己的位置及地址,以便与网络上其他网卡区分开来。

网卡有多种分类方式。按总线的类型可分为 ISA 总线型网卡、PCI 总线型网卡、PCMCIA 总线型网卡、USB 网络适配器。按网络类型可分为以太网卡、令牌环网卡和 ATM 网卡等。按网卡的连接头可分为 BNC 连接头网卡、RJ-45 连接头网卡、AUI 连接头网卡、光纤网卡以及无线网卡等。按传输速率可分为 10Mb/s、100Mb/s、1000Mb/s 网卡以及 10/100Mb/s、10/100/1000Mb/s 自适应网卡等。

2. 中继器

中继器(repeater)是局域网环境下用来延长网络距离的最简单、廉价的网络互连设备,如图 7-12 所示。中继器对线路上的信号具有放大再生的功能,可用于扩展局域网网段的长度(仅用于连接相同的局域网网段)。

由于存在损耗,当局域网物理距离超过了允许的范围时,在线路上传输的信号功率会逐渐衰减,衰减到一定程度时将造成信号失真,因此会导致接收错误。中继器就是为解决这一问题而设计的。它完成物理线路的连接,对衰减的信号进行放

图 7-12　中继器

大,保持与原数据相同。一般情况下,中继器的两端连接的是相同的媒体,但有的中继器也可以完成不同媒体的转接工作。从理论上讲,中继器的使用是无限的,因此网络也可以无限延长。事实上这是不可能的,因为网络标准中都对信号的延迟范围作了具体的规定,中继器只能在此规定范围内工作,否则会引起网络故障。也就是说,不能通过使用中继器来使网络无限延长。

3. 集线器

集线器(hub)是局域网中使用的连接设备,它具有多个端口,可连接多台计算机,如图 7-13 所示。在局域网中常以集线器为中心,用双绞线将所有分散的工作站与服务器连接在一起,形成星形拓扑结构的局域网系统。采用这样的网络连接,在网上的某个节点发生故障时,不会影响其他节点的正常工作。

图 7-13 集线器

集线器的主要功能是对接收到的信号进行再生整形放大,以扩大网络的传输距离,同时把所有节点集中在以它为中心的节点上。它工作于物理层,当一个端口接收到数据时,采用广播方式发送。也就是说当它要向某节点发送数据时,不是直接把数据发送到目的节点,而是把数据包发送到与集线器相连的所有节点。

集线器的作用相当于多端口的中继器。由于集线器会把收到的任何数字信号进行广播,这代表所有连到集线器的设备都属于同一个冲突域以及广播域,因此目前集线器基本已被交换机所取代。

4. 交换机

交换机(switch)的功能类似于集线器,除了具有集线器的全部特性外,还具有自动寻址、数据交换等功能,如图 7-14 所示。交换机运行在 OSI 参考模型的数据链路层,能根据数据链路层信息作出帧转发决策,可以访问 MAC 地址。在每个端口成功连接时,交换机通过将 MAC 地址和端口对应形成一张 MAC 表。在通信时,发往某 MAC 地址的数据包将仅送往其对应的端口,而不是所有的端口。

图 7-14 交换机

交换机在同一时刻可进行多个端口对之间的数据传输。每一端口都可视为一个独立的物理网段,连接在其上的网络设备独自享有全部的带宽,无须同其他设备竞争使用。它将集线器的共享带宽方式转变为独占方式,每个节点都可以拥有和上游节点相同的带宽。

按传输介质和传输速率划分,交换机可分为以太网交换机、千兆以太网交换机、FDDI交换机、ATM 交换机和令牌环交换机等。

5. 路由器

路由器(router)在网络互连中起着至关重要的作用,它可以将两个网络连接在一起,组成更大的网络。被连接的网络可以是局域网,也可以是广域网,连接后的网络都可以称为互联网。路由器如图 7-15 所示。

图 7-15　路由器

路由器的主要功能包括路由选择、数据转发(又称为交换)和数据过滤。路由器最主要的工作就是为经过路由器的每个分组寻找一条最佳传输路径,并将数据有效地传送到目的站点。为了完成这项工作,在路由器中保存着各种传输路径的相关数据,即路由表,供路由选择时使用。路由选择就是从路由表中寻找一条将数据分组从源主机发送到目的主机的传输路径的过程,即路由器就是为信息寻找到达目标节点的工具。

7.2.4　网络软件

计算机网络中的软件按其功能可以划分为网络操作系统、网络通信协议、网络服务软件和网络应用软件。

1. 网络操作系统

网络操作系统是指能够控制和管理网络资源的软件。网络操作系统的功能作用在两个级别上:在服务器上,为服务器的任务提供资源管理;在每个工作站上,向用户和应用软件提供一个网络环境的"窗口"。网络服务器操作系统要完成目录管理、文件管理、安全性管理、网络打印、存储管理、通信管理等主要服务。工作站的操作系统软件主要完成工作站任务的识别和与网络的连接。即首先判断应用程序提出的服务请求是使用本地资源,还是使用网络资源。若使用网络资源,则需完成与网络的连接。常用的网络操作系统有 NetWare 系统、Windows Server 系统、UNIX 系统和 Linux 系统等。

2. 网络通信协议

在计算机通信中,通信协议用于实现计算机之间的通信标准。网络如果没有统一的通信协议,计算机之间的信息传递就无法进行。通信协议是指通信各方事前约定的通信规则,可以简单地理解为各计算机之间进行相互会话所使用的共同语言。两台计算机在进行通信时,必须使用相同的通信协议。

3. 网络服务软件

网络服务软件是运行在特定的操作系统下,提供网络服务的软件。例如,Windows 系统的因特网信息服务器(Internet Information Server,IIS)可以提供 WWW 服务、文件传输服务和邮件传输服务等;Apache 是在各种 Windows 和 UNIX 操作系统中使用频率很高的 WWW 服务软件。

4. 网络应用软件

网络应用软件是指能够为用户提供各种网络服务的软件,如浏览查询软件、传输软件、远程登录软件和电子邮件等。

7.3 计算机网络体系结构

7.3.1 网络协议

在计算机网络中,为了保证节点之间能够正确地传送信息,每个节点都必须遵守一些事先约定好的规则。这些规则明确规定了数据单元使用的格式、信息单元应该包含的信息与含义、连接方式、信息发送和接收的时序,从而确保网络中的数据顺利地传送到确定的地方。这些为进行网络中的数据交换而建立的规则、标准或约定即称为网络协议(network protocol),简称为协议。

网络协议主要是由语法、语义和时序三要素组成的。

(1) 语法:规定了用户数据与控制信息的结构与格式。

(2) 语义:规定了用户控制信息的意义,以及完成控制的动作与响应。

(3) 时序:是对事件实现顺序的详细说明,明确了通信的顺序、速率匹配和排序等。

计算机网络中存在着多种协议,每种协议都有自己的设计目的和需要解决的问题。在网络中常见的网络协议有 TCP/IP(Transmission Control Protocol/Internet Protocol,传输控制协议/网际协议)、HTTP(Hypertext Transfer Protocol,超文本传输协议)、SMTP(Simple Mail Transfer Protocol,简单邮件传输协议)、POP3(Post Office Protocol 3,邮局协议的第 3 个版本)、SNMP(Simple Network Management Protocol,简单网络管理协议)等。

7.3.2 网络体系结构

为了降低协议设计的复杂性,大多数网络采用了结构化设计的方法,即将复杂的网络通信问题分解成若干个容易处理的子问题,然后"分而治之",逐个加以解决,也就是将网络按照功能分成一系列的层,每一层完成一个特定的功能,相邻层中的较高层直接使用较低层提供的服务来实现本层的功能,同时又向它的上层提供服务,服务的提供和使用都是通过相邻层的接口进行的。这样,不仅每一层的功能简单,易于实现和维护,而且当某一层需要改动时,只要不改变它和上、下层的接口服务关系,其他层都不受影响,具有很大的灵活性。

计算机网络的层次结构模型与各层协议的集合称为网络体系结构(network architecture)。1974 年,美国的 IBM 公司宣布了它研制的系统网络体系结构(System

Network Architecture,SNA),这是世界上第一个网络体系结构。其后许多公司提出了各自的网络体系结构,但不同公司的体系结构的层次划分和功能分配均不相同。

1. OSI 参考模型

为了使不同体系结构的计算机网络都能互连,国际标准化组织于 1977 年设立了一个分委员,专门研究网络通信的体系结构。不久,他们就提出一个试图使各种计算机在世界范围内互连成网的标准框架,即著名的开放系统互连参考模型,简称为 OSI/RM。

OSI 模型将整个网络的通信功能分成 7 层,从低层到高层分别为物理层、数据链路层、网络层、传输层、会话层、表示层和应用层。下面简要地介绍各层的功能。

(1)物理层。物理层的作用是在物理媒体上传输原始的数据比特流,这一层的设计同具体的物理媒体有关,例如用什么信号表示 1,用什么信号表示 0,信号电平是多少,收发双方如何同步,等等。

(2)数据链路层。数据链路层的主要作用是通过校验、确认和反馈重发等手段将原始的物理连接改造成无差错的数据链路。在数据链路层将比特组合成数据链路协议数据单元——帧。在数据链路层上还可以进行流量控制,即协调收发双方的数据传输速率,以免接收方来不及处理对方发来的高速数据而引起缓存器溢出及线路阻塞。

(3)网络层。网络层关心的是通信子网的运行控制,要解决的问题是如何把网络协议数据单元(通常称为分组)从源传送到目的地。这就需要在通信子网中进行路由选择。如果在通信子网中出现过多的分组,会造成阻塞,所以要对其进行控制。当分组要跨越多个通信子网才能到达目的地时,还要解决网际互连的问题。

(4)传输层。传输层是第一个端对端,也就是主机到主机的层次,它为上层用户提供不依赖于具体网络的高效、经济、透明的端到端数据传输服务。它处理端到端的差错控制和流量控制,还可根据上层用户的传输连接请求建立网络连接。

(5)会话层。会话层建立在传输层之上,利用传输层提供的服务,使应用建立和维持会话,并能使会话获得同步。其主要的功能是会话管理、数据流同步和重新同步。

(6)表示层。表示层为上层用户提供数据或信息语法的表示变换。不同的机器内部表示数据的方法可能不同,为了便于信息的相互理解,需定义一种抽象的数据语法来表示各种数据类型和数据结构,并定义相关的编码形式作为传送数据的传送语法,表示层负责机器内部的数据表示与抽象数据表示之间的变换工作。

(7)应用层。应用层是开放系统互连环境的最高层。不同的应用层为特定类型的网络应用提供访问 OSI 环境的手段。对于一些普遍需要的网络应用,如域名服务、文件传输、电子邮件、虚拟终端等,目前已经制订了一系列的标准。随着网络应用的进一步开发,新的标准还在不断地产生。

OSI/RM 所定义的网络体系结构虽然从理论上比较完整,是国际公认的标准,但是由于其实现起来过于复杂,运行效率很低,且标准制订周期太长,导致世界上几乎没有哪个厂家生产的商品化产品符合 OSI 标准。OSI 还在制订期间,Internet 已经逐渐流行开来,并得到了广泛的支持和应用。而 Internet 所采用的体系结构是 TCP/IP 模型,这使得TCP/IP 已经成为事实上的工业标准。

2. TCP/IP 模型

TCP/IP 模型也称为 TCP/IP 协议,它包括上百个各种功能的协议,如远程登录、文件传输和电子邮件等,而 TCP 和 IP 是保证数据完整传输的两个基本的协议,因此通常说 TCP/IP 是 Internet 协议簇,而不单仅仅包括 TCP 和 IP。

TCP/IP 也采用层次结构,但与 OSI/RM 的 7 层结构不同,TCP/IP 模型分为 4 层结构,从上往下依次是应用层、传输层、网络层和网际接口层。OSI 参考模型和 TCP/IP 模型的对应关系如图 7-16 所示。

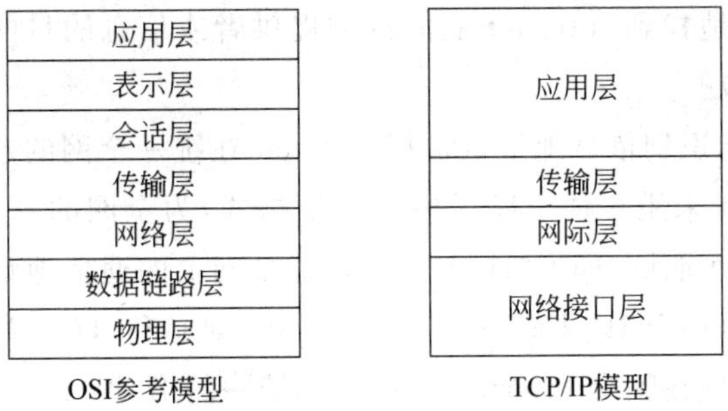

图 7-16 OSI 参考模型与 TCP/IP 模型的对应关系

TCP/IP 模型各层的功能如下。

(1) 网络接口层。这是 TCP/IP 的最低一层,对应于 OSI/RM 的数据链路层和物理层,包括多种逻辑链路控制和媒体访问协议。网络接口层负责将网络层的 IP 数据报通过物理网络发送,或从物理网络接收数据帧,抽取出 IP 数据报并转交给网际层。

(2) 网际层。网际层对应于 OSI/RM 的网络层,负责相同或不同网络中计算机之间的通信,主要处理数据报和路由。该层最主要的协议是 IP,在 TCP/IP 模型中处于核心地位。

(3) 传输层。传输层对应于 OSI/RM 的传输层,提供端到端,即一个应用程序到另一个应用程序的通信,由面向连接的传输控制协议(TCP)和无连接的用户数据报协议(UDP)实现传输层的主要功能,如数据格式化、数据确认和丢失重传等。

(4) 应用层。应用层对应于 OSI/RM 的会话层、表示层和应用层,它向用户提供一组常用的应用层协议,如远程登录协议(Telnet)、文件传输协议(FPT)、超文本传输协议(HTTP)、简单邮件传输协议(SMTP)和域名系统(DNS)等。此外,在应用层中还包含用户应用程序,它们均是建立在 TCP/IP 之上的专用程序。

7.4 Internet 基础

Internet 又称因特网或国际互联网,它是世界上最大的互联网络,但它本身不是一种具体的物理网络技术。实际上 Internet 是把全世界不同国家、不同地区、不同部门和机构的不同类型的计算机及国家主干网、广域网、城域网、局域网通过网络互连设备永久性地高速互连,组成一个跨越国界的庞大的互联网,因此也称为"网络的网络"。它将全世界范围内各个国家、地区、部门和各个领域的信息资源联为一体,组成庞大的电子资源数据库系统,供全世界的网上用户共享。

7.4.1　IP 地址

Internet 将世界各地的大大小小的网络互连起来,这些网络上又各自有许多计算机接入。与 Internet 相连的任何一台计算机,不管是大型的还是小型的,都称为主机。为了使用户能够方便快捷地找到 Internet 上信息的提供者或信息的目的地,首先必须解决如何识别网上主机的问题。

在网络中,主机的识别依靠地址,所以,Internet 在统一全网的过程中,首先要解决地址统一问题。Internet 采用一种全局通用的地址格式,为全网的每一个网络和每一台主机都分配一个 Internet 地址,即 IP 地址。IP 地址是网上的通信地址,是计算机、服务器、路由器的端口地址,每一个 IP 地址在全球是唯一的,是运行 TCP/IP 的唯一标识。IP 的一项重要功能就是处理在整个 Internet 中使用的统一的 IP 地址。

目前 TCP/IP 规定的 IP 版本有两种:IPv4 和 IPv6,相应的 IP 地址也有 IPv4 地址和 IPv6 地址。

1. IPv4 地址的组成

IPv4 地址(为表示方便,后面简记为 IP 地址)是 Internet 为每一台主机分配的 32 位二进制数组成的唯一标识符。IP 地址采用分层结构,包括两部分内容:一部分为网络地

| 网络地址 | 主机地址 |

图 7-17　IP 地址结构

址(或网络标识,net-id),另一部分为主机地址(或主机标识,host-id),网络标识用来区分 Internet 上互连的各个网络,主机标识用来区分同一网络上的不同计算机,如图 7-17 所示。

为了便于记忆,可以将 IP 地址的 32 位二进制数分成 4组,每组 8 位,用小数点将它们隔开,然后把每一组数表示成相应的十进制数,称之为点分十进制法。即 IP 地址由 4 个数字组成,每个数字都为 0~255,4 个数字之间用小数点分开。例如,某 IP 地址的二进制表示为

11010010　00101101　10110000　00000101

则该 IP 地址用十进制表示为 210.45.176.5。

2. IPv4 地址的分类

根据网络规模的大小和应用的不同,IP 地址分为 A、B、C、D、E 5 类,不同分类的网络的网络地址和主机地址的位数各不相同。IP 地址的分类如图 7-18 所示。

常用的网络为 A、B、C 3 类,这 3 类网络 IP 地址的使用范围如表 7-1 所示。

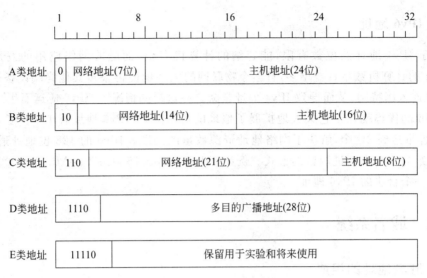

图 7-18 IP 地址分类

表 7-1 IP 地址的使用范围

分类	第一个字节的数字范围	最大网络数	包含主机台数	应用
A 类	1~126	$126(2^7-2)$	$16\ 777\ 214(2^{24}-2)$	大型网络
B 类	128~191	$16\ 384(2^{14})$	$65\ 534(2^{16}-2)$	中等规模网络
C 类	192~223	$2\ 097\ 152(2^{21})$	$254(2^8-2)$	校园网

3. 子网掩码

一般来说,一个单位 IP 地址获取的最小单位是 C 类。有的单位拥有 IP 地址却没有那么多的主机入网,造成 IP 地址的浪费;有的单位不够用,形成 IP 地址紧缺。这样,有时可以根据需要把一个网络划分成更小的子网。

划分子网时,将原来的主机号拿出若干高位,作为子网号,划分子网后的网络号应包括初始的网络号和子网号。当将一个 A、B、C 类网划分为若干个子网后,判断任意两台计算机的 IP 地址是否属于同一子网,就要使用子网掩码。

子网掩码是一个 32 位地址。其构成为:对应于 IP 地址中的网络号(包括子网号)的二进制位,取值为 1;对应于主机号的二级制位,取值为 0。因此:

- A 类地址网络的子网掩码为 255.0.0.0。
- B 类地址网络的子网掩码为 255.255.0.0。
- C 类地址网络的子网掩码为 255.255.255.0。

将计算机的 IP 地址和子网掩码按位相与,可以得到划分子网后的网络地址。例如,一个计算机的 IP 地址是 202.113.125.125,子网掩码是 255.255.255.0,两者相与即可得到网络地址 202.113.125.0。对于两台计算机,如果将它们各自的 IP 地址与子网掩码相与后得到的结果是相同的,则说明这两台计算机网络号相同,即处于同一个子网。

4. IPv6 地址

由于 IPv4 地址的位数有限，能容纳的计算机有限，而随着网络应用的发展，连入 Internet 的计算机数量日益增多，且当今物联网的发展也使得很多其他终端设备（如传感器）也要连入因特网，从而导致 IPv4 地址紧缺。在这样的情况下，IPv6 应运而生。

IPv6 的优势就在于它大大地扩展了地址的可用空间，IPv6 地址有 128 位长，所拥有的地址容量达到 2^{128} 个，解决了网络地址资源数量的问题。IPv6 的 128 位地址通常写成 8 组，每组为 4 个十六进制数的形式。例如，AD80:0105:7900:4800:ABAA:0000:00C2:0002 是一个合法的 IPv6 地址。

7.4.2 域名系统

1. 域名地址的组成

虽然因特网上的节点都可以用 IP 地址唯一地标识，并且可以通过 IP 地址访问，但即使是将 32 位的二进制 IP 地址写成 4 个 0~255 的十位数形式，也依然太长、太难记。因此，Internet 引入域名服务系统（Domain Name System，DNS），域名可将一个 IP 地址关联到一组有意义的字符上去。用户访问一个网站的时候，既可以输入该网站的 IP 地址，也可以输入其域名，对访问而言，两者是等价的。域名采用分层次方法命名，每一层都有一个子域名，子域名之间用点号分隔，它表明了不同的组织级别。理解域名的方法是：从右向左看各个子域名，最右边的子域名称为顶级域名或一级域名，倒数第二组称为二级域名，倒数第三组称为三级域名，以此类推。例如，indi. shcnc. ac. cn 域名表示中国（cn）科学院（ac）上海网络中心（shcnc）的一台主机（indi）。

2. 顶级域名

顶级域名分为两类：一是地理性顶级域名，目前 200 多个国家和地区都分配了顶级域名，例如中国是 cn，日本是 jp；二是组织性顶级域名，例如表示商业组织的 com，表示网络技术组织的 net，表示非营利组织的 org 等。表 7-2 为一些顶级域名的例子。

表 7-2　顶级域名表

组织性顶级域名		地理性顶级域名	
域名	含义	域名	含义
com	商业组织	cn	中国
edu	教育机构	ca	加拿大
net	网络技术组织	fr	法国
gov	政府机构	au	澳大利亚
int	国际性组织	jp	日本
mil	军队	uk	英国
org	非营利组织	de	德国

为保证 Internet 上的 IP 地址或域名地址的唯一性,避免导致网络地址的混乱,用户需要使用 IP 地址或域名地址时,必须向网络信息中心(NIC)提出申请。目前世界上有 3 个网络信息中心:InterNIC(负责美国及其他地区)、RIPENIC(负责欧洲地区)和 APNIC(负责亚太地区)。

3. 中国互联网的域名规定

根据已发布的《中国互联网络域名注册暂行管理办法》,中国互联网络的域名体系结构最高级为 cn,二级域名共 40 个,分为 6 个类别域名和 34 个行政区域名(包括各省、自治区、直辖市,如 bj、sh、ah 等)两类。中国的类别域名如表 7-3 所示。

表 7-3　中国的类别域名

域名	含　义
ac	科研机构
com	商业组织
edu	教育机构
gov	政府部门
org	非营利组织
net	接入因特网的信息中心和运行中心

在中国,除了 edu 的管理和运行由中国教育和科研计算机网络中心负责外,其余二级域名全部由中国互联网络信息中心(CNNIC)负责。

4. 域名解析

域名是为了方便记忆而专门建立的一套地址转换系统,要访问互联网上的一台主机,最终还必须通过 IP 地址来实现,域名解析就是将域名重新转换为 IP 地址的过程。

域名解析需要由专门的域名解析服务器(DNS)来完成,整个过程是自动进行的。域名解析服务器保存了一张域名和与之相对应的 IP 地址的表,以解析消息的域名。DNS 把网络中的域名按树形结构分成域和子域,子域名或主机名在上级域名结构中必须是唯一的。每一个子域都有域名服务器,它管理着本域的域名转换,各级服务器构成一棵树。这样,当用户使用域名时,应用程序先向本地域名服务器请求,本地域名服务器首先在自己的域名库中进行查找。如果找到该域名,则返回该域名的 IP 地址;如果未找到,则此域名服务器就暂成为 DNS 中的另一个客户,向根域名服务器发出请求,根域名服务器一定能找到下面的所有二级域名的域名服务器,这样一直向下解析,直到查询到请求的域名。

有了域名服务系统,凡域名空间中有定义的域名都可以有效地转换成 IP 地址,因此,用户可以等价地使用域名或 IP 地址。

7.4.3 Internet 的工作方式

1. C/S 结构

C/S(Client/Server,客户/服务器)结构如图 7-19 所示。服务器通常采用高性能的 PC、工作站或小型机,并采用大型数据库系统,如 Oracle、Sybase、Informix 或 SQL Server。客户端需要安装专用的客户端软件。

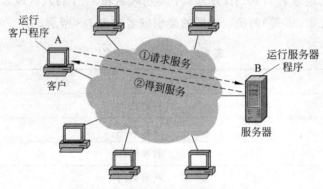

图 7-19 C/S 结构

在 C/结构的系统中,应用程序分为客户端和服务器端两大部分。客户端部分为每个用户所专有,而服务器端部分则由多个用户共享其信息与功能。客户端部分通常负责执行前台功能,如管理用户接口、数据处理和报告请求等;而服务器端部分执行后台服务,如管理共享外设、控制对共享数据库的操作等。这种体系结构由多台计算机构成,它们有机地结合在一起,协同完成整个系统的应用,从而最大限度地利用系统的中软硬件资源。

2. B/S 结构

B/S(Browser/Server,浏览器/服务器)结构是随着 Internet 中 Web 服务的兴起,对 C/S结构的一种变化或者改进的结构。在这种结构下,用户工作界面是通过 Web 浏览器来实现的,Web 浏览器是客户端最主要的应用软件,如图 7-20 所示。这种结构统一了客户端,将系统功能实现的核心部分集中到服务器上,简化了系统的开发、维护和使用。客户机上只要安装一个浏览器,如 Netscape Navigator 或 Internet Explorer,服务器上安装 SQL Server、Oracle、MySQL 等数据库。浏览器通过 Web 服务器同数据库进行数据交互,这样就大大简化了客户端计算机的负荷,减小了系统维护与升级的成本和工作量。

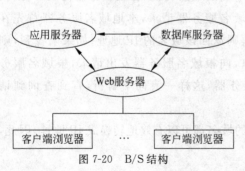

图 7-20 B/S 结构

B/S 结构的软件只需要管理服务器就行了,所有的客户端只是浏览器,根本不需要做任何维护。无论用户的规模有多大,有多少分支机构,都不会增加任何维护升级的工作量,所有的操作都只需要针对服务器进行;如果是异地,只需要把服务器接入专网,即可实现远程维护、升级和共享。但是,B/S结构中的应用服务器运行数据负荷较重,一旦发生服务器崩溃等问题,后果不堪设想。因此,许多单位都备有数据库存储服务器,以防万一。

7.4.4　Internet 应用

Internet 代表着当今计算机网络体系结构发展的重要方向,它已在世界范围内得到广泛普及与应用。人们可以使用因特网浏览信息、查找资料、读书、购物、娱乐,甚至交友等,Internet 正迅速地改变人们的工作和生活方式。

下面介绍 Internet 提供的多种网络应用服务。

1. WWW 服务

1) WWW 服务工作原理

WWW 服务是目前应用最广的一种基本互联网应用,人们每天上网都要用到这种服务。WWW 是 World Wide Web 的缩写,也称万维网、Web 网。通过 WWW 服务,只要用鼠标在本地操作,就可以到达世界上的任何地方。WWW 服务的工作原理如图 7-21 所示。

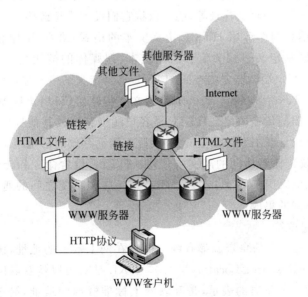

图 7-21　Web 服务的工作原理

通过浏览器观看一个网页时,会发现一些带有下画线的文字或图形、图片等,当鼠标指针指向这些部分时,鼠标指针变成手形,这些内容称为超链接(hyperlink)。超链接是网页最重要的元素之一,它提供了一个网页同其他网页或站点之间进行链接的功能。超链接以特殊编码的文本或图形的形式来实现,如果单击某个超链接时,浏览器就会显示出与该超链接相关的网页,还可以链接声音、动画、影片等其他类型的网络资源。从用户的角度来看,超链接是网页的纽带,也是万维网最吸引人的特点之一。可以说,如果没有超链接,就没有万维网。

2) Web 服务器和 Web 浏览器

WWW 实际上就是一个庞大的文件集合体,这些文件称为网页或 Web 页,存储在 Internet 上的成千上万台计算机上。提供网页的计算机称为 Web 服务器,或叫做网站、站点。网站的第一个网页称为主页(home page)。在每个 Web 服务器上都有一个主页,它把服务器上的信息分为几大类,通过主页上的链接来指向不同的网页。

用户在 Internet 中进行网页浏览查询时,需要在本地计算机中运行 Web 浏览器应用程序。Web 浏览器是 WWW 服务中的客户端,用来与 Web 服务器建立连接,并与之通信。它可以根据链接确定信息资源的位置,并将用户感兴趣的信息资源取回来,对 HTML 文件进行解释,然后将文字、图像或者多媒体信息还原出来。目前,使用比较广泛的浏览器包括微软公司的 Internet Explorer(简称 IE),360 浏览器、火狐浏览器(Firefox)、谷歌浏览器等。

3) HTML 和 HTTP

HTML(HyperText Markup Language,超文本标记语言)是为服务器制作信息资源(超文本文档)和客户端浏览器显示这些信息而约定的格式化语言。可以说,所有的网页都是基于 HTML 编写的,使用这种语言,可以对网页中的文字、图形等元素的各种属性进行设定,如大小、位置、颜色、背景等,还可以将它们设置成超链接,用于连向其他的相关网站。具体地说,信息制作者用 HTML 定义文本的格式、语音、图像和视频等多媒体信息的数据类型,特别是定义了相关信息的超文本、超媒体的链接指针,这些信息存放在 Web 服务器上。而客户端浏览器则按照 HTML 语言定义的格式显示信息。

HTTP(HyperText Transfer Protocol,超文本传输协议)用于从 WWW 服务器传输超文本到本地浏览器的传输协议。HTTP 是客户端浏览器或其他程序与 Web 服务器之间的应用层通信协议。在 Internet 上的 Web 服务器上存放的都是超文本信息,客户机需要通过 HTTP 协议传输要访问的超文本信息。HTTP 包含命令和传输信息,不仅可以用于 Web 访问,也可以用于其他 Internet/Intranet 应用系统之间的通信,从而实现各类应用资源超媒体访问的集成。

4) 统一资源定位符

在 WWW 上,每一个信息资源都有统一的且在网上唯一的地址,该地址就叫统一资源定位符(Uniform Resource Locator,URL)。URL 是对可以从互联网上得到的资源的位置和访问方法的一种简洁的表示,是互联网上标准资源的地址,简单地说,URL 就是 Web 地址,俗称"网址"。

URL 由 3 部分组成:协议类型、主机名和路径及文件名。格式为

协议类型://主机名:端口号/路径/文件名

URL 中的协议类型部分指定使用的传输协议,在 URL 中常用的应用协议有

HTTP、FTP、TELNET 等。主机名部分指存放资源的服务器的域名系统主机名或 IP 地址。各种传输协议都有默认的端口号，如 HTTP 的默认端口号为 80，如果输入时省略端口号，则使用默认端口号。有时候出于安全或其他考虑，可以在服务器上对端口进行重定义，即采用非标准端口号，此时，URL 中就不能省略端口号这一项。路径是由零或多个"/"符号隔开的字符串，一般用来表示主机上的一个目录或文件地址，文件名指所浏览网页的文件名称。

例如，http://www.tsinghua.edu.cn/top.html，其中 http 表示协议类型是 HTTP，www.tsinghua.edu.cn 是清华大学的主机名，top.html 为资源的文件名。

2. E-mail 服务

在 Internet 上，E-mail（电子邮件）系统是使用最多的网络通信工具，E-mail 已成为深受欢迎的通信方式。可以通过 E-mail 系统同世界上任何地方的朋友交换电子邮件。不论对方在哪个地方，只要他也可以连入 Internet，那么你发送的信只需要几分钟的时间就可以到达对方的手中了。

要使用电子邮件服务，必须首先拥有一个电子邮件地址，它具有如下统一格式：

用户名@电子邮件服务器名

其中，用户名就是用户向网管机构注册时获得的用户账号。@符号后面是用户使用的电子邮件服务器名。例如 ZHANGCHSH@163.COM 就是 163.COM 服务器上的用户 ZHANGCHSH 的 E-mail 地址（用户名区分大小写，邮件服务器名不区分大小写）。用户名与电子邮件服务器名的联合必须是唯一的。

在 Internet 上提供电子邮件服务的服务器称为邮件服务器。当用户在邮件服务器上申请账号时，邮件服务器就会为这个用户分配一块存储区域，这块存储区域就称为信箱。一个邮件服务器上有很多信箱，分别对应不同的用户，每个信箱对应一个 E-mail 地址，用户通过自己的 E-mail 地址访问邮件服务器上自己的信箱并处理信件。当前常用的电子邮件协议有 SMTP 和 POP3。SMTP 是用于发送邮件的协议，POP3 是用于接收邮件的协议。

电子邮件的收发过程类似于普通邮件。邮件并不是从发送方的计算机直接发送到接收方的计算机，而是首先发送给发送方的邮件服务器，再通过接收方的邮件服务器收到该邮件，将其存放在接收方的信箱内。电子邮件服务工作过程如图 7-22 所示。当有新邮件到来时，邮件服务器就将其暂存在信箱中供用户查收、阅读。信箱容量通常是有限的，所以用户应注意定期对信箱中的信件进行清理，否则信箱一旦满了，就无法接收新邮件了。

3. 远程登录服务

远程登录就是通过 Internet 进入和使用远距离的计算机系统，就像使用本地计算机一样。远端的计算机可以在同一间屋子里，也可以远在数千公里之外。

TELNET 协议是 TCP/IP 协议簇中的一员，是 Internet 远程登录服务的标准协议和

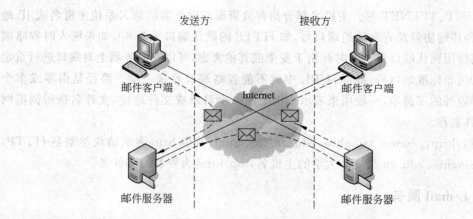

发送方　　　　　　　　　接收方

邮件客户端　　　　　　　邮件客户端

Internet

邮件服务器　　　　　　　邮件服务器

图 7-22　电子邮件服务工作过程

主要方式。它为用户提供了在本地计算机上完成远程主机工作的能力。在用户的本地计算机上使用 TELNET 程序连接到服务器。用户可以在 TELNET 程序中输入命令,它在接到远程登录的请求后,就试图把用户的计算机同远端计算机连接起来。一旦连通,用户的计算机就成为远端计算机的终端。用户在 TELNET 程序中输入的命令会在服务器上运行,就像直接在服务器的控制台上输入一样,可以在本地控制服务器。TELNET 是常用的远程控制 Web 服务器的方法。

要开始一个 TELNET 会话,必须输入用户名和密码来登录服务器。可以正式注册(login)进入系统成为合法用户,执行操作命令,提交作业,使用系统资源。在完成操作任务后,通过注销(logout)退出远端计算机系统,同时也退出 TELNET 程序。

4. 文件传输服务

FTP(File Transfer Protocol,文件传输协议)作为 Internet 的传统服务项目,一直拥有众多的使用者,特别是在科技领域和教育行业中,借助 FTP 服务来传输数据、文献资料是对外进行合作与交流的重要手段之一。利用 FTP 可以把 Internet 中的各主机相互联系在一起,用户能登录到 Internet 的一台远程计算机,把其中的文件传送回自己的计算机系统,或者反过来,把本地计算机上的文件传送并装载到远方的计算机系统,从而实现在本地计算机和远程计算机之间双向传输文件,包括文本文件、可执行文件、声音文件、图像文件、数据压缩文件等。

与大多数 Internet 服务一样,FTP 也是一个客户机/服务器系统。用户通过一个支持 FTP 协议的客户机程序连接到远程主机上的 FTP 服务器程序。用户通过客户机程序向服务器程序发出命令,服务器程序执行用户所发出的命令,并将执行的结果返回到客户机。从远程计算机复制文件到用户本地计算机称为下载(download),将文件从本地计算机复制到远程计算机称为上传(upload),如图 7-23 所示。由于大量地上传文件会造成 FTP 服务器上文件的拥挤和混乱,所以一般情况下,Internet 上的 FTP 服务器限制用户进行上传文件的操作。事实上,大多数操作还是从 FTP 服务器上获取文件备份,即下载文件。

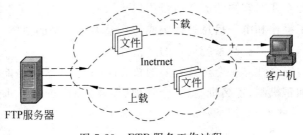

图 7-23　FTP 服务工作过程

5. 即时通信

即时通信是指能够即时发送和接收互联网消息等的业务。即时通信自 1998 年面世以来，特别是随着近几年的迅速发展，其功能日益丰富，逐渐集成了电子邮件、博客、音乐、电视、游戏和搜索等多种功能。即时通信不再是一个单纯的聊天工具，而已经发展成集交流、资讯、娱乐、搜索、电子商务、办公协作和企业客户服务等为一体的综合化信息平台。

随着移动互联网的发展，互联网即时通信也在向移动化扩张。微软、AOL、Yahoo、UcSTAR 等即时通信提供商都提供通过手机接入互联网即时通信的业务，用户可以通过手机与其他已经安装了相应客户端软件的手机或计算机之间收发消息。在国内，使用最为广泛的两种即时通信工具为 QQ 和微信。

QQ 是腾讯 QQ 的简称，是腾讯公司开发的一款基于 Internet 的即时通信软件。目前 QQ 已经覆盖 Microsoft Windows、OS X、Android、iOS、Windows Phone 等多种主流平台，支持在线聊天、视频通话、点对点断点续传文件、共享文件、网络硬盘、自定义面板、QQ 邮箱等多种功能，并可与多种通信终端相连。

微信是腾讯公司于 2011 年推出的一个为智能终端提供即时通信服务的免费应用程序，支持跨通信运营商、跨操作系统平台通过网络快速发送免费的语音短信、视频、图片和文字，并且提供公众平台、朋友圈、消息推送等功能。用户可以通过"摇一摇""搜索号码""附近的人"和扫二维码方式添加好友和关注公众平台，同时可以将内容分享给好友以及分享到微信朋友圈。

6. 电子商务

电子商务通常是指在全球各地广泛的商业贸易活动中，在 Internet 开放的网络环境下，基于浏览器/服务器应用方式，买卖双方不谋面地进行各种商贸活动，实现消费者的网上购物、商户之间的网上交易、在线电子支付以及各种商务活动、交易活动、金融活动和相关的综合服务活动的一种新型的商业运营模式。

电子商务可提供网上交易和管理等全过程的服务。因此，它具有广告宣传、咨询洽谈、网上定购、网上支付、电子账户、服务传递、意见征询、交易管理等各项功能。电子商务作为一种新型的交易方式，将生产企业、流通企业以及消费者和政府带入了一个网络经济、数字化生存的新天地。在电子商务环境中，人们不再受地域的限制，客户能以非常简捷的方式完成过去较为繁杂的商业活动。如通过网络银行能够全天候地存取账户资金、查询信息等,同时使企业对客户的服务质量得以大大提高。电子商务能够规范事务处理的工作流程,将人工操作和电子信息处理集成为一个不可分割的整体,这样不仅能提高人力和物力的利用率,也可以提高系统运行的严密性。

在电子商务中,安全性是一个至关重要的核心问题,它要求网络能提供一种端到端的安全解决方案,如加密机制、签名机制、安全管理、存取控制、防火墙、防病毒等,这与传统的商务活动有着很大的不同。

7. 搜索引擎

为了充分利用网上资源,要能迅速地找到所需的信息。为此需要给网上的信息资源建立索引,就像图书馆都有图书目录索引一样。

基于该想法,网上出现了一种独特的网站,它们本身并不提供信息,而是致力于组织和整理网上的信息资源,建立信息的分类目录,如按社会科学、教育、艺术、商业、娱乐、计算机等分类。用户连接上这些站点后,通过一定的索引规则,可以方便地查找到所需信息的存放位置,这类网站叫作搜索引擎。常见的搜索引擎有百度、谷歌、360搜索、搜狗、腾讯搜搜、网易有道等。

用户使用搜索引擎搜索信息时,需要在搜索引擎网站上输入关键字,即要搜索的信息的部分特征。搜索引擎会在它所覆盖的网站中使用模糊查找法去搜索含有关键字的信息,并将搜索到的信息资源进行汇总,然后反馈给用户一张包含关键字的信息资源清单,即搜索结果。用户可以自主从清单中选择一项并进行浏览。

早期的搜索引擎的查询功能不强,信息归类还需要手工维护。随着Internet技术的不断发展,现在著名的搜索引擎提供了各具特色的查询功能,能自动检索和整理网上的信息资源,致使这些功能强大的搜索引擎成为访问Internet信息的最有效手段,用户访问频率较高,从而导致了各大搜索引擎之间的激烈竞争。许多搜索引擎已经不是单纯地提供查询和导航服务,而是开始全方位地提供Internet信息服务。

7.4.5 Internet的接入方式

任何一台计算机要想接入Internet,只要以某种方式与已经连入Internet的一台主机进行连接即可。用户连入Internet有很多方法,这些方法有各自的优点和局限性。

1. 电话线拨号接入

电话线拨号接入(PSTN)是家庭用户接入互联网的窄带接入方式。即通过电话线,利用当地运营商提供的接入号码,拨号接入互联网,速率不超过56kb/s。其特点是使用方便,只需有效的电话线及自带调制解调器(modem)的PC就可完成接入。宽带技术未普及之前,很多用户都是通过IP拨号方式使自己的计算机与Internet相连。PSTN接入方式如图7-24所示。

利用电话拨号接入Internet,必须使用调制解调器,将电话线传输的模拟信号和计算机中的数据信号进行数/模转换(D/A)或模/数转换(D/A),即调制和解调。

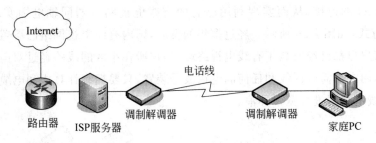

图 7-24　PSTN 接入方式

利用电话拨号上网,还需要向 ISP 申请一个上网的账号,以表明你是一个合法的用户。一个账号包括一个用户名和一个对应的密码。每次拨通 ISP 的服务器后,使用这个用户名和密码认证,服务器给用户分配 IP 地址,允许用户连入 Internet。

ISP(Internet Server Provider,网络服务提供商)一般需具备 3 个条件:首先,它有专线与 Internet 相连;其次,它有运行各种服务程序的主机,这些作为服务器的主机连续运行,可以随时提供各种服务;最后,它有地址资源,可以给申请接入的用户分配 IP 地址。

2. ADSL 接入

ADSL(Asymmetric Digital Subscriber Line)即非对称数字用户线路技术。ADSL 充分利用现有的电话线路,通过在线路两端加装 ADSL 调制解调器设备后进行数字信息传输,为用户提供宽带服务,如图 7-25 所示。它采用了高级的数字信号处理技术和新的压缩算法,使大量的信息可通过电话线路高速传送。

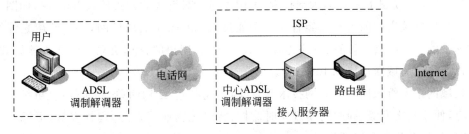

图 7-25　ADSL 接入方式

该技术不需要拨号,一直在线,属于专线上网,省去了拨号上网昂贵的电话费用。之所以称为"非对称",就是因为它上传和下行的速率不是对称的。利用这一技术可在现有的电话线上实现 3 个信息通道:一是传输速率为 1.5~8Mb/s 的高速下行通道,可实现高速下载信息;二是传输速率为 640kb/s~1Mb/s 的中速双工通道;三是普通电话通道。这 3 个通道可以互不干扰地同时工作。

3. HFC 接入

光纤同轴混合(Hybrid Fiber Coaxial,HFC)系统是在传统的同轴电缆有线电视技术基础上发展起来的,它利用普通的有线电视电缆外加电缆调制解调器(cable modem)实现用户和 Internet 的连接，从而实现利用已有的有线电视网络的同轴电缆实现高速接入 Internet 的方式，如图 7-26 所示。经过多年的发展，国内有线电视网络已覆盖了大部分地区，几乎家家户户都已经安装了有线电视终端，用户所在小区的线路经过双向改造并开通此项服务后，用户无需电话线和任何的电话拨号装置，只要拥有计算机和电缆调制解调器即可通过有线电视网进行宽带冲浪。

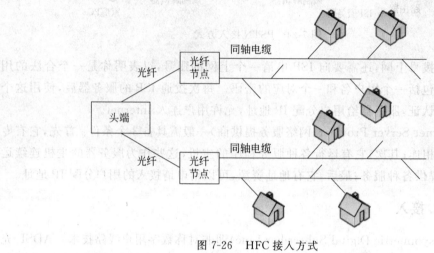

图 7-26　HFC 接入方式

4. 局域网接入

局域网接入方式是利用以太网技术，采用光缆＋双绞线的方式接入 Internet，如图 7-27 所示。局域网接入的前提是已经有了一个能接入 Internet 的局域网，可以使用光纤等高传输速率的专用线路，将局域网络先接入 Internet。用户的计算机只要能接入该局域网，就可以通过该局域网连接到 Internet。

局域网接入所采用的以太网技术具有成熟、成本低、结构简单、稳定性高、可扩充性好的特点，便于网络升级，同时可实现实时监控、智能化物业管理、远程抄表等，可提供智能化、信息化的办公与家居环境。

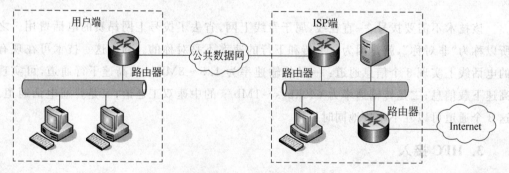

图 7-27　局域网接入方式

5．FTTx 接入

FTTx 也是一种实现宽带入网的方案。这里字母 x 可代表不同的含义。通过光纤接入到小区节点或楼道，再由网线连接到各个共享点上(一般不超过 100m)，提供一定区域的高速互联接入。FTTx 有以下几种常见方式：

FTTH(Fiber To The Home，光纤到户)：光纤一直铺设到用户家庭，这可能是居民接入网最后的解决方法。

FTTB(Fiber To The Building，光纤到大楼)：光纤进入大楼后就转换为电信号，然后用电缆或双绞线分配到各用户。

FTTC(Fiber To The Curb，光纤到路边)：从路边到各用户可使用星形结构双绞线作为传输媒体。

6．无线接入

无线接入是有线接入的延伸技术，是时下非常流行的接入方式。它使用无线射频技术收发数据，减少使用电线连接，因此无线网络系统可以让设备自由安排和搬动。常见的无线接入方式可以分为手持设备无线上网和无线局域网两类。手持设备主要是手机、PDA 等，通过 GSM、CDMA、GPRS 技术接入 Internet；而无线局域网则是在笔记本电脑、台式机等计算机上加装无线网卡与无线路由器或无线交换机相连以组成网络，再通过有线网络接入 Internet。

无线接入由于不受电缆束缚，可以移动，能解决有线网布线困难等问题，因而具有广阔的应用前景。利用无线上网，用户可以在机场、车站、餐厅等任意地方收发邮件、搜索信息、处理业务等。

7.5 网络信息安全

随着信息化步伐的加快以及计算机通信的广泛应用，人们对计算机软硬件的功能、组成和各种开发、维护工具的了解以及对信息重要性的认识都已达到了相当高的水平。与此同时，各种计算机犯罪和计算机系统感染病毒事件也频频发生。因此，信息安全已经成为各国政府和军队、机关、企事业单位关注点的热点，我国也不例外。

7.5.1 信息安全概述

信息安全是指信息网络的硬件、软件及系统中的数据受到保护，不因偶然的或者恶意的原因而遭到破坏、更改、泄露，系统连续、可靠、正常地运行，信息服务不中断。国务院于 1994 年 2 月 18 日颁布的《中华人民共和国计算机信息系统安全保护条例》第一章第三条对信息安全的定义是："计算机信息系统的安全保护。应当保障计算机及其相关的配套的设备、设施(含网络)的安全、运行环境的安全，保障信息的安全，保障计算机功能的正常发挥,以维护计算机信息系统的安全运行。"

信息安全是一门涉及计算机科学、网络技术、通信技术、密码技术、信息安全技术、信息论等多种学科的综合性学科,又是一门以人为主,涉及技术、管理和法律的综合学科,同时还与个人道德意识等方面紧密相关。

1. 信息安全的目标

信息安全要实现的目标如下:

(1) 保密性:保证机密信息不被窃听,或窃听者不能了解信息的真实含义。

(2) 完整性:保证数据的一致性,防止数据被非法用户篡改。

(3) 可用性:保证合法用户对信息和资源的使用不会被不正当地拒绝。

(4) 不可抵赖性:用户无法在事后否认对信息的生成、签发、接收等行为。

(5) 可控性:对信息的传播及内容具有控制能力。

(6) 可审查性(可鉴别性):对出现的网络安全问题能够提供调查的依据和手段。

2. 威胁网络信息安全的因素

计算机网络面临的安全威胁大体可分为两种:一是对网络本身的威胁,二是对网络中信息的威胁。对网络本身的威胁包括对网络设备和网络软件系统平台的威胁;对网络中信息的威胁除了包括对网络中数据的威胁外,还包括对处理这些数据的信息系统应用软件的威胁。

影响计算机网络安全的因素很多,对网络安全的威胁主要来自人为的无意失误、人为的恶意攻击以及网络软件系统的漏洞和"后门"3个方面的因素。

人为的无意失误是造成网络不安全的重要原因。网络管理员在这方面肩负重任,也面临越来越大的压力,稍有考虑不周,安全配置不当,就会造成安全漏洞。另外,用户安全意识不强,不按照安全规定操作,如口令选择不慎,将自己的账户随意转借他人或与别人共享,都会给网络安全带来威胁。

人为的恶意攻击是目前计算机网络所面临的最大威胁。人为攻击又可以分为两类:一类是主动攻击,它是以各种方式有选择地破坏系统和数据的有效性和完整性;另一类是被动攻击,它是在不影响网络和应用系统正常运行的情况下进行截获、窃取、破译,以获得重要机密信息。这两种攻击均可对计算机网络造成极大的危害,导致网络瘫痪或机密泄露。

网络软件系统不可能百分之百地无缺陷和无漏洞。另外,许多软件都存在设计编程人员为了方便而设置的"后门"。这些漏洞和"后门"恰恰是黑客攻击的首选目标。

3. 信息安全策略

要保证计算机网络的信息安全,应采取两个方面的措施:一是非技术性措施,如制定有关法律、法规,加强各方面的管理;二是技术性措施,如硬件安全保密、通信网络安全保密、软件安全保密和数据安全保密等措施。

(1) 先进的信息安全技术是网络安全的根本保证。

用户要对自身面临的威胁进行风险评估,决定其所需要的安全服务种类,选择相应的安全机制,制定信息安全解决方案,然后集成先进的安全技术,形成一个全方位的安全系统。

(2) 加强计算机安全立法。

为适应信息化的飞速发展,国外一些发达国家制订了与计算机安全保密相关的法律,如软件版权法、计算机犯罪法、数据保护法及保密法等。我国颁布的《著作权法》《计算机信息系统安全保护条例》《计算机信息网络国际联网管理暂行规定》《计算机信息网络国际联网安全保密管理办法》等,对于预防和减少计算机事故的发生,打击计算机犯罪,确保计算机信息系统的安全,促进计算机的应用和发展起着重要作用。

(3) 采取计算机安全管理措施。

安全管理措施是指管理上所采用的政策和规程,是贯彻执行有关计算机安全法律、法规的有效手段。各个计算机网络的使用机构、企业和单位应建立相应的网络安全管理方法,加强内部管理,建立合适的网络安全管理系统,加强用户管理和授权管理,建立安全审计和跟踪体系,提高整体网络安全意识。

总之,计算机网络信息安全涉及方方面面,是一个复杂的系统。它的维护需要多主体的共同参与,而且要从事前预防、事中监控、事后弥补 3 个方面入手,不断加强安全意识,完善安全技术,制定安全策略,从而提高计算机网络的安全性。

7.5.2　计算机病毒

1. 计算机病毒的基本概念

1) 什么是计算机病毒

我国《计算机信息系统安全保护条例》中明确将计算机病毒(computer virus)定义为"病毒指编制者在计算机程序中插入的破坏计算机功能或者破坏数据,影响计算机使用并且能够自我复制的一组计算机指令或者程序代码"。

计算机病毒都是人为故意编写的小程序。编写病毒程序的人,有的是为了证明自己的能力,有的是出于好奇,也有的是个人目的没能达到而采取的报复方式,等等。

2) 计算机病毒程序的结构

计算机病毒一般由传染部分和表现部分组成。传染部分负责病毒的传播、扩散(传染模块)。表现部分又分为计算机屏幕显示部分(表现模块)及计算机资源破坏部分(破坏模块)。

表现部分是病毒的主体,传染部分是表现部分的载体。表现和破坏一般是有条件的,条件不满足或时机不成熟时,感染病毒的症状是不会表现出来的。

3) 计算机感染病毒的症状

计算机感染病毒后可能出现以下症状:异常地要求输入口令;程序装入时间比平时长,计算机发出异常的声音,运行异常;有规律地出现异常现象或显示异常信息,如异常死机后又自动重新启动,屏幕上显示白斑或圆点等;计算机经常出现死机现象或不能正常启动;程序和数据神秘丢失,文件名不能辨认,可执行文件的大小发生变化;访问设备时发生异常情况,如磁盘访问的时间比平时长,打印机不能联机或打印时出现怪字符;发现不知来源的隐含文件或电子邮件。

4) 计算机病毒的破坏行为

计算机病毒可以破坏系统数据区,包括破坏引导区、文件分配表和文件目录,具有这种杀伤力的病毒是恶性病毒,被破坏的数据一般不容易恢复。病毒还能够破坏文件,如对文件进行删除,改名,替换内容,颠倒内容,丢失部分程序代码,丢失文件簇,等等。某些病毒会破坏内存,占用大量内存,改变内存可用总量,禁止分配内存,蚕食内存,等等。病毒还可能干扰系统运行,干扰内部命令的执行,不执行命令,不打开文件,虚假报警,占用特殊数据区,更换当前盘,强制游戏,在时钟中纳入时间的循环计数使计算机空转,使系统时间倒转,重启动,死机,扰乱屏幕显示,等等。在计算机的 CMOS 中保存着系统的重要数据,如系统时间、内存容量和磁盘类型等,某些计算机病毒能够对 CMOS 执行写入操作,破坏 CMOS 中的数据。

2. 计算机病毒的分类

从 1987 年美国首次公开报道计算机病毒以来,据国外统计,计算机病毒以每周 10 种的速度递增,另据我国公安部统计,国内计算机病毒以每月 4～6 种的速度递增。计算机病毒的分类方法有许多种,如表 7-4 所示。

表 7-4　计算机病毒的分类

分类方法	种类
根据病毒的破坏性分类	良性病毒、恶性病毒、极恶性病毒、灾难性病毒
根据病毒的寄生部位分类	引导区型病毒、文件型病毒、混合型病毒、宏病毒
根据病毒的连接方式分类	源码型病毒、入侵型病毒、操作系统型病毒、外壳型病毒
根据病毒的传染渠道分类	驻留型病毒、非驻留型病毒
根据病毒的算法分类	伴随型病毒、"蠕虫"型病毒、寄生型病毒
根据病毒攻击的系统分类	攻击 DOS 系统的病毒、攻击 Windows 系统的病毒、攻击 UNIX 系统的病毒、攻击 OS/2 系统的病毒
根据病毒攻击的机型分类	攻击微型计算机的病毒、攻击小型计算机的病毒、攻击工作站的病毒、攻击大中型计算机的病毒

3. 计算机病毒的特征

各种计算机病毒通常都具有以下特征:

(1) 传染性。计算机病毒具有很强的再生机制,一旦计算机病毒感染了某个程序,当这个程序运行时,病毒就能传染到这个程序有权访问的所有其他程序和文件。计算机病毒可以从一个程序传染到另一个程序,从一台计算机传染到另一台计算机,从一个计算机网络传染到另一个计算机网络,在各系统上蔓延,同时使被传染的计算机程序、计算机、计算机网络成为计算机病毒的生存环境及新的传染源。

（2）破坏性。计算机病毒的最终目的是破坏程序和数据，不论是单机还是网络，病毒程序一旦加到正在运行的程序体上，就开始搜索可以感染的程序，从而使病毒很快地扩散到整个系统，造成灾难性后果。

（3）隐蔽性。计算机病毒都是一些可以直接或间接运行的具有高超技巧的程序，可以隐藏在操作系统、可执行程序或数据文件中，不易被人察觉和发现。

（4）潜伏性。病毒程序入侵后，一般不会立即产生破坏作用。但在此期间却一直在进行传染、扩散。一旦条件成熟，病毒便开始进行破坏。

（5）寄生性。计算机病毒与其他合法程序一样，是一段可执行程序，但它一般不独立存在，而是寄生在其他可执行程序上，因此它享有程序所能得到的一切权力。因此，计算机病毒难以发现和检测。

（6）激发性（触发性）。在一定的条件下，通过外界刺激可以使计算机病毒程序活跃起来。激发的本质是一种条件控制。根据病毒炮制者的设定，使病毒体激活并发起攻击。病毒被激发的条件可以与多种情况联系起来，如满足特定的时间或日期，特定用户识别符出现，特定文件出现或使用，一个文件使用的次数超过设定数，等等。

（7）针对性。一种计算机病毒（版本）并不能传染所有的计算机系统或计算机程序。有的病毒只传染 Apple 公司的 Macintosh 机，有的病毒只传染 IBM PC 机，有的病毒传染磁盘引导区，有的病毒传染可执行文件，等等。

（8）变种性。计算机病毒在发展、演化过程中可以产生变种。有些病毒能产生几十种变种。

4．计算机病毒预防治

计算机病毒的防治包括计算机病毒的预防、检测和清除，防治计算机病毒要以预防为主。

病毒预防的一般技术措施如下：

（1）正确配置、使用病毒防治产品，并经常升级杀毒软件。

（2）新购置的计算机和新安装的系统一定要进行系统升级，及时修补所有已知的安全漏洞。

（3）使用高强度的口令。

（4）经常备份重要数据，特别是要做到经常性地对不易复得的数据（个人文档、程序源代码等）完全备份。

（5）选择并安装经过公安部认证的防病毒软件，定期对整个硬盘进行病毒检测、清除工作。

（6）安装防火墙，提高系统的安全性。

（7）当计算机不使用时，不要接入互联网，一定要断掉连接。

（8）不要打开陌生人发来的电子邮件，无论它们有多么诱人的标题或者附件。同时也要小心处理来自熟人的邮件附件。

7.5.3 常见信息安全技术

由于计算机网络具有连接形式多样性、终端分布不均匀性和网络的开放性、互联性等特征，致使网络易受黑客、恶意软件和其他不轨行为的攻击，所以网络信息的安全和保密是一个至关重要的问题。无论是在单机系统、局域网还是在广域网系统中，都存在着自然和人为的脆弱性和潜在威胁。因此，计算机网络系统的安全措施应该能全方位地应对各种不同的威胁和脆弱性，这样才能确保网络信息的保密性、完整性和可用性。总之，一切影响计算机网络安全的因素和保障计算机网络安全的措施都是计算机网络安全技术的研究内容。这里主要介绍几种关键的信息安全技术：加密技术、认证技术、访问控制技术和防火墙技术。

1. 加密技术

密码学是一门古老而深奥的学科，有着悠久、灿烂的历史。密码在军事、政治、外交等领域是信息保密的一种不可缺少的技术手段，采用密码技术对信息加密是最常用、最有效的安全保护手段。密码技术与网络协议相结合可发展为认证、访问控制、电子证书技术等，因此，密码技术被认为是信息安全的核心技术。

密码技术是研究数据加密、解密及变换的科学，涉及数学、计算机科学、电子与通信等诸多学科。虽然其理论相当高深，但概念却十分简单。密码技术包含两方面密切相关的内容，即加密和解密。加密就是研究、编写密码系统，把数据和信息转换为不可识别的密文的过程。而解密就是研究密码系统的加密途径，恢复数据和信息本来面目的过程。加密和解密过程共同组成了加密系统。在加密系统中，要加密的信息称为明文，明文经过变换加密后的形式称为密文。由明文变为密文的过程称为加密，通常由加密算法来实现。由密文还原成明文的过程称为解密，通常由解密算法来实现。数据加密和解密过程如图 7-28 所示。通过对传输的数据进行加密来保障其安全性，已经成为一项计算机系统安全的基本技术，它可以用很小的代价为数据信息提供相当大的安全保护，是一种主动的安全防御策略。

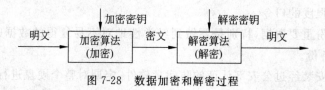

图 7-28 数据加密和解密过程

对于较为成熟的密码体系，其算法是公开的，而密钥是保密的。这样使用者简单地修改密钥就可以达到改变加密过程和加密结果的目的。密钥越长，加密系统被破译的概率就越低。

一个密码系统采用的基本工作方式称为密码体制。密码体制从原理上分为两大类：对称密钥密码体制和非对称密钥密码体制，或称单钥密码体制和双钥密码体制。

1) 对称密钥密码体制

对称密钥密码体制又称为常规密钥密码体制,在这种密码体制中,加密密钥和解密密钥相同,对于大多数算法,解密算法是加密算法的逆运算。加密密钥能从解密密钥中推算出来,拥有加密能力就意味着拥有解密能力,反之亦然。对称密码体制的加密速度快,但开放性差,系统的保密性主要取决于密钥的安全性。因此,它要求发送者和接收者在安全通信之前商定一个密钥,需要有可靠的密钥传递信道,在公共网络上使用明文传递密钥是不合适的,而双方用户通信所用的密钥也必须妥善保管。

数据加密标准(Data Encryption Standard,DES)是最典型的对称加密算法,它是由IBM 公司提出,经过国际标准化组织认定的数据加密的国际标准。DES 算法采用 64 位密钥长度,其中 8 位用于奇偶校验,用户可以使用其余的 56 位。DES 算法并不是非常安全的,入侵者使用运算能力足够强的计算机,对密钥逐个尝试,就可以破译密文。目前,已经有一些比 DES 算法更安全的对称加密算法,如 IDEA 算法、RC2 算法、RC4 算法与Skipjack 算法等。

2) 非对称密钥密码体制

非对称密钥密码体制对信息的加密和解密使用不同的密钥,用来加密的密钥是可以公开的公钥,用来解密的密钥是需要保密的私钥,因此非对称密钥密码体制又称为公开密钥密码体制。

非对称密钥密码体制是现代密码学最重要的发明和进展。一般理解密码学就是保护信息传递的机密性,但这仅仅是当今密码学的一个方面。对信息发送者与接收者的真实身份的验证,对所发出与接收的信息在事后的不可抵赖以及保障数据的完整性也是现代密码学研究的另一个重要方面。公开密钥密码体制对这两方面的问题都给出了出色的解答,并正在继续产生许多新的思想和方案。

非对称加密技术与对称加密技术相比,其优势在于不需要共享通用的密钥,用于解密的私钥不需要发往任何地方,公钥在传递和发布过程中即使被截获,由于没有与公钥相匹配的私钥,截获的公钥对入侵者也就没有太大意义。

目前,主要的非对称加密算法包括 RSA 算法、DSA 算法、PKSC 算法、PGP 算法等。其中 RSA 公钥体制被认为是目前为止理论上最为成熟的一种公钥密码体制,多用在数字签名、密钥管理和认证等方面。RSA 算法的安全性建立在大素数分解的基础上,素数分解是一个极其困难的问题。RSA 算法的保密性随其密钥的长度增加而增强,但是,使用的密钥越长,加密与解密所需要的时间也就越长。因此,人们必须根据被保护信息的重要程度、攻击者破解所要花费的代价以及系统所要求的保密期限来综合考虑,选择密钥的长度。

2. 认证技术

认证就是对于证据的辨认、核实、鉴别,以建立某种信任关系。在通信中,认证涉及两个方面:一方提供证据或标识,另一方面对这些证据或标识的有效性加以辨认、核实、鉴别。

1）数字签名

在现实世界中，文件的真实性依靠签名或盖章进行证实。数字签名是数字世界中的一种信息认证技术，是公开密钥加密技术的一种应用，它根据某种协议来产生一个反映被签署文件的特征和签署人特征，以保证文件的真实性和有效性，同时也可用来核实接收者是否有伪造、篡改行为。

2）身份认证

身份识别或身份标识是指用户向系统提供的身份证据，也指用户向系统提供身份证据的过程。身份认证是系统核实用户提供的身份标识是否有效的过程。在信息系统中，身份认证实际上是决定用户对请求的资源的存储权和使用权的过程。

由于IC卡技术的日益成熟和完善，IC卡被广泛地用于用户认证产品中，用来存储用户的个人私钥，并与其他技术（如动态口令）相结合，对用户身份进行有效的识别。同时，还可利用IC卡上的个人私钥与数字签名技术结合，实现数字签名机制。随着模式识别技术的发展，诸如指纹、视网膜、脸部特征等高级的身份识别技术也将投入应用，并与数字签名等现有技术结合，必将使得对于用户身份的认证和识别更趋完善。

双因子认证指的是用两个独立的方式来进行身份认证。认证因子可分为4类：一是个人识别码、密码或其他信息；二是安全记号、密钥或私钥；三是人的手、脸、眼睛等；四是人的行为，如手写签名、击键动作等。因子数量越多，系统的安全性就越强。显然，采用生物识别技术作为第二因子，利用人体固有的生理特性和行为特征进行个人身份的鉴定，会进一步增强认证的安全性。

3. 访问控制技术

访问控制是对信息系统资源的访问范围以及方式进行限制的策略。简单地说，就是防止合法用户的非法操作，它是保证网络安全最重要的核心策略之一。它是建立在身份认证之上的操作权限控制。身份认证解决了访问者是否合法的问题，但并非身份合法就什么都可以做，还要规定不同的访问者分别可以访问哪些资源，以及对这些资源可以用什么方式（读、写、执行、删除等）访问。

访问控制是网络安全防范和保护的重要手段，它的主要任务是维护网络系统安全、保证网络资源不被非法使用和非法访问。访问控制通常在技术实现上包括以下几部分。

1）接入访问控制

接入访问控制为网络访问提供了第一层访问控制，是网络访问的第一道屏障，它控制哪些用户能够登录到服务器并获取网络资源，控制准许用户入网的时间和准许他们在哪台工作站上入网。例如，ISP服务商实现的就是接入服务。用户的接入访问控制是对合法用户的验证，通常使用用户名和口令的认证方式。一般可分为3个步骤：用户名的识别与验证，用户口令的识别与验证，用户账号的默认限制检查。

2）资源访问控制

资源访问控制是对客体整体资源信息的访问控制管理，其中包括文件系统的访问控制（文件目录访问控制和系统访问控制）、文件属性访问控制、属性安全控制。文件目录访问控制是指用户和用户组被赋予一定的权限，规定以下内容：哪些用户和用户组可以访问哪些目录、子目录、文件和其他资源,哪些用户可以对其中的哪些文件、目录、子目录、设备等执行何种操作。系统访问控制是指一个网络系统管理员应当为用户指定适当的访问权限,这些访问权限控制着用户对服务器的访问;设置口令锁定服务器控制台,以防止非法用户修改、删除重要信息或破坏数据;设定服务器登录时间限制、非法访问者检测和关闭的时间间隔;对网络实施监控,记录用户对网络资源的访问;对非法的网络访问,能够用图形或文字或声音等形式报警等。文件属性访问控制主要是为文件、目录和网络设备指定访问属性。属性安全控制可以将给定的属性与要访问的文件、目录和网络设备联系起来。

3) 网络端口和节点的访问控制

网络中的节点和端口往往加密传输数据,对这些重要位置的管理必须考虑防止黑客的攻击。对于管理和修改数据,应该要求访问者提供足以证明身份的验证器(如智能卡)。

4. 防火墙技术

1) 防火墙原理

防火墙(firewall)是一种系统保护措施,它能够防止外部网络中的不安全因素进入内部网络,所以防火墙安装的位置是在内部网络与外部网络之间,如图 7-29 所示。防火墙的概念起源于中世纪的城堡防卫系统,那时人们为了保护城堡的安全,在城堡的周围挖一条护城河,每一个进入城堡的人都要经过吊桥,并且还要接受城门守卫的检查。而防火墙就是借鉴了这种思想而设计的一种网络安全防护系统。

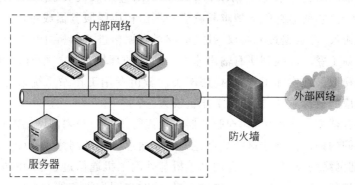

图 7-29　防火墙技术

防火墙由一系列的软件和硬件设备组合而成,它可以监测、限制、更改跨越防火墙的数据流,尽可能地对外部屏蔽网络内部的信息、结构和运行状况,以此来实现网络的安全保护。它保护网络中有明确闭合边界的一个网块。所有进出该网块的信息都必须经过防火墙,将可疑的访问拒之门外。当然,防火墙也可以防止未经允许的对外部网络的访问。因此,防火墙的屏障作用是双向的,即进行内外网络之间的隔离,包括地址数据包过滤、代理和地址转换。

在逻辑上,防火墙是一个分离器,一个限制器,也是一个分析器,它有效地监控了内部网和 Internet 之间的任何活动,保证了内部网络的安全。作为一个中心“遏制点”,防火墙可以将局域网的安全管理集中起来,屏蔽非法请求,防止越权访问。

防火墙能够集中配置所有安全机制（例如口令、加密、身份认证、审计等），形成以防火墙为中心的安全方案。如果没有防火墙，网络的安全性能就完全依赖于网络中的每个主机；如果采用防火墙，内部网络中的主机将不再直接暴露给外部网络，这样，网络中对所有主机的安全管理就变成了对防火墙的管理，此时安全管理就变得易于控制，同时内部网络也更加安全。

防火墙也能够将网络中的一个网段与另一个网段隔开，从而抑制局部重点或敏感网络安全问题对全局网络造成的影响。此外，隐私是内部网络非常关心的问题，一个内部网络中不引人注意的细节可能包含了有关安全的线索而引起外部攻击者的兴趣，甚至由此暴露内部网络的某些安全漏洞。使用防火墙就可以隐蔽那些内部细节。

2) 防火墙技术分类

防火墙从技术上可分为包过滤型、应用级网关型和代理服务器型。

包过滤是防火墙要实现的基本功能。包（也称为分组）指的是网络层中传输的数据单元，包过滤也就是在网络层中对所传递的数据进行有选择的放行。包过滤路由器按系统内部设置的包过滤规则（访问控制表），检查每个包的源地址与目的地址，决定该包是否转发。包过滤规则通常基于部分或全部报头内容。例如，TCP 报头信息包括源地址、目的地址、协议类型、IP 选项、源端口、目的端口、TCP ACK 标识等。

应用级网关能够检查进出的数据包，通过网关复制并传递数据，防止在受信任服务器和客户机与不受信任的主机间直接建立联系。应用级网关能够理解应用层上的协议，在应用层过滤内部网络特定服务的请求与响应。如果应用级网关认为用户身份与服务请求、响应是合法的，它就会将服务请求与响应转发给相应的服务器或主机。它针对特别的网络应用服务协议，即数据过滤协议，并且能够对数据包进行分析并形成相关的报告。应用网关对某些易于登录和控制所有输出输入的通信的环境加以严格管理，以防有价值的程序和数据被窃取。在实际工作中，应用网关一般由专用工作站系统来完成。但每一种协议都需要相应的代理软件，使用时工作量较大。

在代理服务器型防火墙中，代理服务器完全接管了用户与内部网络的访问，隔离了用户主机与被访问的内部网络主机的数据包的交换通道。内部网络只接受代理提出的服务要求，拒绝外部网络的直接要求。在内网主机与外网主机通信过程中，由防火墙本身完成与外网主机的通信，然后把结果传回内网主机，此时内网主机和外网主机都意识不到它们其实在和防火墙通信，而从外网又只能看到防火墙，这样就隐藏了内部网络，从而对内部网络起到保护的作用，提高了安全性。

7.5.4　计算机安全立法和计算机软件的版权与保护

1. 我国有关计算机安全的法律法规

1994 年 2 月 18 日，国务院颁布了中国第一部有关互联网的法律文件——《中华人民共和国计算机信息系统安全保护条例》，由此拉开了我国在计算机安全领域立法的序幕。我国是世界上颁布互联网法律、法规和规章较多的国家，到目前为止，已出台与网络相关的法律、法规和规章 200 多部,形成了覆盖网络安全、电子商务、个人信息保护以及网络知识产权等领域的网络法律体系。以下是我国制定的有关计算机安全的主要法律法规。

1994 年 2 月 18 日,发布实施《中华人民共和国计算机信息系统安全保护条例》。

1995 年 2 月 28 日,全国人民大会通过《警察法》,规定警察履行"监督管理计算机信息系统的安全保护工作"的职责。

1996 年 1 月 29 日,公安部制定了《关于对与国际联网的计算机信息系统进行备案工作的通知》。

1996 年 2 月 1 日,国务院出台《中华人民共和国计算机信息网络国际互联网管理暂行办法》,并于 1997 年 5 月 20 日作了修订。

1997 年 3 月,全国人民代表大会修订通过的《刑法》,较全面地将计算机犯罪纳入刑事立法体系,增加了针对计算机信息系统和利用计算机犯罪的条款。

1997 年 12 月 12 日,公安部发布《计算机信息系统安全专用产品检测和销售许可证管理办法》,规定"公安部计算机管理监察机构负责销售许可证的审批颁发工作和安全专用产品安全功能检测机构的审批工作"。

1997 年 12 月 30 日,公安部发布《计算机信息网络国际联网安全保护管理办法》,规定了任何单位和个人不得利用国际互联网从事违法犯罪活动等 4 项禁则和从事互联网业务的单位必须履行的 6 项安全保护责任。

2000 年 4 月 26 日,公安部发布《计算机病毒防治管理办法》。

2000 年 12 月,《全国人民代表大会常务委员会关于维护互联网安全的决定》颁布。我国《刑法》第 285 条至 287 条针对计算机犯罪给出了相应的规定和处罚。

- 非法入侵计算机信息系统罪。《刑法》第 285 条规定:"违反国家规定,侵入国家事务、国防建设、尖端技术领域的计算机信息系统,处三年以下有期徒刑或拘役。"
- 破坏计算机信息系统罪。《刑法》第 286 条规定了 3 种罪:破坏计算机信息系统功能罪、破坏计算机信息系统数据和应用程序罪,制作、传播计算机破坏性程序罪。
- 《刑法》第 287 条规定:"利用计算机实施金融诈骗、盗窃、贪污、挪用公款、窃取国家秘密或者其他犯罪的,依照本法有关规定定罪处罚。"

2. 计算机软件的版权与保护

知识产权是指人类通过创造性的智力劳动而获得的一项智力性的财产权,知识产权不同于动产和不动产等有形物,它是在生产力发展到一定阶段后才在法律中作为一种财产权利出现的,知识产权是经济和科技发展到一定阶段后出现的一种新型的财产权。计算机软件是人类知识、经验、智慧和创造性劳动的结晶,是一种典型的由人的智力创造性劳动产生的知识产品。一般软件知识产权指的是计算机软件的版权。

当购买一份软件时,不仅得到了软件本身,还得到了一份许可使用证(合同)。在合同中,除了要求使用者受版权法约束之外,用户还必须接受以下几方面的限制:

(1) 软件的版权将受到法律保护,不允许未经授权的使用。

(2) 除非正版软件运行失败或已损坏(即出于存档的目的对软件备份复制是允许的)以外,其他对软件的备份复制是不允许的(这里将把软件安装到计算机的行为确定为对软件的备份复制）。

（3）在未经版权所有人授权的情况下，不允许对软件进行修改。

（4）在未经版权所有人允许的情况下，禁止对软件目标程序进行解密或逆向工程的行为。

（5）未经版权所有人的许可，不允许软件持有者在该软件基础上开发新的软件。

计算机软件版权的保护是一个国际化的问题，每年全球因软件盗版损失巨大，据统计，目前在亚洲软件市场中，盗版软件占 50％以上。这严重地扰乱了市场秩序，侵害了软件开发者的合法权利。为了保护计算机软件著作权人的权益，维护软件开发者的合法权利，单凭技术力量解决是不够的，必须依靠政府和立法机构，制定出完善的法律和法规进行制约。因此，各国政府都非常重视对销售盗版软件的违法犯罪行为的打击、制裁，制定了许多保护计算机软件版权的法律规范。我国政府也先后制定了有关的法律法规，例如《中华人民共和国著作权法》《计算机软件保护条例》《关于禁止销售盗版软件的通告》等。

本 章 小 结

21 世纪是以数字化、网络化、信息化为重要特征的时代。作为信息的最大载体和传输媒介，网络已成为这个信息时代的核心。计算机网络技术的学习，可以使学生更好地理解互联网上各种应用，而网络信息安全知识对人们在工作、学习、生活中安全使用网络具有重要的意义。通过本章的学习，学生应当了解计算机网络的形成和发展过程、网络的主要功能及分类，认识计算机网络的组成，掌握网络协议的概念以及 OSI/RM 和 TCP/IP 两种网络体系结构，熟练掌握 Internet 基础知识，了解 Internet 的常见应用服务，了解网络安全的目标及安全策略，了解计算机安全立法的现状，掌握计算机病毒防治技术及常见信息安全技术。

参 考 文 献

1. 胡扬名.农村信息化建设问题研究[D].长沙：湖南农业大学,2013.

2. 钮伟国.浅谈网络对课堂教学的影响[J].中小学信息技术教育,2003(12)：50-51.

3. 陶建华,刘瑞挺,徐恪,等.中国计算机发展简史[J].科技导报,2016,34(14)：12-21.

4. 张衡.基于隔离式信息系统的安全检查研究与工具实现[D].北京：北京邮电大学,2011.

5. 王慧宇,张立震.基于物联技术的教室管理系统设计与构建[J].物联网技术,2015(6)：93-95.

6. 刘金硕,刘天晓,吴慧,等.从图形处理器到基于GPU的通用计算[J].武汉大学学报(理学版),2013,
   59(2)：198-206.

7. 程红霞.基于关联规则的数据挖掘算法研究[J].电脑知识与技术,2007,1(3)：11.27.

8. 程礼铭.虚拟化如何应对3D时代[J].通讯世界,2015(13)：40-41.

9. 刘英晖.试论计算机技术应用现状与发展趋势[J].中国培训,2015(18)：144-144.

10. 王书浩,龙桂鲁.大数据与量子计算[J].科学通报,2015,60(zl)：499-508.

11. 万励.计算机信息技术基础：案例、实践与提高[M].北京：北京理工大学出版社,2013.

12. 薛万奉,王世伟.大学计算机与信息技术应用基础[M].北京：中国铁道出版社,2005.

13. 王健.计算机信息技术[M].沈阳：辽宁师范大学出版社,2006.

14. 王润云,冯建湘.计算机信息技术基础[M].长沙：湖南科学技术出版社,2006.

15. 刘旸,高文来,张燕.计算机与信息技术应用基础[M].北京：石油工业出版社,2006.

16. 王春娴.计算机与信息技术应用基础教程[M].天津：天津大学出版社,2006.

17. 李毅.高职高专计算机信息技术基础[M].兰州：甘肃人民出版社,2011.

18. 姚英彪,易志强.媒体信号编码[M].西安：西安电子科技大学出版社,2011.

19. Petzold C.编码：隐匿在计算机软硬件背后的语言[M].左飞,薛佟佟,译.北京：电子工业出版
    社,2017.

20. 费祥林,骆斌.操作系统教程[M].5版.北京：高等教育出版社,2014.

21. 汤小丹.计算机操作系统[M].4版.西安：西安电子大学出版社,2017.

22. 张尧学.计算机操作系统教程[M].4版.北京：清华大学出版社,2013.

23. 战德臣,聂兰顺,张丽杰,等.大学计算机——计算与信息素养[M].北京：高等教育出版社,2015.

24. Weiss M A.数据结构与算法分析——C语言描述[M].冯舜玺,译.北京：机械工业出版社,2017.

25. Levitin A.算法设计与分析基础[M].潘彦,译.北京：清华大学出版社,2016.

26. 王晓东.计算机算法设计与分析[M].北京：电子工业出版社.2014.

27. 李红松,邓旭东.统计数据分析方法与技术[M].北京：经济管理出版社,2014.

28. Brookshear J G.计算机科学概论[M].北京：人民邮电出版社,2011.

29. 瞿中,熊安萍,蒋溢.计算机科学导论[M].北京：清华大学出版社,2013.

30. 王珊,萨师煊.数据库系统概论[M].5版.北京：高等教育出版社,2008.

31. 王斌会.数据统计分析及R语言编程[M].广州：暨南大学出版社,2002.

32. 谢钧,谢希仁.计算机网络教程[M].4版.北京：人民邮电出版社,2014.

33. 吴功宜,吴英.计算机网络应用技术教程[M].4 版.北京:清华大学出版社,2014.

34. 鲍卫兵.计算机网络 [M].北京:清华大学出版社,2017.

35. 甘勇,尚磊展,张建伟.大学计算机基础[M].2 版.北京:人民邮电出版社,2012.

36. 柴欣,史巧硕.大学计算机基础[M].北京:人民邮电出版社,2014.

37. 李绍稳.大学信息技术基础[M].北京:清华大学出版社,2009.